景观学概论

袁博生 著

中国农业科学技术出版社

图书在版编目（CIP）数据

景观学概论 / 袁博生著. —北京：中国农业科学技术
出版社，2021.4

ISBN 978-7-5116-5140-2

Ⅰ.①景… Ⅱ.①袁… Ⅲ.①景观学 Ⅳ.①P901

中国版本图书馆 CIP 数据核字（2021）第 021084 号

责任编辑	金　迪　张诗瑶	
责任校对	马广洋	
责任印制	姜义伟　王思文	

出 版 者	中国农业科学技术出版社	
	北京市中关村南大街12号　　邮编：100081	
电　　话	（010）82109705（编辑室）　（010）82109702（发行部）	
	（010）82109709（读者服务部）	
传　　真	（010）82109698	
网　　址	http://www.CASTP.cn	
经 销 者	各地新华书店	
印 刷 者	北京地大天成文化发展有限公司	
开　　本	710mm×1 000mm　1/16	
印　　张	25	
字　　数	436千字	
版　　次	2021年4月第1版　　2021年4月第1次印刷	
定　　价	98.00元	

序

　　景观规划与设计是不少高等院校常设的课程或研究方向，在最近的《普通高等学校本科专业目录（2020年版）》中，和景观规划与设计相关的专业大约有工学门类下建筑学专业类的风景园林、农学门类下林学专业类的园林和艺术学门类下设计学专业类的环境设计等专业，"景观"虽无独立的专业名称，实际与风景园林相近或交叉。与传统的风景园林学不同，景观学是近十几年国内学术界为适应现代城市化建设的需要及相关教学和学术研究而提出的。由于历史的原因，风景园林学与景观学之间的区别与联系在国内相关学界仍在讨论。较为明确的是，同济大学于2006年将原风景园林系正式更名为景观学系，自此招收景观学本科专业及景观规划设计专业的硕士研究生和博士研究生。显然，我国高等院校开设景观规划与设计专业的时间并不长，而专业名称的改变或使用必然有其内涵的变化。与之相适应，系统阐述景观学的学科归属、专业特点、培养目标与要求、教学内容与方法、教材与课程建设等方面的教学研究以及景观学的学理探讨等，不仅是高等教育教学的需要，也是推进景观规划与设计对社会发展，特别是对优化民众生存空间的现实需要。

　　无论中国传统园林还是西方园林，都取得了彪炳后世的成就且各具特色，景观学研究继承和发扬了这些成就和特色。作为一个不同于以往的概念或一门学问，景观学是现代景观规划设计（Landscape Architecture）学科专业深化发展的重要方向，它研究景观的产生过程、演化规律、特征机制，并在此基础上探索利用景观策划、规划设计、养护管理等手段，保护景观资源，创造理想栖居的景观环境。依照同济大学建筑与城市规划学院景观学系刘滨谊先生的阐释，景观学的研究和实践主要有三大领域：一是景观资源与保护；二是景观规划与设计；三是景观建设与管理。这三大领域又涵盖了自然环境、城乡环境、人文历史、形象空间、环境生态、日常使用、施工建设、养护管理、活动组织等诸多分支领域。目前，国内只有少数以建筑学科见长的高等院校设置有独立的景观学专业，而将景观规划与设计作为专业培养方向的院校则比较多。尤其在许多艺术院校，景观规划与设计是设计学科环境设计专业的重要研究方向。景观规划与设计的教学主要围绕景观理论知识、景观实践技能、景观人文素养等知识课程群来进行，包括自然、人文、社会等公共基础知识课程，景观生态、环境资源、场地认知、规划设计、工程技术、法规政策等专业能力知识课程，此外还有职业道德、实务实训等关于专业素质培养的课程。显然，这些课程需要有一系列贴近课程教学且符合景观学整体培养目标的通用教材，各高校也有必要按照自身的专业特点和教学要求、培养目标等单独撰写相关的特色教材。从目前现状来看，景观学教材的编撰和使用还存在缺乏统一标准、重实践应用、轻基础研究等情况。

鉴于目前设计学科环境艺术设计本科专业景观规划与设计基础教材缺乏，相关学科专业对景观学还有不同认知的现状，本书作者袁博生着手撰写《景观学概论》，历时三年，终成正果。博生兄大学毕业于山东工艺美术学院，1991年毕业分配在山东省日照市城乡规划建设委员会工作，担任日照市建筑设计研究院市政景观设计分院院长、景观设计专业总工程师，20多年来一直在设计一线工作，主持或参与设计了多项市政景观工程及日照市标志性建筑。2016年，博生兄调入曲阜师范大学美术学院，主要从事环境艺术设计专业风景园林等课程的教学。20多年的工作经验使他对当代城市发展建设中的景观规划设计实践有深入的感悟与体会，近几年的高校教学工作又使他对本专业发展及人才培养产生进一步认识与反思，这些工作经历使他能从不同的视角来认识景观学的教学、研究与实践。

博生兄的《景观学概论》，力求对景观学进行较全面系统的阐述。书中对景观学与风景园林学二者之间的区别与联系，景观学的学科概念、研究方法，东方园林、西方园林、景观设计等进行了较详尽的阐释。立足现代城市发展实践，汲取当前城市建设中生态城市、海绵城市等的设计理念，书中深入浅出地解读了景观设计中城市公园设计、滨河（海）湿地公园、居住区等各个分项的设计要点以及景观施工图设计、景观工程概算、景观设计涉及的相关法律法规等，具有实践操作性。书中引注的地方政府关于城市景观设计方面的法规、标准与相关设计单位的景观设计施工图纸规范等，对高等学校相关专业方向的学生来说具有从业前的指导与借鉴价值，同时也可供相关专业的工作人员参考。

学术为公，贵在争鸣。对于景观学这门学问我是外行。眼见博生兄三年的心血与汗水，执着与投入令人称道。著书为学，功过得失五味杂陈，若该书内容能够被读者借鉴甚至批评，特别是对于青年学子来说，若能从中汲取些许营养，有助于起步稳健、步入正道，则善莫大焉。

愿博生兄的《景观学概论》开卷有益。

唐家路

2020年夏杪于泉城

前　言

　　景观学是一门新生的学科。景观学如何定义？涉及的学科范围怎样界定？都是学术界当前亟待解决的问题。景观学根据不同研究方向可称为"风景园林学"或者"景观规划学"；景观学具有模糊的学科特质，有学者认为就相关专业而言，风景园林学或者景观规划学，艺术与辅助专业的比例是五五开，甚至四六开。对于将要学习、从事这一专业的人员来讲，景观学是难以概括定义的一门学科，景观学等同于"园林学"吗？景观学研究与解决的课题是什么？

　　"景观学"这一概念的引入并最终在学术界形成共识，得益于当代城市化与工业化进程所带来的城市建设中所面临的新问题。20世纪90年代以来，由于中国现代化进程加速所形成的城市化，出现了像北京、上海这样的超大规模城市，同时中国二线、三线城市的规模与人口也急剧扩张，导致了当代城市建设中面临的城市规划滞后、城市交通拥堵严重、城市面貌雷同以及城市污染日趋严重等问题（图1、图2）；在学科建设方面，相继提出了生态城市、智慧化城市以及海绵城市等诸多解决方案，使得原有的传统园林学这一学科概念已经逐渐不能适应当代城市化建设的步伐。

　　新的需求带来新的问题，新的问题必然催发解决问题的理论与学科，城市建设中急需一种协调城市规划、城市色彩、绿化、市政建设以及具体落实生态城市与海绵城市概念和解决城市污染的综合学科，景观学这一概念的提出正是以上问题得以解答的必然。

　　景观学的学科学术论述重点在于如何创造一个适合人类生存、居住的生态环境。它首先必须是可持续的，其次是生态的，最后是符合人类审美需求的。为达到这一目标必须协调城市建设中的规划、市政、园林绿化、建筑设计和城市色彩等各专业，使之成为有机的组合体。城市建设是一个典型的复杂系统，系统内部个体之间存在错综复杂的非线性相互作用；景观学与城市规划之间探索的是解决城市建设用地与城市绿化用地的最佳比例关系。由于城市建设开发过程中的巨大利益差异，开发商更侧重于建设商业与民用建筑的巨大经济利益，这会导致城市人均绿地的不足、植物分解污染物的总体能力下降及生存环境与生态环境的恶化。景观学与市政之间的关系在于设计者充分利用科学的设计理念、多样的施工与表现手法，能够充分落实"海绵城市"与"生态城市"这一现代城市建设理念，杜绝城市沙漠化，并且市政绿化带的合理设计搭配可有效地疏导城市交通。景观学与园林绿化的关系在于充分科学分析各种城市绿化植物在光合作用中对污染物的化学分解作用，优化组合，在符合美学与生态学理念下对城市进行生态绿化，使城市的生态效能最大化，并结合海绵城市的设计理念与手法打造生态化城市。景观学与建筑学、城市色彩的关系在于充分发掘地域性、民族性的人文特色，打造具有强烈人文与民族和区域特色的城市建筑景观。

"生态、人文"是贯穿城市建设与开发始终的问题。这就要求城市首先要解决生态基础建设，综合划定相关生态红线；同时对地域、民族文化进行考察论证，以便在城市设计中充分吸收借鉴这些文化符号；理想城市既应该是可持续发展的、生态化的，又应该是充满人文特色的。对景观学这一学科来讲，既应该是对人类美好理想文化的憧憬，也应该是对现实学术实践过程中的理性把握（图3）。

由于作者本人认知范围与写作水准的限制，本书的不足与缺陷恳请设计界同行谅解；本书所引用的图片除作者本人所拍摄外，其余部分为日常教学所搜集的案例，由于诸多因素的影响，未能与原作者逐一沟通，在此对这些作者表示由衷的感谢和深深的歉意，著书为学，希望能得到所使用图片原作者的理解。

袁博生

2020年春于曲阜师范大学美术学院

目　录

第一章　景观学综述

第一节　景观学释义

一、景观学定义

在相关文献著作中，经常会涉及许多与景观学相关的名词，如景园、景园学、园林、景观建筑、造园等。中国、日本等东方国家称造园、园圃、庭等；西方国家称Garden、Landscape、Garden and Park等。就景观学而言，美国称风景园艺，建筑学学科称风景园林学、景观建筑、景观建筑学、环境设计、环境景观设计、地景。"园林"这一当代中国所特有的专业名词不同于传统的"造园"，具有多重含义。第一，具有行业范畴。新中国成立后，各地城市建设管理机构在住建系统内部设置或独立设置城市园林绿化委员会、园林局统筹负责城市绿化与日常管理业务。同时，相关工程设计与施工行业称"园林绿化"行业。第二，专业名词，我国相关学科的学科名称。2011年3月，风景园林学成为与建筑学、城乡规划学一样的一级学科，"三位一体"的格局初步形成。国务院学位委员会、教育部日前公布的《学位授予和人才培养学科目录（2011年）》（以下简称"新目录"）显示，"风景园林学"正式成为110个一级学科之一，列在工学门类，学科编号为0834，可授工学、农学学位。新目录与1997年目录相比，新增加了21个一级学科，风景园林学是其中之一。

日本一直使用"造园"一词，1978年出版的上原敬二主编的《造园大词典》中指出，"造园"一词源于中国明末计成撰写的《园冶》一书，并且引用了原著中的"古人百艺皆传于书，独无传造园者何？曰园有异宜无成法，不可得而传也，异宜奈何"一句。日本"造园"一词的含义，经清末、民国留学人员学习、使用、推敲，其含义与"园林"基本相同。

"园林"与"造园"皆指人为的园囿、同时含有对自然风景的改造，但无法明确所指面积大小与人造比重的比例关系。同时相对于当代城市建设中的景观学所包含的范围来讲，园林与造园一词就古人的本意来说更侧重于局域性与私密性。虽然"园林"一词今天已经赋予包含了城市森林公园、自然保护区、风景名胜区、国家公园等更多的范畴与内涵，但是随着城市化进程的加速，已经从过去长期处于为少数人服务的、封闭的、小规模的状态逐步转向今天为社会公共服务的、开放的、大规模的状态，已不能适应现代城市化进程中生态城市建设对于相关公共空间及各学科的综合配套与协调以及环境科学的深入研究。

伴随现代化城市建设对相关学科的新要求，新的科学理念"景观学"得以提出，就景观学而言，不同于"园林"与"造园"，"景园建筑学是一门含义非常广泛的综合性学科，它已不单是'艺术'或者'自我表现'了，已成为一种规划未来的科学。它是依据自然、生态、社会、行为等科学的原则，从事土地及其上面的各种要素的规划和设计，以使不同环境之间建立一种和谐、均衡关系的一门科学"（大中，1988）。

景观的含义包括三个方面。一是一般的概念，泛指所有地表自然景观。二是特定区域的概念，专指自然地理区划中起始的或基本的区域单位。三是类型的概念，是同一类型单位的统称。景观学不等同于传统的园林设计，它指自然地理区划中起始的或基本的区域单位的绿地系统的设计。对于现代城市建设而言，景观设计是城市规划设计的延伸与发展，是规划设计的细化，景观设计的目的是创造符合人类审美意识与可持续发展及生态要求的景观生存环境，景观学是研究如何实现这一设计目标的综合学科（图4至图6）。

二、景观学研究的内容与范围

工业革命所带来的前所未有的科学技术与社会经济的发展使得传统城市功能开始退化，城市规模急剧扩张，随着农村人口迅速向城市聚集，城市人口也同时骤然增长，近现代以来，人口超过一千万的超大规模城市不断增加，城市人口与城市规模的急剧膨胀，打破了原有城市环境的平衡状态，城市出现了交通拥堵、大气与噪声污染、城市绿地与生存活动空间人均较低、城市沙漠化等生态问题。

城市的外在表现形式与造型组成了城市景观。景观学服务于当代城市建设，通过研究城市绿地及绿地与人口容积率的比例关系、绿色植物对城市污染物的不同分解比例来提高人们的生活质量与最大程度降低城市大气污染；景观学通过研究城市市政设施（道路、广场等）的铺装材料、色彩、造型以及通过绿化带对相关路型进行分割、处理，在疏导城市道路交通与提升城市形象的同时充分利用新技术、新材料及相关生态处理手法，使大气降水最大限度地渗入地下，补充地下水源，减少城市洪涝灾害，使得海绵城市这一理念成为现实，消除城市沙漠化；通过研究城市建筑造型、色彩以及建筑材料与城市地域性、民族性的关系，城市色彩的相关管理与规划，打造具有现代理念的富有地域与文化特点的特色城市；通过研究城市服务配套设施的造型、色彩以提升城市品质。所以景观学是一门综合学科，研究的范围包括生态城市、海绵城市、城市色彩等诸多学科，涉及的相关学科包括城市规划、植物学、生态学、市政给排水、建筑学、建筑结构、装饰材料、电气、人体工学、美学、风水学等相关专业。景观设计涉及的内容包括城市聚居小区的景观设计；城际道路、城市道路、广场的景观设计；濒海、滨河湖湿地的景观设计；地质公园，城市公园的景观设计等诸多方面。

三、景观学研究现状

景观学研究现状包括两个方面。第一个方面是景观学人才教学培养现状，包括大学本科的课程设置与研究生教学、课题方向。第二个方面是景观学学科应用与当前城市化进程之间面临问题的学科关系。

教学科研方面，由于景观学是新生学科，美国学者戴明（Deming）在《景观设计学》一书中提到，"目前景观设计学缺乏研究策略的指导方针：不论是学科内的研究设计课程，还是研究生项目所采用的方法（这些方法正逐渐传授给本科生），都没有明确的准则。……学科教职人员往往从自己熟悉的某一种或某一类方法（比如调查或专题图）入手，这种偏好直接反映在他们的教学方式中。同时由于没有适合的主题来帮助景观设计学科的学生找到调查的焦点，他们在调查背景框架中也无从定位自己的角色，教学工作因此愈发难以开展。这个问题在北美、欧洲、太平洋沿岸国家举办的各种正式非正式的教育研讨会上被反复提及。……同样，景观设计学科内也没有统一的协议或框架，来衡量获取商业或公共自助的研究提案的有效性。从业者的项目主张、准入资格和设计文本也面临此类问题"。目前，我国景观学学科（或相近学科）设置院校分为三类。以农学院、林学院为主体的院校设置园林学；美术类院校或综合类大学美术学院设置环境艺术，涉及景观设计学；建筑大学与综合类大学建筑、规划学院设置景观学、景观规划学。各类院校的教学学科设置与科研方向不尽相同，但基本都设置有作为专业基础训练的素描、构成（平面构成、色彩构成、立体构成）、图案，作为专业学习的城市色彩、风景园林学、景观规划学等。但是就景观学的发展方向与内涵，景观学与基础训练之间的关系、景观学与各相关专业的关联关系、景观学与当前城市化进程中所面临的课题之间的应用关系并没有充分明确的论述。任一研究项目的基础取决于引导研究的方向，而不是调查的方法；任一学科的成型取决于理论框架内特有的调查策略的实施，对于景观设计这种以实践为导向的多元学科，其知识体系必须在学术与专业两方面达成一致，没有全面的统合的学科理论必然影响学科教育与学科发展。

景观学的学科应用因其在城市化进程中的特殊性与适应性得以长足发展，景观学是在城市化进程中为解决诸多问题而提出的；当代城市化进程中的景园及服务设施的开放性、共享性及市政建设的学科综合性使得传统的"园林学"这一概念与体系已经不能适应和解决现代城市化进程中的诸多问题。

作为城市建设中最为重要的理念，"城市规划"为城市建设的规模、性质、风貌、路网与市政设施等制定法规性制度。景观学不同于传统园林学的的区别在于，景观学围绕服务与细化城市规划而存在，城市规划中的防护生态绿地、公共绿地、居住绿地、公共广场、城市滨河湿地、城市建筑风貌、色彩、市政服务设施等作为城市总体景观的组成部分都需要景观学这一学科为其具体规划、设计。

世界范围内的工业化与城市化进程的加速造成了诸多问题。在中国，20世纪末以来伴随着经济发展与工业化进程，由于城市管理经验不足与认识滞后，规模性城市在总体规划中缺乏生态理念与生态应对方法，城市生态绿地、居住绿地、公共绿地规划不合理、不健全，在商业利益的驱使下，城市商业用地、生产用地偏多，城市人口的人均绿地偏低，城市生态对污染物的分解、降解能力不足，导致城市各种污染严重，在城市中心地带与老城区这一现象尤为突出；现代建筑防水材料在城市普遍运用，道路沥青化、广场铺装化、场院混凝土化等，使得城市在广大区域范围内地下水得不到有效补充，大量降水通过市政排水管网直接排入河道流入大海，致使城市地下水位大幅度下降，造成降水地区城市沙漠化现象。2001年国内有学者在《城市生态绿地系统建设——植物种选择与绿化工程构建》一文中，首次系统提出通过优化城市绿化植物种类与合理布局城市绿地来有效降低城市大气污染状况；2014年10月，中华人民共和国住房和城乡建设部颁布《海绵城市建设技术指南——低影响开发雨水系统构建》，对海绵城市的定义与具体构建提出了相关指导意见及技术规范与基本原则，确定了海绵城市、生态城市作为我国未来城市建设的控制方向。景观学作为服务于城市建设的衍生学科，今后在科研方向上须与当前国家政策相一致，在城市总体规划的框架下，结合审美、人文等诸多因素，为具体落实生态城市、海绵城市做出学科应有的贡献。

第二节　现代景园与现代理念

景观审美与景园环境与时代是同步发展的，具有鲜明的时代应用与审美特征。现代城市建设、城市发展受到景观设计所造就景观环境的影响。现代理念是景观学不同于传统园林的主要标志，首先现代人是景观规划设计的主体与服务对象，现代景园则是根植于现代城市发展特殊历史背景下的社会文化产物。

一、现代理念

现代理念根植于现代人，现代人是指由漫长的农业社会转向大工业社会，以及后工业化、信息时代社会的人。它的时代背景、社会特质、文化氛围、生活习俗相对于农业社会已发生根本性的变化。农业社会的组织与经济方式，是以家庭、宗族为基本社会构成的社会组成方式，自产自足的自然经济模式，子承父业，见闻不出乡里，人与自然高度融合，"园林"这一概念是这一社会经济与组织模式的产物。无论是"皇家宫廷园林"还是"私家园林"更多的是服务为数不多的人，并未对大众提供服务；即便是"寺庙宗教园林"也并不像今天这样是公共开放空间。人类文明从工业文明到电气化，以及发展至今的、后工业化的信息时代，生产方式、社会组合模式、工作模式、生活模式均产生了巨大改变，从家庭走向社会，业缘、地缘关系重组，智力竞争加剧，人们的观念也随之改变，现代的生存环境、社会环境及文化环境、科学技术塑造了现代人的理念与意识，概括地讲，现代理念具有以下特征。

一是应具有科学化、秩序化、条理化、现代化的现代意识。

二是现代理念应该意识民主化、多层次、多样化、时新化，概念个性化的专业特点。

三是新的时空观。现代科学技术的飞速发展，特别是互联网技术、量子科技以及人们对宇宙空间的新认识使得今天的人们已经具有了不同于历史上任何时期的时空观念。

四是能够适应、应变人类社会发展的动态性。信息社会导致人类社会的社会结构、生活结构、经济结构处于重新组合，在瞬息万变的动态发展之中，市场经济与科学技术的飞速发展也促使人们的观念不断地转变与更新。

五是能够理性地认识自身及客观世界，重新审视人类行为及生存环境。随着人类科学技术的不断进步，人类认识自身及探索宇宙的能力大大提高，随着研究的不断深入，人类自身对于人与周边环境的关系认识，也进入了更新的层次和境界。

二、现代景园与景观

现代景观与传统的园林（景园）既有相同与传承的一面，又有本质上的区别。所谓传承，是指文化与园林的相关处理技巧；所谓区别，是指现代景观的服务对象、设计意识和理念与传统景园有本质上的不同。

景观同建筑等其他形式的建筑艺术一样，具有地域性、民族性、时代性的特点，它是人类创造、源于自然美的，又供人类使用的空间环境。因此，不同地域、不同民族、不同时代的景观具有强烈的地域与时代、民族烙印。现代景观的发展同样受到现代人与现代社会环境的巨大影响。

从历史的发展脉络来看，现代景观与古代园林或景园有着许多共同的因素，现代景观是适应社会进步对优秀传统园林文化的继承与发展，现代景园（景观）有以下特点。

一是景观学是传统园林学的继承与发展，是现代意识与传统的对话与交融。传统与现代永远是相对的概念，是密不可分的统一整体。在景观这一概念的诞生与发展的过程中，现代景观与传统的园林、景园体系始终在对话与交流，并在实践中相互借鉴与交融，传统的园林、景园为现代景观学提供了丰富的内涵与深层次的文脉传承，现代景观学同时发展了传统园林、景园学的内容与功能。

二是服务对象与服务意识不同，现代景观学所研究的现代景观具有开放性与公众性。传统的园林、景园建筑，无论是皇家园林、私家园林，还是宗教寺庙园林，其服务对象都具有相对性，其景园特点带有明显的私密性。与传统园林、景园相比，现代景观更强调为公共群体服务的设计理念，面向群体是现代景观的显著特点，也是引发传统园林、景园学走向现代变革的重要因素。现代景观学在规划设计中要同时考虑许许多多、形形色色的现代人的不同需求，现代景观学中的城市公园与传统园林、景园的设计理念的不同就是典型的案例。

三是广义文脉的延续与地域精神文化的交融成为景观学在文化传承方面重点研究的课题。明代计成在《园冶》一书中，把"造园之始，意在笔先"作为园林设计的基本原则，"意"既可以理解为设计意图、理念或者构思，同时也可以理解为一种以意向、主题、寓意为主体的人文意识形态。不同国家，不同时代，不同地域，其文化传统、地域特征、时代特色不尽相同，具体表现在景观设计理念与表现手法上。景观学在充分研究、继承文脉与地域特色的基础上，结合现代理念，在现代快节奏、精神压力大的社会中，设计出符合时代特色与地域文化的城市景观，被视为塑造城市形象、营造社区环境、提高文化品位的重要方面，同时也起到了缓解人们精神压力的作用。

四是与城市规划、建设，环境生态规划相结合。现代景观已经成为城市建设中整体规划的一个有机组成部分，同时也是其中的一个规划分支，景观设计也称为景观规划设计，对于城市总体环境建设有着举足轻重的作用，如城市建设中的绿地生态系统的构建、景观体系的规划等。同时对于相关历史文化遗址的保护、开发与利用，也属于景观学的学科研究范畴。对于更大范围内的环境生态规划与风景名胜区的规划来说，景观规划设计已经融入环境生态保护以及总体旅游规划之中。

五是面向资源开发与可持续发展的环境保护，构建生态城市与海绵城市。现代景观规划设计中的另一重大领域，已经超脱于一般意义上的规划理念，不是具体的景观规划，而是把景观作为一种资源，就像对待森林、石油等资源一样。同时景观资源的开发与利用，涉及生态保护与经济的可持续发展，同时现代设计理念的贯彻，相较于传统的园林设计，景观规划设计在具体的设计手法上对于构建海绵城市具有不可替代的作用，尤其在城市外大面积未经开发的景观资源。中国是风景资源、旅游资源较为丰富的大国，如何评价、保护、开发这两大资源是一项极为重要的工作，这项工作涉及范围较广，与开发、人口、移民寻求新的生存环境相关联。从广义的观察角度来看，与人居环境的研究实践相关联，景观学面临的科研课题范围相当广阔、非常综合，不仅涉及景观建筑、景观规划、生态园林、审美四个专业方面的内容，还应包括社会学、哲学、旅游地理、区域文化、历史、生态学等各方面内容，这就要求景观学专业人员具有较强的综合性知识。

三、景观学的研究方法

"用专业术语归纳来说，一门学科就是知识或者教学的一个分支，即基于清晰框架和操作规则的系统化标准学术研究。"景观学知识体系的重点应放在能够体现景观设计特色的核心知识与能力的确认上，以及在学科发展某个阶段需要掌握的何种技能。景观学是一门与应用实践结合极为紧密的学科，"最初不过是一门手艺"，景观设计这个词语就是一个抽象的知识体系，一个不断进化的学、行、知的半自主体系，在体系的一致意见指导下产生、认证。如何将专业学科设计同研究实践整合到一起，是一项艰巨的任务，同时也是学科建设中至关重要的挑战。本科专业学位、研究生专业学位与从业实践等不同阶段所需掌握的知识体系内涵和概念解读截然不同，因此，景观学知识体系的知识范畴包含三方面，即概念解读、体系内核及现实操作。具体表现为景园设计历史与评论，自然与文化系统，设计规划理论与方法，公共政策与相关规章制度，设计、规划与管理，场地设计与工程，施工配合与沟通，实践价值与理论诸多领域。景观学的应用设计学科与传统研究领域在研究方法与策略方面有相同的基础，作为与应用实践结合紧密的学科体系，必须解决、回答现实生活中的种种实际问题，通过现场调查与实际测量，主观和交互主体途径，研究个体和社会的相关事实，发现客观存在的问题、提出符合相关要求的客观策略与可行性解决方案。就景观学学科的研究方法而言主要分为田野考察与资料调查、设计方法分析、研究设计三个部分。

（一）景观设计与田野考察

田野考察创意取自于考古学与人类学的学科用语。如同考古学的考古发掘与人类学的调查统计必须现场取证一样，景观学的学科复合性与实践性、社会服务性决定了景观设计在解决城市景观设计的相关问题时，必须从实际出发，理性思维与设计创意高度结合，在获取诸多场地现状一手资料的基础上，综合运用学科知识，提出符合时代要求与学科理念的设计创意。如何进行田野考察与专业调查是学生们必须培养的学科技能与专业素质，也是景观学学科所必须具备的学术基础。

景观学与传统景园对于场地调查不同在于现代景观学所面临解决的诸多问题，景观学是建立在源于艺术、建筑、测量学、工程学、农学和园艺学的综合性学科，景观学学科体系的建立不仅仅在于艺术学创意的体系，更在于相关专业科学数字的体系支撑与依据。景观学场地调查的学科范围包括现状地形地貌、水文地质状况（在滨河景观设计中尤为重要，涉及河道的相关防洪标准）、土壤类型、区域气候类型特点、相关区域的植物适应特性（乡土树种）、地域文化与历史景观、环境评价、基础设施、建设环境、相关专业地方性与国家性法律法规等，综合性田野考察相关专业设计数字的取得与建立，是景观设计可行性取得与项目成功的基础依据。

（二）景观设计与设计策略

策略是景观学解决现实问题以及学科研究的主要体系手法。景观学的学科研究策略分为客观策略（在实验法基础上的建模与相关分析）、主观策略（在逻辑系统之下的项目参与行为与投射设计）、建构策略（在综合评价和诊断体系之下对课题的分类与解读，提出相关课题的解决方案）。

景观学学科的实践性与专业的综合性决定了景观学在面对现实的课题时，须在进行大量的现场调研与获取相关第一手专业技术资料后必须进行相关专业的学科分析与专业论证，以期能够获得科学的符合时代要求的解决方案与景观设计。就具体课题来说，解决问题的客观策略与主观策略是逻辑思维与主观意识的对立统一的辩证关系。建立在大量科学试验与相关数据分析所取得的成果是提出客观策略的理论依据与基础，没有相关专业的科研成果、理论依据支持的策略是空中楼阁。

论证与可行性研究是景观学主、客观策略构建过程中本着实事求是的科学态度所遵循的科研方法。景观学主观艺术创意与客观实践的高度结合使得景观学在设计主观创意提出后必须通过与田野考察所获得的相关数据与课题的设计就生态、人文、地质水文、工程、投资等要求进行可行性研究论证，以期在符合客观设计种种限制的基础上构建出具有高度可行性且富有创意的符合时代特色、城市建设要求与可持续发展的景观学建构策略。

（三）方案设计与学科研究

设计是把一种设想通过合理规划、周密计划，以各种感觉形式表现出来的过程。人类通过劳动改造世界，创造文明，而最基础、最主要的创造活动是造物。设计便是造物活动进行预先的计划，可以把任何造物活动的计划技术和计划过程理解为设计。设计，也指设计师有目标、有计划地进行技术性的创作与创意活动。设计的任务不只是为生活和商业服务，同时也伴有艺术性的创作。景观设计是景观学由方法策略转换为具体可行性的解析与践行，策略如果没有转化为具体解析的设计只能是空谈。当然，就设计本身的定义而言，设计分为研究性设计与操作性设计。研究性设计过程中或者受到其他研究方法的启发，或者直接应用、测试或拓展实证经验、先前案例及其他研究提出的设计纲领等结果，设计还有可能成为其他研究方法策略的研究主体或调查对象。只有通过设计的目的、原则与结果创造有关世界的新知识的时候，设计才能成为独立的研究策略，同时也才能推动学科体系的发展与健全。操作性设计是为针对景观构建策略所做的具有可操作性的设计，景观设计、改造的一个重要特征是对生态的强调，并因此将设计的改造角色同植物系统和水资源系统的自然属性直接联系在一起，设计过程中包含各种"发现"形式，设计者常使用类似研究的技术方法和术语，如观察、描述、测量、计算、组织、分类、发现、寻找影响、评价、诊断等，用具化与数字化的表述形式（景观设计施工图）表述景观构建策略与方法，受设计具化的可行性各专业控制。也只有操作性设计才能具体体现景观设计三个阶段的论证过程与构建成果。

（四）古典景园的研究方法

古典景园与现代景观学立意、组园及服务对象的不同，决定了古代景园与现代景观学之间继承、借鉴与发展的关系。对于古代景园学的研究在传承文化的基础上，对当今景观学的发展与学科建设有正面与促进意义，因此不同于景观学，对于古代景园学应采取不同的研究方法。

研究古代景园的方法有两种。一种是从考察古迹入手，通过考古、测绘、复原、分析等手段，研究古代景园的造园特点及表现手法；另一种是从分析古代文献与理论著作入手，寻求古代景园理论发展脉络。考察的古迹需要与现有保存的古代景园相印证，从中分析和发现其创作规律、造园依据与艺术表现手法。

在实际科研过程中经常需要把两种研究方法结合起来运用。由于历史上的战争、自然灾害、文化认同等种种原因，古代遗迹现存量极少，理论著述已大量散失，因此世界各国开始逐步认识到保护文物古迹的重要性与目前面临的严峻形势，开始重视文物古迹的发掘、保护以及整理研究工作，并制定严格完整的法律法规使得许多富有价值的古代园林古迹及理论著作得以保存。

中国大陆由于多方面原因，一部分古代园林景观遭到破坏与拆除；同时，改革开放以来由于对古代建筑文物保护及文化与经济价值认识不足，在地方城市建设旧城改造的开发中，也有大量具有历史与研究价值的古代建筑景观遭到拆除与破坏，使得当前古代园林景观保护与开发研究的问题日趋重要且提上议事日程。在学界强烈要求与中央政府大力倡导下，中央政府出台了许多相关的政策与法律法规，为中国古代园林景观的保护、开发以及理论研究工作提供了有利条件，各级政府在提高文物古迹保护意识的同时，也修复保留了大量的古代园林景观，并且这些园林景观基本上依据传统古典理论精心设计而成，对当前的景园学研究与现代景园的发展起到了重要的促进作用。中国古典园林精湛的案例与富有民族文化与地域特色的理论，作为世界东方园林文化的主体与重要组成部分，现今仍然在世界景观文化中占有重要地位，在东西方景园文化的发展融合中具有巨大影响。中国古代园林设计理论，涉及中国传统文化中风水堪舆学、建筑、书法、绘画、诗词、文集等方面，这些理论的整理、发掘、研究已经成为现代景园发展的重要理论依据。由于特殊的历史文化背景，中国古代并没有专门从事景园设计的人员，中国古代景园设计理念也是经过较长时间的发展后参照中国山水画的创作思想从南北朝时期逐步形成独特的建园思想，与西方相比较，中国景园的造园师或设计人员一般为文人或者士大夫这一特殊群体，然后由民间匠人具体实施，且专业分工并不细致，多数设计者集造园、绘画、诗歌、建筑、园艺等知识于一身；由于中国园林的建园理念发端于绘画，中国绘画的"写意"对中国园林的创意、建造过程有着较深的影响且贯穿于整个造园过程，民间匠人在具体施工过程中也会根据具体现状与"意"的相关文化做"景园"修改，对"意"的不同理解、体会使得这些修改本身有设计与创意涉及其中。现代人不同于古代的区别在于相关专业有较为细致的分工，一个大规模的综合性景观的规划设计往往涉及众多专业人员的参与，如地理旅游规划、景观园林规划、景观建筑、园艺、环境艺术、植物学、生态学、水利工程等，景观规划与设计逐渐从单一组成内容变化为复合组成内容，从单一学科逐渐演变为综合性学科，现代科技、生态、可持续发展、民族文化与地域特色、经济等学科相互融合发展是当代景观学学科研究与发展的重要趋向。

（五）绘制总体框架建立以研究为基础的学科体系

同传统景园学相比，现代景观学的研究加入了许多时代性的内容及方法。作为新兴的前沿学科，绘制学科的总体框架，建立以研究为基础的学科体系对于景观学的学科体系建设和发展是必需的；同时，只有建立以研究为基础的学科体系，景观学才能解决当代城市化进程中所面临的诸多新问题，适应建设生态城市的学科建设要求，这其中以观念与技术上的发展变化尤为突出。

首先，现代景观学与古代景园在功能设置上已经有很大的不同，现代人的生活需求导致观念上、所面临生存空间上与古代相比产生了巨大变革，在景观规划与设计原则上提出了许多新的挑战。现代景观学的学科体系建设涉及的专业之广、面临的现实问题之复杂是古代景园学所想象不到的，这也是景观学必须绘制总体学科框架的必需原因。其次，现代科学技术的发展也为景观学的学科建设提供了更为广阔的发展空间、研究的方法与规划设计理念，研究的对象与设计的对象都已发生变化，因此，在理论体系建设与研究方法上更为复杂、灵活。

现代景观学的研究主要有两种方法。一是增加运用了现代技术如GPS、北斗系统等，通过新的视角对景观资源进行勘察、观测，并充分利用计算机技术，将其重新定点、定性、定位，使人们从更大范围的视角，动态的研究景观成为可能。二是更加注重人的行为、心理及思想研究，从人们的基本行为与需求入手，研究人的思想与心理，使得现代景观的服务功能与可持续性得到加强，更好地为社会服务。考虑大众需求、兼顾人类共有的行为、群体优先是现代景观规划与设计的基本原则。

第二章 园林景观发展简述

第一节 景园发展阶段综述

从农业社会到工业革命的几千年的人类历史发展中，城市的发展一直是缓慢而平稳的，在中国最初的园林只是为帝王狩猎方便而建成的"园""囿"；在西方，亨弗利·雷普顿将园林定义为"一块以栅栏隔开牲畜的土地，以供人们合理使用与娱乐。它本是，也理应由艺术培育和滋润"。将园林封闭和隔离，自古以来有三个方面的原因。一是种植植物；二是为家族生活提供安居之所；三是创建一个具有美感和令人精神愉悦的空间。人类有意识的建造行为就园林来说应当解释这一主体行为的园林建设目标是什么？如何选择建设地点？建设何种类型的园林？所依据的人类审美标准？当然，不同地域、不同族群、不同文化有不同的回答，也由此形成了丰富多彩的园林表现形式。由于农业社会的交通限制，也形成了这些文化的相对独立性与鲜明性。工业革命后，科学技术与生产力的飞速发展使得人类城市发展进程大大提高，人类的社会结构与自然环境之间长期保持的相对稳定的关系也因工业革命而被打破，直到近代由于环境污染日趋严重，人们才重新认识到保护环境、与自然和平相处的重要性。就园林景观所面临的课题设计而言，古代园林、现代景观学所面临的时空环境不同，所服务的个体不同，社会审美体系也不尽相同，园林景观设计也伴随着人类城市的发展，从过去长期处于为少数人服务的、封闭的、小规模的状态逐步转向今天为公众服务的、开放的、大规模的状态；从古代自然经济的诗情画意、体现宗教神灵意志、世俗君权神授转向旅游经济与全球化生态治理。

一、古代园林萌芽时期

人类社会的原始时期，生产力水平十分低下，人依赖于自然而生存，极少改造自然，仅作为大自然的一个部分而纳入它的循环之中。世界范围内大约在公元前9500年，在今天的约旦与以色列之间的河谷间，开始出现居民与农耕，从而开启了新石器时代，原始意义上的园林也随之诞生了。原始意义上的园林因为有关的证据缺乏，所以一般推测经历了以下三个原型的演变和发展。一是住宅分隔空间。古时候的房屋通常带有庭院，有些庭院带有植物。二是园艺分隔空间。农耕文化时期，人们种植农业谷物，但从其规模与工具来看，属于园艺活动。三是神圣分隔空间。在人们新建庙宇或分隔空间之前，就认为某处是神圣之所，这些场所用于与"神"接触、与"神"交流，或是崇拜君主。古代园林表现形式具体有如下四种。第一种是生产性园林。园林史与种植史密切相关，人们种植谷物，其种植方式和种植空间，在种植程度上与园艺相似，但整个种植活动与我们今天的农业生产更为接近。第二种是私家园林。带有植物的庭院，人类阶级分化出现之后顶层贵族享有较大的私人庭院空间。第三种是植物园和动物园。中国古代帝王狩猎与巡视所修建的"园""苑""囿"；古代西亚国王、罗马帝国的皇帝们将军事战斗中获取的外来物种与植物带回本土展示、圈养与狩猎。第四种是寺庙园林。精神家园是世界上最古老和最重要的园林形式之一，宗教一直将园林作为圣地的象征，寻求"精神"不朽，无论是旧约全书中的"伊甸园"，还是可考的巴比伦空中花园，东方宗教中道教的道观、佛教的寺庙均与公众的现实生活无关。

中世纪的欧洲城市多呈封闭型，城市通过城墙、护城河以及自然地形与郊野基本隔绝，城内布局十分紧凑密集。城市公共游憩场所除教堂广场、市场、街道、城墙外，巴洛克时期，宫廷式园林开始向公众开放，这种炫耀性消费也使得宫廷式园林成为公共空间。这个时期的景园已具备了4个基本元素，即山、水、植物、建筑。这从古代诸多记载中可以得到印证，如西方基督教圣经中的"伊甸园"，东方佛教中的西方"极乐世界"，伊斯兰教《古兰经》中的"天园"等描述。而此间东西方在哲学、美学、思维方式、文化背景及自然地理方面的差异，也为未来东西方不同景园体系的形成打下了基础。19世纪，一些具有特色的城市花园开始得以建造，如茶园、啤酒园、咖啡园，用来满足园林设计中的居家需求。

二、景园形成时期

18世纪中叶，在西方，欧洲兴起的工业革命所带来的前所未有的科学技术和社会经济的发展，为人们开发大自然提供了更有效的手段，与此同时，大工业相对集中，使许多城市在短时间内发生了极大的变化。传统城市功能开始退化，城郊地区开始发展，随着农村人口迅速向城市聚集，人类无计划地开发又带来了严重的环境问题，由此，许多有识之士纷纷提出各种改良学说，其中包括自然保护的对策和城市景园方面的探索，使景园学科得到了空前的发展。

1843年，英国利物浦市用税收修建了公众可以免费使用的伯肯海德公园（Birkenhead Park，125英亩，1英亩≈0.4hm²），标志着第一个城市公园的正式诞生。这一时期，巴黎的奥斯曼改造计划也基本成型，该计划在大刀阔斧改建巴黎城市的同时，也开辟出供市民使用的绿色空间。美国人奥姆斯特德（Frederick Law Olmsted，1822—1903）于1863年首先提出"景园建筑学"（Land Architecture）的概念，并主张合理开发利用土地资源，将大地风景和自然景观作为人类生存环境的一部分加强维护与管理，同时针对城市环境的恶化，提出"把乡村带进城市"的概念，建立城市公共景园、开放性空间与绿地系统。在其竭力倡导下，美国的第一个城市公园——纽约中央公园（Central Park of New York）于1858年在曼哈顿岛诞生。同一时期的英国学者霍华德（Ebeuezer Howard，1850—1928）在他写的《明日之田园城市》一书中首次提出"田园城市"的设想，并建成Letchworth和Welwym两处花园城市。他们为未来城市环境新秩序的建立及现代景园概念的确立提供了完整的理论依据与实践证明。其后，沙里宁（Eliel Sarrinen，1873—1950）提出的"有机疏散理论"，勒·柯布西埃完成的"阳光城"及"花园公寓"，又将这一现代景园理论提高了一步。

19世纪下半叶兴起的研究人类、生物与自然环境关系的生态学，又为现代景园规划提供了更为广阔的理论视野。欧洲、北美兴起的"公园运动"（Park Movement）使得专业实践的范畴逐步扩大到包括城市公园与绿地系统、城乡景观道路系统、居住区、校园、地产开发与国家公园的规划设计管理的广阔领域，同时各国普遍认同城市公园有5个方面的价值，即保障公共健康、滋养道德精神、体现浪漫主义、提高劳动者工作效率、使城市地价增值。这一时期的景园比前一时期的景园在内容与性质上均有所发展变化。具体表现为如下几方面。一是确立了现代景园的理论体系并以此为依据进行了实践，运用新兴学科如生态学进行指导城市绿化和城市环境保护方面的尝试；二是除私人造园以外，由政府筹资，经营面向大众的城市公共景园环境；三是景园规划与设计已经摆脱私有的局限性，转向开放的外向型；四是兴建景园不仅为了获取景观方面的价值和精神方面的慰藉，同时注意改善环境方面的环境效益及促进市民公共游憩和社会交往聚会的社会效益。

三、现代景园设计的发展方向

20世纪初，西方世界的工艺美术运动和新艺术运动以及其引发的现代主义浪潮创造出具有时代精神的新的艺术形式，带动了园林风格的变化，对后来的园林景观产生了广泛的影响，它是现代主义之前有意的探索与准备，同时预示着现代主义时代的到来。受到当时几种不同现代艺术思潮的影响与启示，在设计界形成了新的设计美学观，提倡线条的简洁、几何形体的变化与明亮的色彩。现代主义对园林的贡献是巨大的，它使得现代园林真正走出了传统的束缚，形成了自由的平面与空间布局、简洁明快的风格、丰富的设计手法。

从20世纪60年代开始，世界景园呈现出新的发展趋势与特点。由于人类科技水平的长足发展，生产率进一步提高，尤其在发达国家和地区，人们具备了充足的闲暇时间和经济条件，在紧张工作之余，为了减轻与解脱工作压力，更加愿意接触大自然，因而推动了相关旅游业的迅速发展。由于人类面临诸多问题，如人口、粮食、能源、环境污染等问题，以及由此带来的人体疾病、社会秩序混乱、文化败落、道德沦丧等现象，都促使人们从更高、更长远的方面来思考城市的总体规划与建设，探索新的方法以改善现状，景观规划与环境设计则成为人们所关注的重点。20世纪70年代后，景园设计受各种文化的、社会的、艺术的与科学的思想影响，呈现出多样性发展，合理而有效的公众参与为规划设计实践提供了获得长期成功的社会基础，走出了自己的、与社会现实同步的道路。

（一）生态主义

20世纪70年代初，美国宾夕法尼亚大学景观建筑学教授麦克哈格（Ian McHarg）提出并倡导将景观作为一个包括地质、地形、水文土地利用、植物、野生动物和气候等决定要素相互联系的整体来看待的观点，其《设计结合自然》一书使得园林规划设计的视野扩展到了包括城市在内的、多个生态系统的镶嵌体的大地综合体。随着人们对景观生态学的认识进一步加深，现代的生态主义园林理论强调水平生态过程与景观格局之间的相互关系，美国弗吉尼亚大学建筑学院教授巴里·W. 斯塔克在其与约翰·O. 西蒙兹合著的《景观建筑学——场地规划与设计手册（第五版）》一书中从全球生态治理与可持续发展的角度综合论述了景观学与生态保护之间的紧密关系，并且明确提出了"景观设计师的工作就是帮助人类，使人、建筑物、活动、社区以及他们的生活同生活的地球和谐相处，——与土地的未来和谐相处。"在国内，2005年《城市生态绿地系统建设》一书中首次针对相关城市绿化植物对大气环境的影响及对具体污染物的分解能力、抗自然灾害的能力、生态系统的构建与可行性进行了相关试验并获取了切实可信的技术数据，提出了今后城市生态景观规划设计中具体可行的理论依据。同时生态设计的理论与方法赋予了现代园林规划设计某种程度上的科学性质，使园林规划成为可以经历种种客观分析和归纳的、有着清晰界定的学科。对于现代景观园林规划设计者而言，生态伦理的观念告诉他们，除了人与人的社会联系外，所有的人都天生地与地球生态系统紧密联系着。

（二）大地艺术

20世纪60年代，艺术界出现了新的思潮，一部分富有探索精神的园林设计师不再满足于现状，他们在景观设计中进行大胆的艺术尝试与创新，开拓了大地艺术（Land Art）这一新的艺术领域。这些艺术家摒弃传统观念，在旷野、荒漠中用自然材料直接作为艺术表现的手段，在形式上运用简洁的几何形体，创作这种巨大的超人尺度的艺术作品。大地艺术的思想对园林景观的设计与发展有着深远的影响，众多园林景观设计师借鉴大地艺术的表现手法与思想观念，巧妙地利用各种材料与自然变化融合在一起，创造出丰富的景观空间，使得园林景观设计的思想和手法更加丰富。在中国大陆，著名设计大师吴良镛教授综合吸取、借鉴大地艺术的设计理念提出了"地景"这一创新设计思维，使得城市发展过程中规划、建筑、园林景观从不同学科成为统一整体的不同组成部分，为当代中国的城市化进程提供了强有力的理论支撑。

这一时期的不同学术流派还有后现代主义、解构主义、极简主义。这一时期的景观园林与以往景园具有不同的特点与变化如下。一是私有园林已经不占主导地位，区域性的公共景园与绿化保护带建设成为每个国家和城市的重点，并确立了城市生态系统的概念；二是景观绿化以创造合理的城市生态系统为根本目的，景园领域进一步拓展；三是景观艺术已经成为环境艺术的一个重要组成部分，它不仅需要多学科、多专业的联合协作，公众参与也是一个重要方面；四是更加注重科学的、量化的、有针对性和预测性的景观系统设计，并建立起相应的方法学、技术学、价值观体系。现代园林规划设计以其具有自身特征的社会性和生态性的尺度，在不断拓展与变化中已经成为一个多元、多价值观的实践行业。现代园林景观从产生、发展到壮大的过程都与社会、艺术及建筑紧密相连。虽然各种设计风格与思想流派层出不穷，但是发展的主流始终没有改变，现代园林景观设计从各个方面仍在被丰富，与传统进行传承、发展、交融，强调园林景观中人与自然和谐共存、社会公平与民主的体现、对人的精神愉悦的诉求是景观园林设计师们所追求的共同目标。

第二节　东方园林景观发展概述

东方园林是指受东方文化影响而形成的区别于受欧洲文化影响而形成的且具有强烈地域特色、文化内涵、表现方式的古代园林景观。对于东西方文化的起源，西方学者与中国学者在认知方面存在差异。英国学者Tom Tumer在其《亚洲园林》《欧洲园林》论著中的观点颇具代表性。人类拥有共同的祖先，她大约生活在15万年前的非洲。这位被称为夏娃（Mitochondrial Eve）的女子是距现今人类最近的一位共同的母系祖先。她的一批后代——"单倍群L3（Haplogroup L3）"在大约7万年前从非洲迁徙至西亚。公元前3万年，这些人的后代穿越白令海峡，来到美洲。到了公元前1万年，游牧民族开始定居西亚，发展出了关于人类起源的思想。园林诞生基于生产力的发展，约在公元前9000年，人类开始进行谷物的人工栽培，其最早的证据来自"新月沃土"，农业和城市建筑始于地中海东部的"利凡廷走廊"，该区域从当今的约旦河谷低洼之处延伸到大马士革盆地，是非洲迁徙至欧洲的必经之路。人类从"新月沃土"迁徙至欧洲，然后再从"新月沃土"东迁至中国、日本、南亚。中国学者认为中华文明自成体系，由于有高山、大漠与西方隔绝，中华文明前期与西方文明绝少交流，考古发掘发现的云南元谋人距今50万年，北京山顶洞人距今18 000年；1973年，浙江余姚河姆渡原始遗址发现距今7 000年前的河姆渡遗址的出土物中，有大批稻谷、米粒、稻根、稻秆堆积物。这些丰富遗存证明早在7 000年前，我国长江下游的原始居民已经完全掌握了水稻的种植技术，并把稻米作为主要食粮。中华文明诞生、发展、成熟形成了不同于世界任何地区的独特的华夏文明，从而影响整个东亚地区的文化以及建筑、园林。而西亚地区由于与欧洲并没有天然屏障阻隔，所以与西方文明相互影响，与东亚截然不同。就园林设计的起源而言，在学术界所称的"轴心世纪（Axial Age）"——公元前800年至公元前200年，重要思想家们的理念催生了哲学，并影响了古老的信仰体系。在这个时代里，城市——农业社会开始在法治下运作。索罗亚斯德、佛陀、孔子、伊利亚等思想家的出现使得哲学让信仰体系更加成熟，同时也让设计变得更专业。Tom Tumer在《亚洲园林》一书中认为亚洲园林的设计理念基于历史、信仰；《欧洲园林》一书中认为欧洲园林的设计理念是基于历史、哲学，并从不同的文化形态对这一现象对各自园林的影响进行了具体的分析。亚洲最古老的设计理论与宗教密切相关，在印度最早的设计材料出现在《梨俱吠陀》史诗中，大约创作于公元前1500年。有《吠陀》催生出的《圣典》详述了仪式的操办流程，为设计和建造者提供指导。在中国，《周礼》创作于公元前500年至公元前200年，其中涉及、解释了相关城市的布局。东方园林设计书籍最早出现在日本，《作庭记》创作于公元1070年，书中涉及佛教、阴阳说、风水以及基于东方审美所特有的自然法则。1631年明代计成《园冶》是中国最早的园林设计著作，其中吸纳了中国传统文化中所特有的隐士思想。西方学者认为，这些受东方道教、佛教思想影响的著作都将园林设计放在了宗教语境之下，这一点显示出创造符号性园林的目的是打造出能够激发宗教或美学情感，让人们产生敬畏之心。

中国造园艺术历史悠久，源远流长，从《诗经》的记述中可以看出，早在周文王的时期就有了营造宫苑的活动。从公元前11世纪奴隶社会前期一直到19世纪末封建社会解体为止，在3 000余年漫长的发展过程中形成了世界上独树一帜的东方园林体系。中国传统景观园林的发展演变按历史年代与景园产生发展过程可划分为生成期、发展期、兴盛时期、成熟期。

一、生成期

大约在公元前16世纪至公元前11世纪，在商朝奴隶社会前期，产生了以象形为主的甲骨文，从出土破译的甲骨文中的园、囿、圃等文字的描述中可见当时已经形成了景园的雏形。《史记》就有殷纣王"厚赋税以实鹿台之钱……益收狗马奇物……益广沙丘苑台，多取野兽蜚鸟置其中。……乐戏于沙丘"的记载。周灭商纣后，建都镐京，开始了大规模的营建城邑及造园活动。其中最著名的有灵台、灵囿、灵沼。此时的景园已经初步具备了造园的四个基本要素，形成了传统景园的雏形。

二、发展期

公元前221年秦始皇统一中国后，"在渭水之南作上林苑，其规模之大达数百里"，除在其中建离宫别苑外，为了狩猎还在其中驯养了大量的奇禽异兽。至西汉，又在秦上林苑基础上进一步扩充，除以自然山水为主的上林苑外，在宫廷中还以人工方法开辟园林，设太液池、置蓬莱、方丈、瀛洲诸山，这不仅成为以后历代帝王营建宫苑的一种模式，而且还在模仿自然山水的基础上又注入了象征和想象的因素；同时，私家园林开始发展，一些贵族如宰相曹参、大将军霍光等相继在长安、洛阳两地建有园林。魏晋南北朝前，已使苑的形式具备了在规模、艺术性等多方面的综合水平，奠定了中国自然式景园发展的思想基础。

这一时期的代表作有秦咸阳宫苑（兰池宫）、汉上林苑（图7）等，其中已有山、植物、宫、台、观等内容，可见园林形式已相当完善。魏晋南北朝时期，国家处于分裂状态，战乱时起，社会动荡不安，道教、佛教的流行与影响，使得当时社会思想极为活跃；玄学的产生，使得士人或纵欲享乐，或洁身远祸过着隐居生活，在这种氛围之下，促进了艺术领域的发展，也使得景园升华到艺术创作的境界，以抒发自然情趣为主题的田园诗和山水画的兴起深深地影响景园的创作，如果说在这以前对于自然美的欣赏还处于一种自发或自为的阶段，那么这一时期整个中华文化已经跨入了艺术自觉的阶段，并伴随着私家园林的发展与兴旺，这是中国古典造园发展史上一个重要的里程碑。

这一时期寺院园林也极为兴盛。佛教自传入中国后，历经东汉、三国逐渐得到发展，至魏晋时依附于玄学进而影响士族。这一时期立寺成风，南方的建康与北方的洛阳成为我国当时两大佛教中心。唐代诗人在描写南方寺庙景观时写出"南朝四百八十寺，多少楼台烟雨中"。几乎寺寺有园，由此可见当时兴建寺庙园林风气之盛。

魏晋南北朝以前的宫苑虽然气派宏大、豪华富丽，但艺术性稍差，尚处于初期阶段，既缺乏诗情画意，又缺乏韵味与含蓄。直到隋朝以后，人们才放开思想束缚，开始追求景园的意境，因此开创了隋唐时代的全盛局面。

三、兴盛时期

这一时期由隋唐至宋元，历时近800年，以唐代为代表，使中国古典园林空前兴盛和丰富，进入了前所未有的全盛时期。

经历了300多年的战乱与国家分裂，至隋、唐又复归统一。由于经济得到较大发展，隋文帝时在大兴城建造了大兴苑，隋炀帝时又在东都洛阳建造了西苑。西苑以人工为主，并以洛水为水源，把水引入苑内以集中形成较大水面，水中沿袭汉代模式，筑有蓬莱、方丈、瀛洲三岛；此外，还有5个较小的水面，并以水渠相连形成完整水系。虽然部分手法承续了汉代旧制，但也有所突破，在大园中又以建筑群围成若干小院，这实际已是园中园，这种园林处理手法是以前所没有的。

唐代由于封建经济空前发展，文化艺术也达到了一个新的高峰。唐朝时山水画已经形成独立画种，并且分成为两大画派。一派是以李思训为代表的传统青绿工笔画法；另一派则是以王维为代表的写意画法。此外，以自然山水为主题的山水诗及游记也十分盛行，这些，都说明对自然美的认识又有所深化。唐代在长安城北靠近太极宫的东北面建造了大明宫，又称"东内"。宫的北部为园林，内设有较大水面，称太液池，池中小山名蓬莱山，池的南部有宫殿建筑。

此外，在皇城东部兴庆宫开凿水池，称龙池，池旁有亭、楼、并种植花卉、树木；建芙蓉园，该园西邻曲江，有较宽阔的水面，邻水有亭、台、楼、阁等建筑，风景秀丽。

唐代的私家园林也很兴盛，贵族、官僚在西京筑园着实多，大多集中在城东南曲江一带。此外，在城东郊与南郊也有不少私家园林。东都洛阳，作为陪都也是贵族与达官竞相筑园的地方。白居易的宅园即建于此。除长安、洛阳外，一般文人如白居易还在庐山建造了草堂，王维则在蓝田建造了辋川别业。这些山居别墅多以自然山林为主而略加人工建造，较城市或近郊宅园更富有自然情趣。

五代十国时期国家分裂割据，虽然使社会经济遭受极大破坏，但却使江南某些城市成为当时政治、手工业、商业中心。例如，地处江南的苏州就是其中较具代表性的城市之一，当时造园之风颇为兴盛。此外，岭南的广州也是这一时期筑园代表性城市之一。

宋代是中国较为特殊的历史时期，虽然经济发达，但是国运并不强盛，宋代在填词与绘画艺术方面取得了很高的成就。宋时设有画院，集天下之画士优加薪俸，致使绘画艺术得到很大发展。在画院之外，还出现了以文同、米芾、苏轼等人为代表的文人画派，他们不求形似，而力主写意传神，为绘画开辟了新的风气。宋代著名山水画家郭熙在《林泉高致集》一书中对中国山水画的创作理念与思想提出了独特的论述，其中山水画"可行、可望、可居、可游"以及画四时不同之山景要给人不同感受的山水画立意、构图的要领与原则都深深地影响造园艺术的发展。

北宋园林多集中于东京汴梁与西京洛阳两地。较为著名的园林建筑有金明池，位于汴梁城西，布局规整，有明确的中轴线，正殿建于水池中央，有虹桥相通；在城的东北部建有艮岳，据记载，在建造该园时不惜人力、物力从江南一带运来了大量的名花、怪石。在汴梁，类似上述皇家苑囿有9处，北宋画家张择端的《清明上河图》就描绘了当时北宋都城汴梁的繁华景象与城市景观。

南宋政治中心南移，在都城临安的西湖及周边兴建皇家园林不下10处，其余则分属寺庙园林与贵族士大夫们的私园。另外，在官员贵族退隐之地吴兴，据《吴兴园林记》所录共有园林34处。宋代园林建筑发展最为重要的一点就是已经开始标准化设计与施工，《营造法式》是宋崇宁二年（1103年）出版的图书，是作者李诫在工匠喻皓《木经》的基础上编成的，是北宋官方颁布的一部建筑设计、施工规范图书。《营造法式》是我国古代最完整的建筑技术书籍，标志着中国古代建筑已经发展到了较高阶段。

元灭南宋后，由于中国转入异族统治，民族矛盾、社会矛盾异常激烈，社会经济处于停滞状态，这个时期的造园活动建树不多。在北方也只是把金大宁宫改建为太液池、万岁山，而使之成为宫中禁苑，都城大都与其他城市私家园林的造园活动也为数不多。

发展期内，无论皇家园林还是寺庙园林均达到了很高的艺术水平，尤其是皇家园林。这一时期的景园发展具有以下四个特点。一是皇家景园的"皇家气派"已经完全形成，出现了像西苑、华清宫、九成宫、禁苑等这样一些具有划时代意义的作品。二是私家景园艺术性大为提高，着意于刻画景园的典型性格及局部、小品的细致处理，赋予景园以诗情画意，讲究意境的情趣。三是宗教风俗化导致寺庙景园的普及，尤其是郊野寺庙开创了山岳风景名胜区的发展先河。四是山水画、山水诗文、山水景园三个艺术门类已经有相互渗透的迹象，中国古典景园"诗情画意"特点形成，"景园意境"已处于萌芽发展期，这一时期基本形成了完整的中国古典景园体系，并开始影响朝鲜、日本等周边国家。发展至宋代，在两宋特定的历史条件与文化背景下，进入了中国古典景园的成熟时期。

四、成熟期

明、清是中国古典园林艺术的成熟时期。自明中期到清末历时近500年的时间内，除建造了规模宏大的皇家园林外，封建士大夫为了满足家居生活的需要，在城市中大量建造以山水为骨干、饶有山林之趣的宅园，以满足宴饮、社交、聚会的需求。明成祖朱棣迁都北京，以元大都为基础重建北京城，把太液池向南开拓，形成三海，即北海、中海、南海，并以此作为主要御苑，称西苑；到明中叶，由于社会经济有较大发展，造园风气兴盛，此时造园活动主要集中在北京、南京、苏州。北京官僚贵族的私家宅院多分布在积水潭或东南泡子河一带，郊区有勺园、李园（清华园）、梁园等；当时的苏州虽然非一线城市，作为经济上最富庶的地区，许多官僚、士族均在此建造私家园林，一时形成一个建园的高潮，且影响周边地区，现存的许多园林如拙政园、留园、艺圃等都是这个时期建造的。许多文人、画家还直接参与了造园活动，明代造园理论也有了重要发展，其中比较系统的造园著作为明末吴江人计成所著《园冶》一书。全书比较系统地论述了空间处理、叠山理水、景园建筑设计、树木花草的配置等许多具体的园林艺术手法，提出了"因地制宜""虽由人作，宛自天开"的园林设计艺术主张和造园手法，首次为中国造园艺术提供了理论基础。

清代造园活动有了长足发展，尤其以康熙、乾隆两个时期为盛。清代北京的皇家园林不下10处，除在明代西苑基础上进一步修缮、改造外，在北京西北郊先后建造了静宜园、静明园、圆明园、清漪园等5处皇家苑囿，此外，还在承德修建了避暑山庄。清代的皇家苑囿无论在数量或者规模上都远远超出了明代，成为造园史上最为兴旺发达的时期。

清至乾隆时期，经济、政治呈现一派繁荣强盛的迹象，由于乾隆对园林怀有极大兴趣，且又有较高的文化修养，使得北方皇家苑囿吸取了不少江南私家园林的处理手法。清代园林的一个重要特点就是集各地名苑胜景于一园。具体地讲，就是采用集锦式的布局方法把全园分成若干景区，并分别设置多个景点，最具代表性的皇家苑囿有承德避暑山庄（图8）、圆明园等。

除北京外，清朝的私家园林多集中于扬州、苏州、吴兴、杭州等城市以及珠江三角洲一带，扬州园林的叠山技术特别见长，有"扬州以园亭胜，园亭以叠石胜"的美誉。此外，我国少数民族地区也有不少景园杰作，例如，西藏（西藏自治区，全书简称西藏）拉萨地区的"罗布林卡"等，但与风格成熟的江南、北方皇家、岭南三大景园风格相比，只能看作它们的变体或亚风格。

明清两朝，造园活动再次达到高潮。所造园林无论在数量、规模或类型方面都达到了空前的水平；造园艺术、技术日趋精致、完善；文人、画家积极投身于造园活动。与此同时还出现了一批专业匠师，人才辈出，代表了中国古典景园的最高成就与水平，是中国古典景园走向成熟的标志。

第三节　中国文化与传统景园

中国古典园林，不仅具有悠久的历史和光辉灿烂的艺术成就，作为传统景园的一个体系，与世界上的其他景园体系相比较具有鲜明的个性，如果说世界各民族都有自己的造园活动，并且由于各自文化传统的不同又各具不同艺术风格的话。那么，概括地讲有两种园林风格最具典型性，这两种园林风格是以西方古典主义园林为代表的几何形园林和以中国古典主义为代表的再现自然山水式园林。前者的特点是整体一律、均衡对称，具有明显的轴线引导，讲求几何图案的组织，后者的特点是本于自然、高于自然，把人工设计与自然美巧妙结合，从而做到"虽由人作，宛自天开"。这两种园林艺术各有千秋，它们之间仅是风格不同，各自抒发的情趣不同，各自所走的道路不同而已，中国园林本于自然、高于自然，建筑美与自然美高度融合，具有诗画的情趣和蕴涵的意境。中国园林与西方园林相比有如下不同特征。

一、画园相辅，诗情画意

与欧洲景园的氛围不同，中国古典景园滋生在东方文化的肥田沃土之中，并且深受绘画、诗词等文学艺术的影响。中国古代并无专门从事设计的园林专家，许多景园都是在文人墨客与画家的直接参与下营建的，特有的营造环境使得中国园林从一开始便带有不同于西方园林的设计理念与感情色彩，由于中国绘画特有的书画同源的艺术特色及讲求诗情画意的创作理念，使得绘画对园林的影响最为直接，并且与中国所特有的艺术表现形式（书法、绘画等）紧密结合，从某种意义上可以这样表述，产生中国园林设计理念的先导是绘画，中国园林一直是遵循着绘画的脉络发展起来的。

中国古代虽然极少造园理论著述，但绘画理论著作却十分浩瀚。特别是山水画，自魏晋南北朝时期开始成为相对独立的画种，至唐代已经基本确立了理论基础。画论所论述的虽然是山水画的立意与表现，但触类旁通，成为造园活动的指导原则与理论依据。山水画所遵循的"外师造化，中得心源"的艺术原则深深地影响中国古代景园的营造思想，所谓"外师造化"就是强调以自然山水作为山水画艺术创作的源泉，而"中得心源"则是指并非机械刻板地模仿抄袭自然环境，要经过艺术家的主观感受从而得以提升、表现，强调艺术家对自然、人生、文化的理解与再现，这种感受虽然出自心灵，但并非以"理性"为基础，而完全是作者感情的倾注。这种审美观念与西方的美学思想大相径庭，像西方的"几何审美观"在中国古代绘画与景园中几乎不见，与之恰称对比的是倾心与对自然美的追求和诗情画意的表达（图9）。

二、蕴涵的意境

意境的塑造是中国艺术创作和鉴赏方面不同于西方美学思想的一个极为重要的美学范畴。汉人重骨法，晋人重神韵，至齐梁时代，南齐著名画家谢赫总结绘画的美学原则，树立了"六法论"。"六法论"基本上是从顾恺之的画论中提炼而得出的。其第一法"气韵生动是也"。"气韵"就是传神，由人之传神，到物之传神，又到笔墨传神，传神成为中国绘画的第一要义。同时期的宗炳在中国历史上第一本山水画论著《画山水序》中屡次提到"道"，"圣人含道暎物""圣人以神法道""山水以形媚道"等，他说的"道"主要指老庄之"道"。"道"，"先天地生"，本来就存在，但不为人知，圣人从自然万物中发现，总结了"道"，方为人所知，"理绝于中古之上者，可意求于千载之下"，所以要"澄怀味象"，"澄怀"就是要涤荡污浊势力之心，遁于空静的山林，远离尘浊俗世，"独与天地精神往来"，静静地思索，深沉地入静，方能得"道"，宗炳提出的"以形写形，以色貌色"实乃后来"外师造化，中得心源"的先声。

中国古代园林既然由文人、画家所创意、设计，自不免要反映这些文人墨客的审美、气质与情操，并且作为社会上层的士大夫，无疑会受到当时社会哲学思想和伦理道德观念的影响。简单说来，意即主观的感情、理念熔铸于客观生活、景物之中，从而引发鉴赏者类似的情感感动和理念联想，蕴涵的意境既深且广，且感悟不同表述方式也丰富多样，归纳起来，分为四种方式。

一是借助于人工的叠山理水模仿山川之自然风景于咫尺之间。所谓"一拳则太华千寻，一勺则江湖万里"，一勺指景园中具有一定尺度的假山和人工开凿的水体，它们是物像，由具体的石、水物像幻化而构成物境。太华、江湖则是指通过观察者的移情与联想，从而把物像幻化为意象，把物境幻化为意境。所以说，叠山理水的创作，应该既重视物境，更重视由物境幻化、衍生出来的意境，即所谓"得意忘形"。由此可见，以叠山理水为主要造园手段的人工山水景园，其创作核心在于蕴涵的意境。

二是预先设定意境主题，然后借助山、水、花木、建筑所构成的物境表达主题，从而传达给观赏者以意境的信息。此类主题往往得之于中国古代文学、轶事、神话传说、历史典故与风景名胜的模拟，这种创作理念在皇家园

27

林中最为常见。

三是"点题"。通过匾、联、景题、刻石等根据物境的特征做出文字加以提示，突出意境。通过文字更具体、明确的表述，其传达的信息意境也就更易理会。由于中国文字所特有的艺术载体"书法"的书写与文学、考古紧密结合的艺术特征，对于"点题"所书字体、所引用典章与词句极为考究，中国书法的书体按形成历史分为金文、篆书、隶书、行书、楷书、草书不同的书写表现形式，不同意境的塑造应选择相适应的字体表现形式与点题文字，就中国传统文化的审美特性而言，"点题"书法越有"古意"，"点题"文字越有内涵、雅致就相对有更高的艺术性与审美价值，也就能更加充分体现景园所表达的意境。中国古典名著《红楼梦》中"大观园试才题对额"所描述的就是此类景园艺术创作的过程与情景。

匾额与对联既是诗文与造园艺术最直接的结合，形成表现景园"诗情"的主要手段，也是文人墨客参与景园创作、表达意境的主要方式。它使得中国古典景园内的大多数景观能够"寓情于景""即景生情"。同时，景园内的重要建筑、节点处一般都悬挂匾额与对联、刻石，所书写文字点出了景园的意境所在，文字作者的借景抒情也同时感染游人，从而使之浮想联翩。游人所获取景园的意境信息，不仅通过上述"点题"的文字与书法的表述，同时还通过听觉、嗅觉的感受，如十里荷花、雨打芭蕉、驳岸垂柳、泉水叮咚、小桥流水、雪山松涛、丹桂飘香、风动篁竹等都能以"味"入景、以"声"入画，从而引发意境的感受与遐想。正由于中国传统古典景园的意境蕴涵深远，中国古典景园所达到的艺术境界与表现手法与形式，相对于世界其他地区的景园体系形成了别具特色的景园风格（图10、图11）。

四是基于本于自然、高于自然造园理念下的建筑与自然美的融合。中国古典园林造园理念根植于中国传统山水画"师造化"的创作思想，模仿自然山水是风景式景园的重要构景要素，但中国传统景园绝非一般地利用或者简单的模仿自然构景要素的原始状态，而是有意识地加以改造、调整、加工，从而表现一个精炼概括、人文诗情的自然。在传统景园地形塑造过程中，筑山作为景园的重要内容。对于筑山所用石材的选择极为考究，从石材的造型、纹理、色泽，以不同的堆叠风格而形成诸多流派，同时，石的本身也逐渐成为人们欣赏品鉴的对象，并以石而创为盆景艺术、案头清供。现实叠山创作过程中，无论模拟真山的全貌或者截取一角，都能以小尺度而创造峰、峦、岭、洞、涧、悬崖、峭壁等形象，从堆叠章法与构图经营上，可以看到对天然山岳构成规律的概括、提炼。

景园内开凿的各种水体都是自然界河、湖、溪、涧、瀑、泉的艺术概括，水体是自然景观构成中另外一个重要因素，山与水的关系密切，山嵌水抱在中国传统堪舆学中一向被认为是最佳成景势态，也同时反映了古人阴阳相生的辩证哲理，一般来说有山必有水，"筑山"和"理水"由此成为造园的专门技艺。人工"理水"务必做到"虽由人作，宛自天开"，哪怕再小的水面也必曲折有致，讲求"水来不能荡，水去不能泄"，并利用山石点缀岸、矶。稍大一些的水面，则必须筑岛、堤，架设桥梁，在有限的空间内尽量模仿天然水景的全貌，形成"一勺则江湖万里"的意境（图12）。

总之，本于自然、高于自然是中国传统景园创作的主旨，目的在于求得一个概括、精炼、典型而又不失其自然生态的山水环境；中国的传统景园建筑，无论多寡，无论其性质、功能如何，都力求与山、水、植物这三个造园要素有机组织在景观画面中，突出彼此协调、互相补充的积极的方面，限制彼此对立，从而在景园总体上使得建筑美与自然美相互融合，达到一种人工与自然高度协调的境界——天人合一的境界。与其他类型建筑相比，中国园林建筑具有以下三方面特点。

一是所抒发的情趣不同。其他类型的建筑如宫殿、寺院、陵墓、民居等，出于各自不同的要求或宏伟博大，或庄严肃穆，或亲切宁静，但一般都不追求诗情画意的意境；而园林建筑则不然，从一开始就与诗画结下不解之缘。并在文人墨客的苦心经营与匠心独运下达到了极高的艺术境界，寓情于景，情景交融，诗情画意对园林意境的描绘，都说明园林建筑确实不同于一般建筑，如同凝聚了的诗与画，具有不同于其他建筑形式的极强的艺术特征与感染力。

二是构图的原则不同。其他类型的建筑，一般多以轴线为引导而取左右对称的布局形式，从而形成一进复进的院落空间，园林建筑则不然，它所强调的是有法而无定式，所谓"法"指的是师造化、内涵的诗情画意；所谓"无定式"指的是不为相关清规戒律所羁绊，最为忌惮坠入机械而无创意的简单故辙。在相关设计思想的指导下，一般建筑构图所特有的相对明晰性与条理性在园林建筑中极为少见；相反，回环曲折、参差错落，忽而洞开，忽而幽闭的造园手法则赋予园林建筑以无限的变化。

三是对待自然环境的态度不同。中国建筑除了部分寺院建筑与民居建筑由于受地形限制而采取自由布局之外，一般的宫殿建筑、寺院建筑、民居建筑由于受建立在特殊文化"礼"之上的程式化的影响，多采用内向的平面布局形式。这种布局虽然可以形成许多空间院落，但由于建筑物均背向外而面向内，加之以高墙相围，因而对外围的环境基本上采取不予理会的态度。园林建筑则不然，为求得自然美，对环境的选择极为重视，《园冶》一书以很大的篇幅论述"相地"便是很好的佐证。即使是地处市井之中的宅园，建筑虽然占有较大的比重，并经常用于围隔空间的主要手段，但毕竟只是形成园林景观的要素之一，木框架结构的单体建筑，内墙外墙可有可无，空间可实可虚、可隔可透，景园里的建筑物充分利用这种灵活性与随意性创造了千姿百态、生动活泼的外观形象，获得与自然界山、水、植物密切结合的多样性，还利用建筑内部空间与外部空间的通透、流动的可能性，把建筑物的小空间与自然界的大空间沟通起来。同时，对于园林建筑来说，必须使建筑与山石、水体、花木巧妙结合，才能把建筑美与自然美浑然相融，从而达到"虽由人作、宛自天开"的境地。

三、中国传统景园的地域特点

在中国传统园林历史发展过程中，由于各地的气候、文化、建筑材质等区域性差异，逐渐形成了江南、北方、巴蜀、西域等地域风格，其中江南园林、北方园林、岭南园林风格差异尤为明显，代表了中国风景园林发展的主流；各种地域风格的差异主要表现在建园所用的地域材质、景园形象、景园建筑风格与处理技法等方面，同时，在相关景园的总体规划与体现的文化蕴意也有所差异。

（一）江南园林

江南地区一直是中国的"鱼米之乡"，特别是江浙一带，历史上经济发达，人文气息浓厚，景园受诗文与传统绘画的影响也更多一些，不少文人画家同时也是造园雅士，而造园匠师大多也能诗善画，因此江南园林所达到的艺术境界也最为体现文人墨客所追求的诗情画意。咫尺之间凿池堆山、植花栽树，结合各种建筑布局经营、因势随形、匠心独运，创造出一种含蓄、丰韵、小中见大的景园效果。

江南气候温和湿润，花木种类繁多，且生长良好，布局有法。景园叠山以太湖石和黄石两大类为主，大型假山石多用土，小型假山几乎全部用叠石堆积而成，能够仿真山之脉络气势做出峰峦丘障、曲岸石矶，手法多样，技艺高超。花木也常成为某些景点的观赏主题，景园建筑也常以周围花木命名，讲求树木孤植与丛植的画意经营及其色、香、形的象征寓意，尤其注重古树名木的保护利用。除赏花外，景园设计中也可赏声，如雨打芭蕉、枝头鸟啭。江南的景园建筑以江南民居建筑为创作源泉，从中汲取精华，苏州的景园建筑吸取了苏南地区的民居建筑的艺术形式；扬州的景园建筑充分利用优越的水陆交通条件，兼收并蓄当地、皖南乃至北方的建筑风格，因而建筑的形式多样。江南的景园建筑外饰构件一般为褐黑色，灰砖青瓦、白粉墙垣配以水石花木组成的景园景观，能够显示恬淡雅致犹若水墨渲染般的艺术风格（图13）。

（二）北方园林

中国北方地区由于冬季气候寒冷，春秋两季多风沙，其独特的地域气候因素形成了适应区域特点的建筑形式：形象稳重、敦实，平面布局相对封闭，别具不同于江南的刚健之美。北方地区相对于江南而言，水资源匮乏，除宫廷景园可以奉旨引用御河水外，一般的私家园林只能凿井取水或由它处运水补充水源，这使得水景的建造受到限制，同时也由于缺少挖池的土方致使筑土为山不能太多、太高。北方极少有江南可以用作叠山的石材，景园叠山一般就地取材，运用当地出产的北太湖石、青石、临朐石，此类石材的形象均偏于浑厚凝重，与北方建筑的风格相协调。北方叠山技法深受江南园林的影响，既有对大自然山行的模拟，也有偏角的平岗小坂，或为屏障，或为驳岸、石矶、峰石，风格又迥异于江南景园，更能体现幽燕沉雄之气度。植物配植方面，由于气候寒冷，可用于景园的观赏树木较少，尤其缺少阔叶常绿树木与冬季花木，但松、柏、柳、榆、槐、桃等春夏秋三季更迭不断的花灌木构成北方景园植物造景的主题，同时北方景园冬季所特有的冰雪景观体现萧索寒林的诗情画意也是江南园林所不具备的。景园规划布局由于受儒家文化与宫廷景园影响，中轴线、对景线运用较多，更赋予景园以凝重、严谨的氛围。

（三）岭南园林

岭南景园一般规模比较小，且多数是宅园，一般为庭院与庭园的组合，建筑比重较大。庭园与庭院的形式多样，组合形式较之江南园林更为密集、紧凑，往往相连成片；建筑物的平屋顶多做成"天台花园"，为了室内降温需要良好的自然通风因而建筑物的通透开敞更胜于江南，其外观形象更富于轻快活泼的意趣。景园建筑的细部做工精致，尤以壁塑、细目雕工见长。由于历史原因，南宋以来，岭南地区为中西海外贸易的主要地区，明代以前的泉州，清代广州的十三行，都是中国重要对外贸易口岸，中外文化交流频繁，形成了岭南景园的特色，建筑细节多运用西方式样，如栏杆、柱式、套色玻璃等细部，甚至整座的西洋古典建筑配以中国传统的叠山理水。叠山常用姿态嶙峋、皴折繁密的英石包裹，即所谓"塑石"技法，因而山石的可塑性强、姿态丰富，具有水云流畅的形象；沿海一带也有用卵石与珊瑚礁石叠山，别有风情。叠山而成的石景分为"壁型"与"峰性"两大类。前者的主要特征是透迤平阔，由几组峰石连绵相接组成，没有显著突出的主峰；后者的主要特点是峰顶突出，山径盘旋，造型险峻，此外还有若干形象各异的单块石头组合而构成石庭，小型叠山或石峰与小型水体相结合而成的水石庭，尺度亲切且富于变化，为岭南园林一绝。理水的手法丰富多样，不拘一格，少数水池因受外来文化影响为几何形。岭南地处亚热带，观赏植物较之江南与北方品种极为繁多丰富，老榕树大面积覆盖的遮阴效果尤为宜人，也堪称岭南园林绝色，岭南园林的地域特点决定了景园风貌，其建筑形式是为了适应当地炎热气候与台风雨季的袭击。岭南建筑最有特色的是"土楼"，因其大多数为福建客家人所建，故又称"客家土楼"。土楼产生于宋元，成熟于明末、清代和民国时期。以土、木、石、竹为主要建筑材料，利用未经焙烧的土并按一定比例与沙质黏土和黏质沙土拌合而成，同时又揉进了人文因素，堪称"天、地、人"三方结合的缩影，主要功能为防御居住。就总体而言，岭南景园建筑意味较浓，建筑形象在景园造景上起着重要甚至决定性的作用。但不少景园由于建筑体量偏大，楼房较多而略显壅塞，深邃有余而开朗不足（图14）。

（四）巴蜀景园

巴蜀景园有别于庄重富丽的皇家园林、婉约清雅的江南景园及精巧纤细的岭南园林，它自然天成，古朴大方，以"文、秀、清、幽"为景园特色；以"飘逸"为风骨，与皇家园林、私家景园面向的对象不同，更接近民间，更直接、更真切地面对普通人生，特有一种质朴之美。"文"是指著名景园都与著名文人有关，景园中蕴涵浓郁的文化气质。李白、杜甫、三苏（宋代苏洵、苏轼、苏辙）、陆游等文人豪客或是祖籍或是客居四川，其优良的文学底蕴与艺术素养，为巴蜀景园独特风貌的形成与发展奠定了坚实的文化基础。由"文"之"秀"，巴蜀名园多小巧秀雅，石山甚少，水岸朴直，以清简见长，园中植物繁茂，品种丰富，多以常绿阔叶林作天幕与背景，而以水面取虚放扩，创造空间变化和虚实的对比；建筑平均密度不大，形象俊雅，建筑风格倾向于四川民居。由于四川独特的地理位置与文化特质，巫术与道教文化盛行，是道教的主要发源地，史前三星堆文化更是呈现出强烈的巫术特色，川西景园渗透了相当浓厚的"飘逸"气质，其主要表现为不拘成法的多变布局、跌宕多姿的强烈对比、返璞归真的自然情趣，从中国园林发展史大格局纵向分析，又可以说巴蜀景园还保持着相当浓厚的自然山水的古朴色彩。巴蜀景园因山地众多，在山地园的群体布局上积累了丰富的实践经验，更着力丁"因地制宜""景到随机"，通过"屏俗收佳"等构景手法，结合地势，适应地貌，巧用地形，智取空间，手法灵活多样，其曲轴的运用、高差的处理、观赏路线的安排、中轴线的切割、建筑景观小品的布点、庭院层次的变化，均有巧妙的设计构思与表现技巧，"自成天然之趣，不烦人事之工"，创造出以天然景观为主、人工造景为辅的景园意境。

（五）西域景园

西域景园主要指地处中国西部或西北部的少数民族景园建筑。由于其地理、气候、宗教、文化等方面的差异，因其所处独特的地理位置，受中亚伊斯兰教及欧洲基督教文化的影响、与华夏文明相融汇，形成了有别于汉民族景园风格的少数民族景园，具有独特风格与代表性的则是新疆维吾尔族景园和西藏的藏族景园。新疆（新疆维吾尔自治区，全书简称新疆）的维吾尔族景园构图简朴、活泼自然，因地制宜，经济实用，把游憩、娱乐、生存有机结合起来，形成一种独具民族特色的花果园式景园。园中建筑多用砖土砌成拱顶（主要受伊斯兰教文化影响），外用木柱组成连续的廊檐，饰以花卉彩绘和木雕图案；因当地缺乏石材，所以没有凿石、叠山、置石的传统。景园多建在被荒漠包裹的绿洲中，园中植物多具耐寒、耐旱、耐盐碱的品质，形成了独特的植被景园景观，仅在有融雪灌溉的条件下园中才栽种一些需要水量大的树种。

藏族景园得益于当地文化、藏传佛教与中原文化的综合影响，唐朝文成公主远嫁西藏，随嫁有大量的不同种类的能工巧匠，包括建筑工匠，并在此后深深地影响着西藏的建筑形制；藏传佛教源自古印度与尼泊尔，在西藏的寺庙建筑中常见的负钵式建筑源自南亚。藏区景园主要代表作品为罗布林卡，罗布林卡以大面积的绿化和植物场景所构成的原野风光为基调，同时包含自由式与规整式的布局。园路多为笔直，较少蜿蜒曲折，园内引水凿池，但没有人工堆砌的假山，不做人工地形起伏，因而景观一览无余。由于受藏区"碉房式"石构建筑限制，园内没有运用建筑来围合、划分景区的情况，一般都是以绿地环绕建筑物，或者若干建筑物散置于绿化环境中。景园"意境"的表现均以佛教为主题，某些建筑局部的装饰、装修和小建筑如亭、廊等则受到汉民族文化的影响，同时某些小品同时也能观察到明显受到西方文化的影响。总而言之，罗布林卡显示了典型的藏族景园风格，虽然此种风格尚处于初级阶段的生成期，还没有达到成熟的境地，但在我国多民族的大家庭中，罗布林卡作为藏族景园的代表作品，不失为景园艺术的一株艺术奇葩。

第四节　中国近代、现代景园

19世纪中后期，清末鸦片战争以及甲午战争的惨败，使得中国有志之士对于欧洲文明产生了新的认识，特别在洋务运动以后，中国封建文化随着封建社会的解体而逐渐没落，西风东渐使得大量的西方文化深深地影响人们的日常生活，传统景园更加暴露其衰微的迹象。进入20世纪以来，尤其第二次世界大战以后，现代景园作为世界性的文化潮流不断地冲击着世界各地区的古老民族的传统，在此大背景下，中国新景园的发展也相应地经历了一个严峻的有现代化启蒙而导致的曲折的变革过程——由封闭的、古典的体系向开放、现代体系相融、转化、发展的过程。

1840年鸦片战争后，特别是洋务运动的影响，西方文化大量传入中国，中国的景园历史进入一个新阶段。主要标志是服务于现代城市的公园开始出现，西方造园艺术大量传入中国，景园为公共服务的思想，把景园作为一门科学的思想得到了发展。民国时期，一些高等院校，如中央大学、浙江大学、金陵大学等开设了造园课程，1928年中国造园学会成立。这一时期，由于中国还处在半殖民地半封建的历史时期，城市景园也形成了特殊历史时期的表现形式。

一、租界公园

鸦片战争以后，帝国主义列强利用相关不平等条约在中国建立租界，在租界建造公园，用以满足来华殖民者的需求，并长期不允许中国人进入。此类公园比较著名的有上海的外滩公园、虹口公园、法国公园，天津的英国公园等，1926年后，在"五卅运动"与北伐战争的影响下，上海的公共租界工程局迫于形势与舆论压力将公园对中国人开放，于1928年付诸实施。

二、中国自建的（民族）公园

伴随着西方工业文明对中国的影响及资产阶级民主思想在中国的传播，清朝末年中国开始出现首批中国自建的公园。其中有北京的农事试验场附设公园、无锡的城中公园、南京的玄武湖公园、齐齐哈尔的龙沙公园等，这些公园多为清朝地方政府所修建，只有无锡的城中公园为当地商家集资营建。

民国建立后，北京的皇家苑囿和坛庙相继开放为城市公园，这些城市公园包括城南公园（先农坛）、中央公园（社稷坛）、颐和园、北海公园等。许多城市也陆续建立城市公园，有些是新建，有些是将过去的署衙景园或庙宇开放，供公众游览。在中国近代城市公园出现的同时，一些官僚、巨商、军阀仍然在建造私园，较有代表性的作品是荣德生所建造的梅园和王禹卿所建造的蠡园，均在无锡。这一时期由于西方造园艺术的传入，使得建造的私园一种按照中国传统风格建造，一种模仿西方造园形式营建，一种是中西风格混杂（中西合璧），但少有优秀作品。

1949年后，随着国民经济的迅速发展与人民生活水平的逐步提高，城市景园绿化建设取得了长足的发展。目前中国的城市公园，按服务半径与管理体制来分，有全市性公园与区域性公园两类；按公园性质来分，有综合性公园与专类公园两类，专类公园包括儿童公园、纪念性公园、动物园、植物园、体育公园、游乐公园与森林公园等。1949年以来，中国大陆城市公园的发展大约经历了六个阶段。

（一）恢复、建设时期（1949—1959年）

1949年后，许多原来仅供少数人享乐的场所被改造为供广大人民群众游览、休息的园地，很少新建公园。随着国民经济的恢复，我国于1953年开始实施第一个国民经济发展计划，城市景园建设也由恢复进入有计划、有步骤的建设阶段。许多城市开始新建公园，加强苗圃建设，进行道路绿化，并开展工厂、学校、行政办公机关及居住区的绿化，使城市面貌发生了较大变化。1958年，在"大跃进"高潮时期，"大地园林化"的号召对当时城市景园绿化的发展起到推动作用。

（二）调整时期（1960—1965年）

由于严重的自然灾害、经济方面的失误及严峻的国际环境影响，我国国民经济建设面临严重困难，而转入调整、巩固、充实、提高的时期。在严重的困难形势下，园林绿化资金被大大压缩，相关建设工程被迫停工，片面、过分地强调"景园综合生产""以园养园"，使景园绿化工作受到较大影响，出现了公园农场化和林场化的倾向。

（三）非常时期（1966—1976年）

这一时期，景园传统文化与景园绿化受到了严厉的批判，城市中特别在居住区、单位庭院内的绿地大量被侵占，与此同时，城市绿化的管理机构、科研机构、高等院校中专业人员的工作受到严重干扰，陷于停滞状态。据不完全统计，这10年期间，全国城市景园绿地被侵占的总面积超过11 000hm^2，约为当时城市绿地总面积的1/5。

（四）修正、恢复发展时期（1977—1989年）

十一届三中全会后，在党中央的正确领导下，进行了拨乱反正，把景园绿化事业提升到社会主义两个文明建设的高度来抓，制定了一系列方针政策，景园绿化事业得到了恢复和发展，迎来了新生。1978年12月，国家建设部召开了第三次全国城市园林绿化工作会议，会议首次提出了城市园林绿化的规划指标：城市公共绿地面积，近期（1985年）争取达到人均4m²，远期（2000年）达到6~10m²，新建城市的绿地面积不得低于用地总面积的30%，旧城改造保留的绿地面积不得低于25%，城市绿化覆盖率，近期达到30%，远期达到50%。1981年12月13日，全国人大第五次人民代表大会通过了《关于开展全民义务植树运动的决议》，各级政府在城市建设中贯彻"普遍绿化与重点美化相结合"的方针，发动市民植树、种花、植草，绿化街道、河道、沟渠等，取得了良好的社会效果。

（五）巩固健全期（1990—2004年）

进入20世纪90年代以来，随着我国城市化进程的发展，城市建设速度的加快，城市环境问题日益突出。一方面人们对景园绿化改善城市环境的作用认识越来越高；另一方面，由于经济利益的驱动，一些地方城市建设中非法侵占景园绿地的现象时有发生。因此，这一时期的景园绿化建设是随着城市综合环境的治理、法制建设的加强以及创建全国园林绿化城市活动的发展而稳步发展的。1990年3月，建设部和辽宁省人民政府共同召开"全国城镇环境综合整治现场会"，随后，在全国范围内开展了城市综合环境整治活动。为加强城市园林绿化的立法工作，国务院于1992年6月颁布了《城市绿化条例》（简称《条例》），《条例》的颁布，对加大行政执法力度，依法严格处理破坏园林绿化的事件、维护城市绿化的成果起了重要作用。建设部制定的《园林城市评选标准》，进行"园林城市"评选活动的深入开展，把全国城市园林绿化建设推向了一个新的水平。

在公园形式的理论和实践上，中国大陆现代公园的发展大致经历了借鉴—探索—创造的过程。20世纪50年代引入的苏联城市文化休息公园规划理论，对中国现代公园的建设影响巨大，当时规划建设的公园在设计上一般讲求功能分区，注重安排集体性、政治性的群众活动与文体娱乐内容；从20世纪60年代起，中国景园学者在总结经验的基础上，开始探索适合中国国情的现代公园规划理论；20世纪70年代后期以来中国景园建设理论研究有较大发展，从过去只注重公园内部功能分区的合理性而逐步转向注重发扬中国景园的传统特色，强调景园艺术形式的主体是山水创作，运用形式美的规律处理景点、景线、景区的布局结构与相互关系，创作了一批有中国特色的优秀设计作品。

（六）探索、创新、完善时期

进入21世纪以来，由于我国经济迅猛发展，城市化进程加快，尤其是超大规模城市不断涌现，使得原有的城市景园这一概念已经不能适应当代城市化进程中所面临的诸多问题；城市绿化已经从初期的城市绿地的绿化转换为城市绿地的彩化、美化、生态化，城市景园的概念也不仅仅是城市公园的理念，城市作为人口密集居住区、政治、经济、文教中心是一个有机整体，大景园、综合性、大地景观的景园观念呼之欲出。当代中国城市化进程中所面临的由于人口、机动车爆炸性增长所导致的交通问题、环境污染问题；城市扩容过程中出现的城市沙漠化现象，可持续发展问题，城市化过程中小城镇以及乡村发展建设的特色问题，无一不是目前景园建设中所亟待解决的现实课题。21世纪初，随着新课题的提出及大批留学归国人员新理念、新思想的引入，景观学这一新的概念逐步被学术界及社会所接受，景观学不只是原有的城市公园、景园的学科范围，景观学的目标为以城市总体规划设计为依据，结合历史、地域人文特色，综合现代城市建设中的市政要求，在科学的大数据分析与实验的基础上，综合相关设计手法，最大限度地创建出符合现代城市建设要求，适合人类居住的，能够可持续发展的生态空间。

这一时期伴随中国社会政治、经济的长足发展，社会文明的进步，使得整个社会在科研经费方面的投入空前加大，科研人员社会地位大幅度提高，科研及人文学术成果空前丰硕；景观学学科建设方面，在相关课题研究的推动下，生态城市、海绵城市的全新学术理论诞生。生态城市理论从生态学方面对现代化城市建设中如何充分利用绿化植物在光合作用中对污染物的分解能力进行研究，通过适当的绿化植物选择与配比，在美化、绿化城市环境的同时，最大限度地利用绿化植物对污染物进行分解和对风沙、噪声进行化解，使得城市绿化在学科建设方面从原先的绿化、美化提升到生态化的高度；与此同时，超大城市面临的城市内涝、城市沙漠化及地下水位急剧下降的生态问题与新型建筑材料的出现也促使另一种景观学前沿学术思想"海绵城市"提出，2014年10月，住房和城乡建设部发布《海绵城市建设技术指南——低影响开发雨水系统构建（试行）》，标志着从低影响开发、雨水系统规划等生态友好型的建设方式，将成为今后城市发展的重要方向。海绵城市的中心学术思想为改变传统城市建设中相关市政方面简单的排水防洪的设计思想与施工技术，充分尊重自然生态规律、利用相关新型施工材料技术，对城市降水采取渗、滞、蓄等措施，使得自然降水最大限度渗入地下，以补充城市地下水源；对于城市的水系治理应做整体布局与区域治理综合考虑，在考虑防洪要求的基础上避免传统简单的排洪模式，开合有致，充分利用各种自然地形迟滞降水流失，达到自然状态下的雨水分解模式，通过以上措施尽最大可能消除城市内涝与沙漠化的人为灾害。2015年7月10日颁布《住房和城乡建设部办公厅关于印发海绵城市建设绩效评价与考核办法（试行）的通知》，2017年2月21日，对涉及海绵城市建设的《城市居住区规划设计规范》《城市绿地设计规范》《城市道路工程设计规范》《室外排水设计规范》进行了局部修订，"海绵城市"作为国家战略成为景观学重点研究方向。

人文建设与区域文化研究方面，面对经济全球化与现代设计思潮的冲击，在国家弘扬民族文化的大背景下，学术界对改革开放40多年来城市建设的得失进行了全面的检讨与反思：城市建筑的类同、直白、功利，城市规划的滞后，城市现代化带来的新思想新观念的创新……在此大背景下，"城市色彩"这一专注研究城市风貌的新型学科得以提出，对当今城市的色彩规划、色彩控制从人文历史与色彩学的角度进行了全面的诠释；景观学在应对城市化进程中所面临的种种问题从全新的视角对传统的景园学进行了解读与健全，并提出了符合城市发展的学科建设理论与解决办法，并在如何汲取传统文化与地域文化基础上与现代风格相结合从而适应时代发展的需求方面提出了学科发展方向。与此同时，由于经济发展所面临的小城镇与乡村发展种种问题，《美丽乡村建设指南》（GB/T 32000—2015）国家标准由国家质量监督检验检疫总局、国家标准化管理委员会发布，自2015年6月1日起正式实施。这些都为景观学的发展提供了难得的历史机遇与学科发展空间，同时也带来了挑战与难题。

中国现代景园创作手法在继承传统基础上有所创新，与国家实现现代化进程，实现城市现代化游憩生活内容、增强民族文化自信、发展民族文化的景园艺术形式相统一。就景园山水创作而言，中国自然山水的艺术传统得到了发扬，绝大多数新建城市公园、湿地改造、绿地建设都秉承自然山水的艺术形式。构景主体是山水，同时因山就水布置亭榭堂屋、花草树木；就植物造景而言，对植物题材的运用，如同对山水的处理一样，首先通过对植物的形态与生态习性所激发的情感来表现植物的个性特征，其次注意种植位置，西方景园中的一些植物造景手法（如大面积缓坡草皮）得到运用，此外中国景园注重文学情趣与哲学思想的传统，也在现代景园中更多得以体现，多数景点、景区都根据设计构思与观赏效果的统一命名。

自改革开放以来，特别是20世纪90年代以后，随着我国经济实力的增强与人们生活观念的改变，中国景园发展进入了一个全新的历史时期，主要特点如下。一是中国各地景园建设在长期的探索与发展中逐步形成了一些地方特色，例如，哈尔滨的地方风格景园建筑主要受俄罗斯建筑的影响，冬季利用冰雕雪塑造景，大量运用雕塑与五色草花坛作为绿地的点景等。二是增长速度快。三是重视规划布局的合理性，引入生态规划的概念和大环境的意识，从总体上改善城市环境与综合质量。四是吸取国际先进设计思想与技术及规划理念，把景园艺术同城市公共环境规划及环境艺术结合为一体。五是逐步完善了景园绿化的法律法规，建立了完整的理论体系，同时地方性园林绿化法规也逐步完善建立，有力地推动了景园学的研究与发展。六是参与国际交流，进一步走向世界，例如，昆明园博会、上海世博会的举办。

纵观景园发展的历史，它始终伴随着社会进步的脚步与文化交流的发展，对景观设计师与从事相关专业的专业人员来讲都应深刻了解景观学的含义，把握景观学的研究对人类生存环境的意义，以便创造更加完美的人类居住空间环境。

第五节　日本景园与枯山水

日本早期景园是为防御、防灾或实用而修建的宫苑，宫殿为主体。期间列植树木，周围开壕筑城，内部掘池建岛。而后受汉唐文化影响，加强了游观设置，以观赏、游乐为主要设景、布局原则，创造了崇尚自然的朴素景园特色。日本的庭院研究者认为，环状列石（日本古墓葬、祭祀场所）、环壕、前方后圆坟等都在广义上符合庭院的含义，是日本庭院的起源。所以，日本庭院一开始是作为祭祀和仪式的场所而出现的。

一、日本古代宫苑

日本公元8世纪的《古事记》和《日本书记》中记述了日本900余年间古代传说、神话和皇室诸事等，也反映了相关宫苑园庭的一些情况。3—4世纪时，孝照天皇建有掖上池、心宫等，这些宫苑外围开壕沟或著土城环绕周边，只留可供进出的桥或门，内中有列植的灌木和用植物材料编制的墙篱，宫苑里都建有泉池，以做游赏和养殖。公元6世纪中叶，佛教东渡到日本，钦明天皇的宫苑中开始筑有须弥山，以应佛国仙境之说，池中架设吴桥以仿中国景园的特点；公元6世纪末，推古天皇更受佛教启发，在宫苑的河边池畔或寺院之间，除了砌筑须弥山外，还广布石造，一时山石成为造园的主件，这是模仿中国汉代以来"一池三山"的做法，并从皇家宫苑传及各个贵族私宅庭院中。

日本的"飞鸟"时代（公元6世纪末至公元710年）。"飞鸟"一词的词源，被认为是"从朝鲜半岛飞来的鸟"，是对外来人的比喻。公元663年，在今韩国境内的白村江，发生了唐、新罗联军与百济、日本联军对战的事件，支援百济的日军败北，百济灭国。许多百济人逃亡日本，也将外来文化带入日本。此时期，百济、新罗、唐朝的庭院传入，出现以举办宫廷仪式、宴会为目的的庭院。1999年发现的飞鸟京迹宴池，又称酒船石遗迹，证明了此时代日本庭院的存在，从中可见来自中国、朝鲜的影响。

日本古代的宫苑庭院全面接受了中国汉唐以来的宫苑风格，多在水上做文章，掘池以象征海洋，筑岛以象征仙境，布石、植篱、瀑布、细流以点化自然，并将亭阁、滨台置于湖畔绿荫之下以享人间美景，奈良时代后期平城宫内南苑、西池宫、松林苑、鸟池塘等苑园都具有上述特点。公元8世纪末，恒武天皇迁都平安京，皇家景园充分利用本地的天然池景、涌泉、丘陵、山川、树木等优良条件，进行广泛的造园活动。建筑物仿制唐朝，苑园以汉代上林苑为范本，建神泉苑，另外还建有嵯峨院（大觉寺）。平安时代近400年间，日本把"一池三山"的格局进一步发展成为具有东瀛特点的"水石庭"，同时总结前代造园经验，写出日本第一部造庭法秘传书《前庭密抄》，较全面地论述了庭院形态类型、立石方法、缩景表现、水景题材与山水意匠，石事、树事、泉事、杂事和寝殿建造等。这个时期的景园还是尽量表现自然，呈现不规则状态，建筑布局也不要求左右对称。

二、日本中期的寺院、枯山水及茶庭

枯山水是日本庭院文化中独特的存在，它是抽象的禅文化与美学相互交融的具象体现，是人们接近其文化内核的最佳契机。枯山水是将自然风景以石组与砂砾进行表现的庭院形式；枯山水庭院中没有一滴水，却能以抽象的方式表达自然山水。在日本最早的庭院著作《作庭记》中，记载了上古时期枯山水形式的作庭历史；其后的镰仓时代，禅宗传入日本，在禅宗寺院中，出现了被称作"石立僧"的僧侣建造的石组庭院景观。而在室町时代应仁之乱后，京都成为一片废墟，枯山水作为主要的禅庭样式流传下来。

12世纪后，日本从武士政权、幕府政权到藩镇割据，历经数百年的战乱和锁国状态。幕府时期将军执政，特别重视佛教的作用，佛教此时从中国宋朝传入的禅宗思想更受欢迎，所以寺院庭造之风盛极一时。中国宋代饮茶之风传入日本后，在日本形成茶道，社会上层人家以茶道仪式为清高之举，茶道与禅宗、净土宗结合之后更有一种神秘色彩，根据茶道净土的环境要求，造庭形式出现了茶庭的创作。侘寂是日本的一种美学意识，这种对于日本人来说不言而喻的美，并没有明确的定义。"侘"有失落、贫乏、安心、闲寂的乐趣、感叹等多种意思，原本是用来表现人的身心状态的词，到了中世，逐渐转变成形容"不足之美"的新的美学意识的一种。到了室町时代，与茶道的理念一起迅速发展。之后，江户时代确立了"侘之美"。所谓"寂"有"从闲寂古老中感受到的美"的意思。日本的枯山水庭园，最能体现侘寂美学，事实上是以不完美折射永存之美。无处不在的侘寂美学，深深地影响着日本人的行为模式与文化。

伴随着幕府、禅宗、茶道的发展，造庭又一度形成高峰，造庭师与造庭书籍不断涌现，并且在造庭式样上也有所创新。日本造园史中最为著名的梦窗国师创造了许多名园，例如，西方寺、临川寺、天龙寺等庭园都是梦窗亲手创作。梦窗国师是枯山水式庭园的先驱，他所做的庭园具有广大的水池，曲折多变的池岸，池面呈"心"字形。从置单石发展到叠组石，进一步叠成假山设在泷石，植树远近大小与山水建筑相配合，利用夸张与缩写的手法创造出残山剩水形式的枯山水风格。

室町时代（1338—1573年）至桃山时代（1573—1600年），日本茶庭逐渐遍及各地，成为一种新式景园，同时产生了许多流派。此时又有《嵯峨流庭古法秘传》一书出现，同时继梦窗国师之后，中任和尚、普阿弥成为室町时代的大庭园家，他们各都创造了许多明园。枯山水式庭园以京都龙安寺方丈南庭、大仙院方丈北庭最为著名，寺院以白沙与拳石象征海洋波涛和岛屿，将白沙绕石耙出波纹状，以此想象海中山岛。大仙院方丈前庭以一组石造为主体，山石做有"瀑布"状，以此想象峰峦起伏的山景，山下还有"溪流"，也是白沙敷成"溪水"，并耙出流淌的波纹，借以高度概括出无水似有水、无声寓有声的山水效果，充分体现了含蓄而洗练的境界，被视为枯山水代表之作。

三、日本后期的茶庭及离宫书院式庭园

室町末期至桃山初期，日本国内处于群雄割据的乱世局面，豪强诸侯争雄夺势各据一方，建造高大而坚固的城堡以作防御，建造宏伟华丽的宅邸庭园以供享受，因此武士家的书院式庭园竞相兴盛，其中主体仍以蓬莱山水为主，石组多选用大料，借以形成宏大凝重的气派，树木多为整形修剪模式，同时把成片的植物修剪成自由起伏的不规则形态，使总体构成大书院、大石组、大修剪的特点。

茶庭形式到了桃山时代更加兴盛起来，茶道仪式从上层社会已普及到一般民间，成为社会生活中的流行风尚，茶道宗师千利休修建了草庵风茶室，日本茶庭随之遍地开花。茶庭又称作"露地"，风格朴素，与淡泊的枯山水庭园天生调性相容。权臣富户有大的宅院，一般富户有小的庭院，茶道往往把茶、画、庭三者结合品赏，辅看石灯笼、洗手钵与飞石敷石的陈设增加了幽奥的气息，台阶生苔，翠草洗尘，有如净土妙境，这些都成为桃山江户时代茶庭园的特点。江户时代开始兴盛起来的离宫书院式庭园也是独具日本民族风格的一种形式。同时，江户中期著有造庭书《筑山山水造庭法》前篇，书中论及造庭及树木、景石的取舍法，树木种类及掘苗运输移植时期，采取石料技术，石灯笼、手洗钵、飞石布置等。

日本庭园受中国景园与禅宗文化影响与启发，形成的自然山水园，在发展过程中根据本国的地理环境、民族文化、社会历史的影响创造出了具有独特民族特色的日本庭园风格。日本庭园的传统风格具有悠久的历史，后来逐渐规范化，日本庭园同时对世界造园活动也产生了极大的影响，直到明治维

新以后才随着西方文化的输入，开始有了新的转折，增添了西式造园形式和技艺。

四、日本景园要素

造园要素是组成庭园内涵的基本单位，庭园中需要表现和反映的主题都是通过景园构成要素的组合来表达的，石灯笼、石组、水潭等都有完整独立的分类和含意。

1. 石组

石组是指在不加任何人工修饰加工状态下的自然山石的组合。石一般象征着"山"，另外还有永恒不灭、精神寄托的含意，受中国文化影响，"山"更是微缩的自然世界，既有禅宗、净土僧侣与浩瀚宇宙"澄怀味象"的对话，更是世人山水情怀的再现。一般有三尊石、须弥山石组、蓬莱石组、鹤龟石组、七五三石组、五行石和役石等。

2. 飞石、延段

日本庭园的园路一般用沙、沙砾、玉石、砌石、飞石和延段等做成，特别是茶庭，用飞石、延段较多。飞石类似于中国景园中的汀步，按照不同的石块组合分四三连、二三连、千鸟打等，两路交汇处放置一块较大的石块。称踏分石。延段即由不同石块、石板组合而成的石路，石间留有细缝，不像飞石那样明显分离。

3. 水潭和流水

水潭与瀑布成对出现，按落水形式不同分为向落、片落、结落等10种。为了模仿自然溪流，流水中设置了各种石块，转弯处有立石，水底设底石，稍露水面者称越石。起分流添景之用者则称波分石。

4. 石灯笼

石灯笼最初是寺庙的献灯，后广泛用于庭园中。其形状多样，一般有春日形、莲花寺形、雪见形和奥园形等，石灯笼的设置根据庭园样式、规模、配置地的环境而定。

5. 石塔

石塔可分为五轮塔、多宝塔、三重塔、五重塔和多层塔等数种，其中体量较大的五重塔、多层塔可单独成景，体量较小者可作添景，一般应避免正面设塔。

6. 种植

日本庭园中树木多加以整形，日本人称其为役木，役木又分为独立形和添景形两种。独立形役木一般做主景使用，添景形役木则配合其他景观要素使用，如灯笼控木配合石灯笼造景。

7. 手水钵

手水钵是洗手的石器，可分为见立物、创作形、自然石、社寺形等几种。较矮的手水钵一般旁配役石，合称蹲踞，较高者称立手水钵，如水钵与建筑相连，则称缘手水钵。

8. 竹篱、庭门与庭桥

日本多竹，竹篱十分盛行，其做工也十分考究，庭门和庭桥形式较独特，种类也丰富。

第六节　西亚景园

美国国家地理协会发布的基因迁徙图显示出，人类从大洲祖地的东北面"走出非洲"，定居在了"新月沃土"，在此发展出农耕技术，学会了如何建造城市。时至今日，这里的农耕与园林还要仰赖将水源从遥远的山脉中运来的约旦河、尼罗河、底格里斯河、幼发拉底河的恩赐。灌溉对于该地区的社会及其园林来说是最根本的。

其他的人群并没有在"新月沃土"停下脚步，他们沿着南亚与东亚的海岸迁徙，并翻山越岭来到中亚、北亚和东亚。其中的一些后裔回过头来，带着新鲜的思想与科技，又回到了"新月沃土"，使这片土地成为一片文明中心和冲突之地，至今依然如此。公元前3000年，西亚存在着两大强权，并各自占据"新月沃土"的一段，两边都信仰多神教，称埃及和伊拉克，而西亚园林的建造艺术可能就起源于这些强权的君主们，也有可能同时发源于好几个地方，丝绸之路促进了中亚边缘地带的文化交流；入侵者和迁徙者从四面八方带来了思想和技术，河流和海岸在某些方向上促进了此类输送。

一、西亚地区的花园

苏美尔，位于波斯湾沿岸，从局限意义上可以说是"历史开始的地方"，这里出土了已知最古老的文字，其文字发明于公元前3500年左右，使用坚硬的芦苇刻在潮湿的黏土之上，创造出了楔形文字。同时苏美尔也是园林史的开启之地，在苏美尔语中，sar意为"果园"。世界最古老的文学著作《吉尔伽美什史诗》中涉及有关园林的内容，这部书以楔形文字书写。奴隶主为了追求物质和精神生活的享受，在私宅附近建造各式花园，作为游憩观赏的乐园；贵族的私宅和花园一般都建在幼发拉底河沿岸的谷地平原上，引水灌浇，花园内筑有水池或水渠，道路纵横方直，花草树木充满其间，整体布置非常整齐美观。基督教圣经中记载的伊甸园被称为"天国乐园"，就在叙利亚首都大马士革城的附近。在公元前2000年的巴比伦、亚述或大马士革等西亚广大地区有许多美丽的花园，尤其距今3 000年前新巴比伦王国宏大的都城中有五组宫殿，不仅华丽壮观，而且尼布甲尼撒国王为王妃在宫殿上建造了"空中花园"。据说王妃生于山区，为解思乡之情，特在宫殿屋顶之上建造花园，以象征山林之胜。利用屋顶错落的平台，加土种植花草树木，又将水管引向屋顶浇灌花木。远看该园悬于空中，如同仙境，被誉为世界七大奇迹之一，是世界距今所知最早的屋顶花园（图15）。

二、波斯天堂园及水法

波斯在公元前6世纪时兴起于伊朗西部高原，建立起波斯奴隶制帝国，逐渐强大之后，占领了小亚细亚、两河流域及叙利亚广大地区，都城波斯波利斯是当时世界上著名的大城市。波斯文化非常发达，影响深远。古波斯帝国的贵族们经常以祖先们经历过的狩猎生活为其娱乐方式，选地造园，圈养许多动物作为狩猎园囿，以后增强了观赏功能，在园囿的基础上发展成游乐性质的园。波斯地区名花异卉资源丰富，人们繁育应用较早，在游乐园里除栽植树木外，尽量种植花草。"天堂园"是其重要代表。园四周建有围墙，其内心开出纵横"十"字形的道路构成轴线，分割出四块绿地栽种花草树木，道路交叉点修筑中心水池，象征天堂，所以称为"天堂园"。波斯地区多为高原，降水较少，因此水被看成是庭园的生命，所以西亚一带造园必有水，在园中对水的利用更加着意进行艺术加工，因此各式的水法创作与就应运而生。

公元8世纪，阿拉伯帝国征服波斯之后，也承袭了波斯的造园艺术。阿拉伯地区的自然环境与波斯相似，干燥少雨且炎热，又多沙漠，对水极为珍惜。阿拉伯多是伊斯兰教园，领主都有属于自己的园圃，而伊斯兰教园更是把水看成造园的灵魂，此时水法的创作与造园艺术跟随伊斯兰教军的远征传播到了北非和西班牙各地，到公元13世纪传入印度北部和克什米尔地区。各地区的伊斯兰教园都尽量发挥水景的作用，对水的利用给予特别的爱惜与敬仰、神话，甚至点点滴滴都蓄积成大大小小的水池，或穿地道或掘明沟延伸到各处种植绿地之间。这种水法由西班牙再传入意大利后，发展的更加巧妙、美观（图16）。

第七节　西方景园发展概述

古希腊是欧洲文化的发源地，古希腊的建筑、景园开欧洲建筑、景园之先河，直接影响着古罗马、意大利、英国等国家的建筑、景园风格，后来英国吸收了中国自然山水园的意境，融入造园之中，对欧洲以及近代、现代的造园艺术产生了极大影响。毋庸置疑的是，欧洲的文化与古埃及有着千丝万缕的联系，甚至可以说欧洲文化受益于古埃及。古代埃及王朝的历史始于青铜时代，约公元前3050年。新王国时期的历史记录包含史上最早的园林和一些考古遗址的视觉证据，除非另有其他的证据证明，到其他证据被发掘之前，西方学者一般将古埃及视为世界上最初的私家园林之所。

希罗多德曾经将公元前5世纪的古埃及描述为尼罗河的恩赐之物。这个国家的人口定居区域特点是，深谷中一条蓝绿色的丝带穿过黄褐色的沙漠。古埃及人用宗教来认知世界，神的领域与世俗的领域几乎没有区别。神灵代表抽象的概念、自然特征与自然的力量，通常带有人类个体所具备的能力和特征。

有关古埃及园林的情况，来源于坟墓、考古勘察和文本资料。具有私家园林这一空间类型的最早定居点，可以追溯到约公元前5000年；最早的有关园林设计的图像记录，则可以追溯到大约公元前2500年。《塔霍特普的箴言》中写道"君乃耕作，植树篱于田梨之周；君乃植西卡摩城树，于尔宅濒界之幽径；君之目所能及，鲜花执手；君扶羸弱之草木，唯倒伏之虞忧"。
如果没有墓室壁画的平面图及图画，现代人则无法知晓古埃及园林的情形。
古埃及的艺术家们所描绘的事物并非"所见"，而是"所知"。这种惯用手
法与欧洲中世纪艺术中使用的方式有些类似，但是更为复杂。根据考古发掘
与古代壁画的描述，古代埃及园林可以分为水果与蔬菜园、私家园林、宫廷
园林、寺庙圣殿、动植物园五部分。

水果与蔬菜园。古埃及的房屋与今天的农业住宅类似，不过当时更多地
使用屋顶的空间。蔬菜的栽培得益于被围墙分割的空间，需要精心照料、除
草与灌溉。第五王朝时期赛加拉的一处墓葬显示有莴苣种植与灌溉的痕迹，
该墓穴内有描绘园丁在皇家花园内浇灌菜地的情形；另一处墓葬壁画记录了
墓主人被赐予一块土地作为私人财产，由围墙分隔，种满了有用的树木，其
中还建造了一个大池塘，种植着无花果和葡萄藤。

私家园林。小型的私家园林可以作为住宅的组成部分，如同"室外的房
间"。住宅和花园的外墙用土坯砌筑，室外的台阶通向平屋顶，花园中的水
池可以养鱼，作为水源。攀岩植物和树木用来遮阴，在建造花园的过程中，
水是首要的必需品和奢侈品，水源被引入花园中，供园艺活动使用，在"阿
玛那"，许多家庭在庭院中有圆形的井。古埃及的花园是基于池塘的，因为
古埃及定居点和宫殿都位于高地，以避免洪水侵袭。池塘既有功能性，又
有艺术性。来自古王国时期的文字记载总结了私家园林及其特色。"我从我
的庄园返回，建造了一座房屋，设置了门廊。我挖了一个游泳池，种下了树
木。"有些植物的示意图被用作象形文字，而花园则是有情人相聚之所。令
人惊叹的事实是，古埃及的私家园林与当今的庭院花园非常相似，连植物也
相似，目前已知在古埃及园林中曾经栽培过的植物包括虞美人、矢车菊、锦
葵、睡莲、苹果、东非桐、角豆树、椰枣树、野无花果、葡萄树、石榴、香
芹、薄荷、百里香、指甲花、桃金娘、蚕豆、黄瓜、洋葱、西瓜……

宫廷园林。古埃及的宫廷园林更具私人性质而不是宫廷性质，宫廷园林
一般比私家庭院大，但是在设计和功能上相似，它们用于休闲、室外用餐、
儿童玩耍和植物栽培，美观而经济，人们对宫廷园林的认识同样来自陵墓壁
画与考古发掘，法老们希望能够像生前生活的一样，在来世依旧享受安逸。

宫廷建筑群，如同寺庙建筑群一样，是带有高高围墙的长方形分隔空
间。陵墓中的壁画显示，园林里面有果树、花卉、池塘、盆栽植物和葡萄藤

架，以及冬日晒太阳和夏日遮阴的坐处，考古发现，对于巨大型建筑，其室内庭院很有可能采取这样的布局。较之于寺庙园林，宫廷园林的布局更加具有几何对称性，这可以暗示其作画方式，绘画人自然地倾向于对称性而非田间直接劳作的人士。

寺庙园林与陵园。埃及史上最古老的宗教遗址，是位于纳波塔普拉亚的石圈，最古老的供奉已知神灵的神庙是NeKen神庙，位于埃及的南部，它有围墙，里面有铺砌的路面和旗杆。在古埃及，通过一套完整的宗教体系、政府、法规与国防来维护部落的定居以及信仰、秩序、传统习俗。寺庙并不是用于宗教信徒的聚集和祈祷的场所，他们是地位崇高的牧师专门举行神圣仪式的场所，神像都经过装扮，涂抹神油，供奉食物和酒水，选择吉日举行仪式。普通神职人员有的是全职，有的是兼职，为人们提供帮助，通过形成聚水盆地和开放堤坝来管理水源，寺庙的守门人被称为"天堂的开门者"。在古王国时期和中王国时期，圣殿的主要特征：景观中的特殊位置。保护性的围墙，通常在平面上呈波状，象征着原始的水。圣丘或金字塔，象征着大地露出水面。从圣丘通往水流之道路。

新王朝时期是在中王朝时期后建立起来的，而这期间古埃及处于来自亚洲的民族统治之下，有可能是来自巴勒斯坦地区，标准的寺庙布局得以发展，利用上述的各项具有象征意义的元素，包括以下几项。一是在水边的小型河谷寺庙，用来容纳驳船，当法老去世后，在后续节日仪式中用来运输神灵雕像。二是从各类水体到寺庙的仪仗路线，沿途可以建造园林。三是用土坯做的外墙，维护整个寺庙建筑群，包括湖泊、树林与神灵的府邸及商店。四是金字塔的入口，以旗杆为标志，导向主要的建筑。五是开敞的列柱廊，以迎接阳光。六是多柱式建筑大殿，象征着已经创造的世界。七是圣中之圣，即圣殿之内的圣殿，设有神像的基座。

后来，寺庙选址在生死边缘地带，即洪积平原的边缘，仪式的前行之路被围墙分割，上有遮顶，种有植物，沿途有狮身人面像或其他具有象征意义的巨型石雕；金字塔之门的位置，要让太阳在各个塔之间升起，形成地平线上的象形符号模样。在神殿内，有圣湖与圣林，圣林种植着西科莫无花果树、圣柳；在湖边的寺庙建筑，经过几步台阶，可以走向水边。有些寺庙，例如伊利芬町圣殿，是与星座对应的，在墙上设有孔洞，屋顶设有缝隙，太阳光可以射入，照亮某些具有特殊意义的地方。寺庙的南北方向一般是建筑物的短轴，东西方向是建筑物的长轴；主要轴线可以设置成不同方向，通常新的国王扩建一座寺庙时，往往采取新的轴线。大多数的寺庙采取东西方向作为长轴，以便太阳从金字塔上方升起，在逝去的法老的圣殿之处落下。寺庙采用腕尺为计量单位，古埃及的王室腕尺长度相当于法老的前臂长度（524mm），对于重要的寺庙规格，优先考虑以5.24m的倍数为基数。寺庙拥有花园，在其波浪状外墙之外。

生产性园林有果园、池塘、葡萄园、蔬菜园和花园。观赏性的花园通常位于队伍前行的路途中，特殊的花园都有专用名称，具有象征意义的动物，通常被圈养在寺庙或宫廷园林里，浮雕狮子装饰王座，国王通常与长颈鹿、猴子和老虎同时出现，人们也种植具有象征意义的植物。

考古发现，古埃及的园林历史人们无法详尽地描述其对欧洲园林的影响，但是也无法质疑其对欧洲园林的影响，下面列出的特点是古埃及与欧洲园林的相同或相似的部分。圣湖与圣林，仪式行进道路，列柱廊庭园带有壁画装饰，植物形状启发柱子风格，多层阶地，长方形池塘，围墙中的植床，具有象征意义的植物、石锅、陶土锅，葡萄架绿廊，动植物园。

一、西方景园的蕴意

西方景园是西方审美意识与哲学思想的具体体现，西方景园之所以呈现出不同于东方的具象形态、表现手法与东西方对"自然"这一观念的解读不无关系；而在东方审美意识中，所谓"自然"就是人们所观察到的自然表象，人只是整个自然世界中的一个组成部分而已。

将园林封闭与隔离，自古以来有三方面的原因。种植植物；为家族生活提供安居之所；创建一个具有美感和令人精神愉悦的空间。以上三方面是有机组合的统一整体，既然是创建一个具有美感和令人精神愉悦的空间，就要面临与解决以下四方面的问题。一是园林的建设目标是什么？二是园林的建设地点在哪里？三是园林类型，要创建什么类型的园林？四是美学，如何塑造园林类型？

在园林的形成过程中，如何融入设计思想及信仰理念，给人们带来了一个悖论，园林分隔自然空间，但却又在此空间内采用自然材料来"模仿"自然。对西方而言，一直以来人们对于自然的权威解读如下。一是形态塑造视觉世界（古希腊）。二是"伟大的存在之链"，上至神灵，下至最卑微的生灵（中世纪基督教）。三是人类本性（启蒙）。四是置身于人外的大千世界（浪漫主义和现代主义）。上述观点与不同哲学学派及其对美学的态度密切相关，伯特兰·罗素认为，在公元前6世纪，哲学发端于古希腊。在他的著作中，伯特兰·罗素用单独一章来专门介绍的第一个哲学家是毕达哥拉斯，认为"他是当时最重要的智者之一"。毕达哥拉斯哲学首创了"一切事物都是数字"这一观点，并认为"正如在物理学中，对数学进行研究是非常重要的，在美学中，也应如此"。伯特兰·罗素著述"只有那些经历过数学方面的顿悟并为此陶醉的人们，才会明白纯粹的数学家如同音乐家一样，自由创造着个人世界中的秩序之美"。

如同伯特兰·罗素，柏拉图也乐于"顿悟后的陶醉"，因为柏拉图坚信完美世界的存在，只有那些借助于理性思考而探索大自然的人才能领悟。为了解释其理论，柏拉图将居住在洞穴中人的生活状况进行类比。人们对大自然本质的了解如同穴居洞人，只能看见穴居室中墙壁上的投影，从来也不曾看见过产生投影的"形式"。鉴于美术家描绘这些"投影"，因此其作品是第三次偏离现实的行为。由于持有这种观念，柏拉图对艺术的评价较低，并且认为艺术有一定的欺骗性，"画家可能会欺骗孩童或单纯的人，当画家让他们隔一段距离观看一幅木匠的画像时，他们会幻想自己看到的是一个真正的木匠"。他的这一艺术观点对西方美学影响深远。

普罗提诺与圣奥古斯丁从柏拉图的"理念论"出发，创建了一种哲学理论，被人们称为"新柏拉图主义"。"新柏拉图主义"理论解决了柏拉图对绘画的批判观点，对欧洲艺术产生了重要影响，认为艺术家应该观察许多个体，以便能够得到"永恒形式"的最清晰印象，这种理论后来被称为"理想艺术理论"。在"艺术应该模仿自然"这个"公理"的束缚下，新柏拉图主义提到"自然"一词时，并非指肉眼所观察到的世界。在欧洲漫长的历史年代中，伴随人们对"艺术""模仿""自然"的不同诠释，这个"公理"所引发的效应也相应发生变化。潘洛思琪就建筑分析，"高耸的哥特式大教堂用来体现基督教的全部知识，各列其位，排列有序，表现了整体结构的统一性、分类性以及各个部位的独立性"。此处，"自然"一词被理解为基督教版本的"形式结构"，而"模仿"则被理解为在大教堂的材料选用与装饰结构中所表现知识的实体。因此，巴黎圣母院西立面中央的门柱，以柏拉图式的层次结构排列，视觉角度及构造角度都展示了"被赌咒者、复活者、宗徒、德天使、圣徒、十位童女"之间的关系。

在文艺复兴时期，学者们重新研究了柏拉图的作品。1439年，洛伦佐·德·梅迪奇在自己位于佛罗伦萨城外的园林中，建立了柏拉图学院，这对园林设计产生了重要影响。在学院会议后，柏拉图主义对西方艺术的影响，从幕后走向了前台。人文学者们得出的结论是古罗马与古希腊建筑一定是长期以来基于数学上的比例关系。例如，柱子的宽度与高度之间的关系，被认为基于数学上的"调和比例"。建筑在其创造过程中，是对柏拉图"理念论"的模仿。英国哲学家怀特海指出，西方哲学的特点是"柏拉图主义下的一系列脚注"，广而言之，美学视角下的景园学只能被浓缩为"脚注的状态"。其后的笛卡尔虽然在景园与美学方面没有作品，但是他在推理时采用"几何方法"，使得哲学家与艺术家寻求"不言而喻的公理"作为设计依据。这个"公理"就是艺术应该采用笛卡尔的方式，完美无瑕地"模仿自然"。16世纪，西塞罗开始认为原始的大自然景观是"第一自然"，而农业景观是"第二自然"，园林景观是"第三自然"。在18世纪的英国，经验主义学派重新审视了"第一自然"的重要性，于是从笛卡尔的理性主义逐步转变为培根等哲学家的经验主义。同时，随着东方文化特别中国文化对园林及自然定义的文化的传入，对西方园林在设计及鉴赏方面产生重大影响，导致"英国式园林"这一设计理念的产生。

二、欧洲文化与传统景园

（一）古希腊庭园、廊柱园

古希腊庭园的历史相当久远，公元9世纪古希腊盲人诗人荷马的著作《荷马史诗》反映了古代希腊400年间的庭院情况。从中可以了解到古希腊庭园周边有围篱，中间是领主的私宅。庭院内花草树木栽植规整。园中配以喷泉，有终年开花或果实累累的植物，留有生产蔬菜的地方。特别在院落中间，设置有喷水池或喷泉，其水法创作，对当时及以后世界造园工程产生了极大影响，尤其对意大利、法国利用水景造园的风格影响深远。

公元3世纪，古希腊哲学家伊壁鸠鲁在雅典建造了人类历史上最早的文人园，利用此园对男、女门徒进行讲学。公元5世纪，古希腊人从波斯学到西亚造园艺术，从此古希腊庭园由果菜园发展成为装饰性的庭院。住宅方正规整，其内整体栽植花木，最终发展成为柱廊园。古希腊的廊柱园改进波斯在造园布局上结合自然的形式，而变成了喷水池占据中心位置，使自然符合人的意志、有秩序的整形园，把西亚与欧洲两个系统早期的庭院形式与造园艺术联系起来，起到了过渡性的作用。

意大利南部那不勒斯湾庞贝城邦，早在公元6世纪就已有希腊商人居住，并带来了希腊文明。在公元前3世纪时已发展成为有2万名居民的商业城市。成为罗马属地之后，有很多富豪、文人来此闲居，并建造了大批住宅群，这些住宅群之间都设置了廊柱园。从1784年发掘的庞贝城遗址中可以清楚地看到廊柱园的布局形式，廊柱园有明显的轴线，方正规则；每个家族的住宅都围成方正的院落，沿周排列居室，中心为庭园，围绕庭园的边界是一排柱廊，柱廊后面和居室连在一起。院内中间有喷泉与雕像，四处有规整的花树与葡萄架，廊内墙面上绘有逼真的林泉和花鸟，利用人的幻觉使空间产生扩大的效果，有的庭园在廊柱园外设置林荫小院，称为"绿廊"。

（二）古罗马庄园

意大利东海岸，罗马城邦征服了庞贝等广大地区后，古罗马的贵族由于在此占有大量土地，且当地气候湿润，植被繁茂，自然风光优美，兴起了建造庄园的风气。他们除了在城市里建有豪华宅邸外，还在郊外选择风景优美的山阜营造宅院。在很长的一个时期内，古罗马山庄式的景园遍布各地，古罗马山庄的造园艺术充分吸收了西亚、古希腊等的传统形式，对水法的设计更为奇妙，充分结合了原有的山地与溪泉，逐渐发展成为具有古罗马特点的台地廊柱园。《林果杂记》（考勒米拉著）曾记述公元前40年古罗马庭园的概况，到公元400年后，更达到兴盛的顶峰。古罗马的山庄或庭园都是由很规整的花坛、修饰成型的树木，迷阵式的绿篱组成。绿地装饰已经有了很大发展，园中水池更为普遍。公元5世纪后的800年中，欧洲处于"黑暗时代"，造园处于低潮。但是由于十字军东征带来了东方植物及伊斯兰造园艺术，使得修道院的寺园有所发展，寺园四周围绕传统的古罗马廊柱，其内修成方庭，方庭分区或分庭内栽植玫瑰、紫罗兰、金盏草等，同时还专设草药园与蔬菜园。

（三）意大利庄园

16世纪欧洲以意大利为中心兴起的文艺复兴运动，极大地冲击了欧洲教廷对世俗社会的统治，意大利的造园出现了以庄园为主的新现象，其发展分为文艺复兴初期、中期、后期三个阶段，且各阶段所造庄园具有不同的特色。

1. 文艺复兴初期的庄园（台地园）

意大利佛罗伦萨是一个经济发达的城市国家，富裕的贵族阶层醉心于奢华的生活享受，享受的主要方式是追求华丽的庄园别墅，因此营造庄园或建造别墅在佛罗伦萨甚至整个意大利的广大地区甚为盛行。这一时期建筑师阿尔伯提著有《建筑学》，书中着重论述了庄园或别墅的设计内容，并提出了一些优美的设计方案，更加推动了庄园修建的发展。佛罗伦萨的执政官科齐摩德美提契最早在卡莱奇建造了第一所庄园，他的后人又陆续建造多处庄园，取名美提契庄园。美提契庄园有三级台地，顺山南坡而上，别墅建在最上层台地的西端，称为台地园。第二层台地狭长，用以连接上下两层台地。中间台地的两侧有地平的绿地，其中对称的水池与植坛显得活泼自由，富于变化，别墅的后面设有椭圆形水池。这一时期还有狩猎园，多为贵族建造，周围设有防御用的寨栅，内部以矮墙分隔，放养禽兽，中心有大水池，高处堆土筑山，上面建造望楼，各处遍植树木，林中还建有教堂。

文艺复兴初期庄园的形式与内容大致如下。依据地势高低开辟台地，各层次自然连接，主体建筑在最高台地上，保留城堡式传统，分区简洁，有树坛、盆树，并借景与园外，喷水池在一个局部的中心，池中设有雕塑。

2. 文艺复兴中期的庄园

公元15世纪，佛罗伦萨被法国占领，佛罗伦萨文化解体，意大利的商业中心转移到了罗马，同时，罗马成为意大利文化中心。到16世纪时，罗马教皇集中意大利全国的建筑大师兴建巴斯丁大教堂，佛罗伦萨的贵族与富户、相关技术人才也纷纷汇集罗马兴建庄园，一时罗马地区山庄兴盛起来。

枢机主教邱里沃的别墅建于马里屋山上，由圣高罗与拉斐尔两位建筑大师设计，先在半山中开辟出台地，每层台地之中都有大的喷水池与大的雕塑，中轴明显，两侧有对称树坛，主建筑的前后分别设有规则的花坛与整体的树池，台地层次、外形力求规整，连接各层台地设有蹬道，变化多端；水池在纵横道的交汇点上，植坛布置规整。这一时期在欧洲还出现了最早的植物园，威尼斯城郊的伯图阿大学在1545年由彭纳番德教授设计的植物园首次建立起来，成为以后各地植物园建设的范例。公元16世纪中后期，在罗马出现了被称为巴洛克式的庄园。巴洛克原本是建筑用语，本意为稀奇古怪的意思，巴洛克式庄园则认为不求刻板，追求自由奔放，并富于色彩与装饰变化，形成了一种新的风格，典型代表有艾斯特庄园与伦特庄园等。

3. 文艺复兴后期的庄园

公元17世纪开始，巴洛克式建筑风格已逐渐趋于成熟定型，人们反对墨守成规的古典主义艺术，要求更加自由奔放，生动活泼的造型艺术与装饰色彩。这一时期的庄园受到巴洛克浪漫主义风格的影响，在内容与形式上富于新的变化，在古罗马的郊区多斯加尼一带兴起了选址造园的风尚。这一时期的庄园，在规划设计上比中期艾斯特庄园更为新鲜奔放，建筑或庄园刻意追求技巧或致力于精美的装饰，色彩强烈，明快如画。同时注意了境界的创造，极力追求主体的表现，造成美妙的意境。一些局部单独塑造，以体现特色与不同效果，对园内的主要部位如大门、台阶、壁龛等常作为视景而重点加工处理；在构图上运用对称、几何图案或模纹花坛等。但是，物极必反，有些庄园过分雕琢，对周边景色呼应不够，总体布局欠佳。

（四）西班牙红堡园、园丁园

西班牙地处地中海的门户，面临大西洋，气候湿润温和。公元6世纪起，古希腊移民已经在此定居，带来了古希腊文化；后来被古罗马征服，西班牙变成了古罗马的属地，因而又接受了古罗马的文化，这一时期西班牙造园模仿古罗马的中庭式样。公元8世纪，西班牙被阿拉伯人占领，伊斯兰造园传统进入西班牙，风格上承袭了巴格达与大马士革的造园风格，公元976年出现了礼拜寺园。西班牙格拉纳达红堡园始建于1248年，前后经营100余年，院墙堡楼全部用红土夯筑而成，因此得名。景园有大小6个庭院与7个厅堂组成，其中的狮庭最为精美。狮庭中心是一座大喷泉，下面由12个石狮围成一周，狮庭之名由此而得。庭内营造出"十"字形水渠，象征天堂；绿地只栽植橘树，各庭之间以洞门相连，漏窗相隔，借以扩大空间效果。整体风格布局工整严谨，气氛幽闭肃静。其他各庭栽植松柏、石榴、玉兰、月桂及各种香草花卉，伊斯兰教式的建筑雕饰极其精致，色彩纹样丰富，与花木明暗形成强烈对比，独具风格；园庭内不置草坪花坛，代之以五色石子铺地。园丁园在红堡东南200m处，景园风格内容极为相似，园庭中按图案形式布置，尤其以五色石子铺地，纹样更为美观。公元15世纪末阿拉伯的统治被推翻之后，西班牙景园建造风格开始转向意大利与英法风格。

（五）法兰西景园

法国与意大利两个国家有着千丝万缕的文化与人员交流的联系，两国边界相连，习俗相近，通过战争与人员的往来与交流，意大利文艺复兴时期的文化，特别是意大利建筑师与文艺复兴时期的建筑形式流传到了法国。

1.城堡园

16世纪开始，法兰西贵族与封建领主都有自己的领地，领地中间建有城堡，佃户经营周边的土地，城堡如同小独立王国，城堡建筑与庄园结合在一起，周边栽植森林，并且尽量利用河流或湖泊造成宽阔的水景。从意大利传入的景园形式仅仅反映在城堡墙边的方形地段上布置少量绿丛植坛，并未与建筑联系成统一的构图内容。法兰西贵族、领主（骑士）一般具有狩猎游玩的传统，法国多广阔的平原地带，森林繁茂，水草丰盛，狩猎地常开出直线道路，有纵横或放射状组成路网，这样既方便游猎同时具有良好的透景线。文艺复兴时期之前的法兰西庄园为城堡式，在地形、理水或栽植等方面较意大利简朴。16世纪后，法兰西宫廷建筑中心由劳莱河沿岸迁移到巴黎附近，巴黎附近地区也兴建了很多新的官邸和庄园，贵族们追求奢侈的生活方式，意大利文艺复兴时期的庄园被接受过来，形成平底几何式庄园。

2.凡尔赛宫苑

17世纪后半叶，法兰西国王路易十三战胜各封建诸侯实质上统一了法兰西全国，远征欧洲大陆；到路易十四时夺取近100块领土，建立起君主专制的联邦国家。路易十四为了表示其无上权威，建立了凡尔赛宫苑。凡尔赛宫苑是欧洲景园建造史上最为辉煌的成就，该景园由勒·诺特大师设计建造，勒·诺特是一位富有广泛绘画与景园艺术知识的建筑师。

凡尔赛原本是路易十三的狩猎场，在巴黎西南方。1661年路易十四决定在此建造宫苑，历经不断规划、设计、改建、增建，至1756年路易十五时期才最终完成，前后历时90余年。主要设计师有法国著名设计师勒·诺特、建筑师勒沃、学院派古典主义建筑代表蒙萨等。路易十四有意保留原三合院式猎庄作为全部建筑群的中心，将墙面改为大理石，称"大理石院"，勒沃在其南、西、北三个方向进行扩建，延长南北两翼，成为御院，御院前建辅助房作为前院。前院之前为扇形练兵广场，广场上筑三条放射形大道。1678—1688年，蒙萨设计凡尔赛宫南北两翼，总长度达402m。南翼为王子、亲王住处，北翼为王国政府办公地点、教堂、剧院等。宫内设有联列厅，装饰有大理石楼梯、壁画、各种雕塑。中央西南为宫内主大厅（镜廊），宫西为勒·诺特设计、建造的花园，花园分为南、北、中三部分。南、北两部分都为绣花式花坛，再南为橘园、人工湖。北面花坛由密林包裹，景色雅静，一条林荫路向北穿过密林，尽头是大水池、海神喷泉，园中央建一对水池。3km长的中轴向西穿过林园到达小林园、大林园。穿过小林园的道路称为王家大道，中央设置草地，两侧放置雕塑。道路东侧设置水池，池内立阿波罗母亲像；道路西端池内设立阿波罗驾车冲出水面的雕塑，两组雕像象征路易十四"太阳王"与表明王家大道歌颂太阳神的主题。中轴线进入大林园有与大运河相接为"十"字形，使空间具有更为开阔的意境。大运河南端是动物园，北端为特里阿农殿。因由勒·诺特设计、建造，该园成为欧洲景园的典范。

1670年，路易十四在大运河横臂北端为其贵妇蒙泰斯潘修建一座中国茶室，小巧别致，室内装饰、陈设均按中国传统式样布置，开启西方引进中式建筑风格的先例。凡尔赛宫苑是法国古典建筑与山水、丛林相结合的规模宏大的一座宫苑，在欧洲乃至世界范围内影响深远。

（六）英式园林

不同于内陆国家，英国为海洋包围的岛国，国土基本是平坦或缓丘地带。古代英国长期受意大利政治、文化的影响，并受到罗马教皇的严格控制。但其民族传统观念强烈，有其特有的审美传统与兴趣，尤其对大自然的追求与热爱，形成了英国所独特的景园风格。14世纪之前，英国造园艺术主要模仿意大利的别墅、庄园，景园的规划设计一般为封闭的环境，多古典城堡式官邸，以防御功能为主。14世纪起，英国景园转向了追求大自然风景的自然形式；17世纪，英国景园开始模仿凡尔赛宫苑，将官邸庄园改建为法国景园模式的整形园苑，一时成为上流社会的时尚；18世纪起，由于英国工业革命带来的商业发达，使得英国成为世界强国，其景园艺术开始吸收中国景园艺术、绘画与欧洲风景画的特色，探求本国景园形式，最终形成了英式自然风景园。

1. 英国传统庄园

英国从14世纪开始，改变了古典城堡式庄园而成为与自然结合的新庄园，对英国景园文化及其传统影响深远。新庄园基本上分布在两种地区：一种是庄园主的领地内丘阜南坡之上；一种在城市近郊。前者称为"杜特式"庄园，利用丘阜起伏的地形与稀疏的树林，绿茵草地，以及河流、湖沼，构筑秀丽、开阔的自然景观，在开朗处布置建筑群，使其处于疏林、草地之中。此类庄园一般称为"疏林草地风光"，概括其自然风景的特色；庄园的细部处理也极尽自然格调。如用有皮木材或树枝做棚架、栅篱或凉亭，周围设置木柱栏杆。城市近郊庄园，外围设隔离高墙，但高度以借景为宜；园中央或轴线上筑土山，称为"台丘"，台丘上或建亭，或不建。一般台丘为多层，设台阶，盘曲蹬道相通。园中通常模仿意大利、法国的绿丛植坛、花坛，建方形或长方形植坛，以黄杨等为植篱，组成几何图案，或修剪成各种式样。

2. 英国整形园

17世纪60年代起，英国景园模仿法国凡尔赛宫苑，刻意追求几何整体植坛，使景园出现了明显的人工雕饰，影响了自然景观，进而丧失了英国优秀文化传统，这一时期的景园一律将树木、灌丛修剪成建筑物形状、鸟兽造型与模纹花坛，园内各处布置形状怪异，将原有的乔木、树丛、绿地严重破坏。著名学者培根在其《论园苑》中指出，这些园充满了人为意味，只可供孩子们玩赏。1685年，外交官W.坦普尔认为，完全不规则的中国景园可能比其他形式的景园更美。18世纪初，作家J.爱迪生指出，"我们英国景园师不是顺应自然，而是喜欢尽量违背自然……每一棵树上都有刀剪的痕迹"。英国对景园艺术与造型手法的反思为英国自然风景园的出现创造了条件。但是，英国整形园后来并未绝迹，并在英国影响久远。

3. 英国自然风景园

18世纪英国进行的第一次工业革命在使其成为工业与经济大国的同时原始的自然环境开始遭受到工业发展的威胁。人们开始更为重视自然保护、热爱自然，同时英国的生物学家也大力提倡造林。这一时期的文学家、画家创作了大量颂扬自然风景的作品，并出现了浪漫主义思潮。庄园主也开始对刻板的整形园渐感厌倦，加上受中国景园的影响与启迪，英国景园设计师从自然风景中汲取营养，逐渐形成了英国自然风景园的新风格。

景园建筑师W.肯特在景园设计中大量运用自然手法，改造了白金汉郡的斯托乌府邸园。园中设有形状自然的河流和湖泊、起伏的草地、自然生长的树木、弯曲的小径。其后，他的助手L.布朗又除去一切规则式痕迹，使全园呈现出牧歌式的自然景色。此园建成之日，人们耳目一新，争相效仿，形成了"自然风景学派"，自然风景园由此相继出现。

1757年和1772年，英国建筑、景园设计师W.钱伯斯利用到中国考察所得，先后出版《中国建筑设计》《东方造园泛论》两本著作，主张英国景园引进中国情调的建筑小品。受其影响，英国出现了英中式景园，但结合效果并不理想，未达到自然、和谐的完美境界。

三、西方近代、现代景园

（一）西方现代景园的产生与发展

对于近代、现代景园的概念，学术界有不同的认识，主要有三种倾向。一是不区分近代和现代，统称现代景园；二是不区分近代和现代，合称近现代景园；三是区分近代和现代，称为近代景园和现代景园。区分近代、现代景园对景园的认识有益，同时也有助于与相关专业进行交流。

1.近代景园

一般而言，把英国资产阶级革命开始的1640年作为世界近代史的开端。资产阶级革命在促进社会生产力发展的同时也唤醒了低落的人文精神，表现在城市发展中的现象为城市规模迅速扩大，各种建设为工业、商业等的繁荣提供了发展机遇，大量人口往城市集中。与此同时，人口拥挤、环境污染、阶级矛盾等诸多问题日益突出。人文精神逐渐得到唤醒，民主精神深得人心。凡此种种现象，预示着一场巨大的社会变革即将开始。景园的变革受社会大环境的影响，一般认为经历了传统景园思想变革和城市公园兴起、城市绿地系统观念的形成两个阶段。

（1）传统景园思想变革与城市公园的兴起。18世纪初，英国兴起了解植物园艺知识的热潮。1683年，在英国的切尔西药草园中进行了驯化黎巴嫩杉的实验，到19世纪，这种树木发展成为英国庭园中的主要材料。1840

年，英国园艺学会派遣植物学家到世界各地收集植物资料，人们被现实中丰富的植物资源所吸引，逐渐淡化了感伤主义庭园，进而专注于创造各种自然环境以适应外来植物的生长，由此带来一种新型的景园形式——自然风景园形成。这种形式的景园风格一经出现，就引起了人们的广泛兴趣，并逐渐传入法国、德国等欧洲国家。景园思想变革的另外一个情况是私家园林也开始逐步对公众开放，在18世纪的伦敦，公众已经可以进入皇家大猎苑游玩、打猎。

（2）城市绿地系统概念提出。1858年，美国纽约中央公园建成，一些学术界有识之士进而提出建立城市绿地系统的概念。1892年，奥姆斯特德负责编制了波士顿的城市景园绿地系统方案，首次把公园、滨河绿地、林荫道系统连接起来。1898年，英国霍华德提出了"田园城市"理论，以后又陆续出现了新城、绿带理论，标志着城市景园绿地系统理论与实践基本成型，同时标志着景园概念已经从单纯孤立的地块园林向城市绿地系统观念出现了划时代的转变。

2. 现代景园

从20世纪初开始，西方园林逐渐向现代景园转变，回顾百年以来的历史，它大致经历了3个阶段。

（1）徘徊阶段。18世纪发生的景园学方面的巨大变革，尤其是风景式景园的出现与城市公园的出现使得传统园林学转向景园学，并摆脱了刻板的模式，变得丰富而充满活力。然而，从艺术形式上看，它并没有特别的创新，主要体现为"如画"的模式与兼收并蓄的折衷主义混杂风格，面对这一状况，人们开始了进一步的探索，如罗宾逊发起了趋向简单与自然化的庭园设计，布罗弗尔德提出了几何规划的复兴等。然而，前进的道路相当艰辛，人们仿佛正在现代景园的门口徘徊。

（2）萌芽阶段。真正导致西方现代景园开始萌芽的是新艺术运动及其所引发的现代主义浪潮。新艺术运动是指19世纪末20世纪初在欧洲发生的一次大众化的艺术实践活动，它起因于英国"工艺美术运动"的影响，反对传统模式，在设计中强调装饰效果，并希望通过装饰来改变由于大工业生产造成的产品粗糙、刻板的面貌；其本身并没有一个统一的风格，在欧洲各国名称也不尽相同，如比利时的"二十人团"、法国的"新艺术"等。这个时期的作品留存至今的并不多，但在现代景园的发展史上却产生了较大的影响。

（3）成型阶段。20世纪初，现代主义之风逐渐盛行，一部分美国人首先进行了尝试，如1939年的纽约世界商交会的部分庭园。与此同时，其他国家的设计师也开始积极探索，在随后的数十年中，现代景园在不断发展中，到20世纪末已基本发展成熟。

（二）西方现代景园特点与设计倾向

西方现代景园发展已经百年了，然而究竟什么是现代景园以及它的设计倾向，理论界众说纷纭，主要包括以下几个方面。

美国人斯托弗·唐纳德在他20世纪30年代所写的著作《现代风景中的庭园》一书中解释道，现代造园家们在做庭园设计方案时有3个依据，即功能主义、日本庭园与现代艺术。关于功能主义，他认为，新的现代居住需要新的环境，功能主义包含了合理主义的精神，通过美学的实践秩序，创造出以娱乐为目的的环境。关于日本庭院，他认为日本庭园起到了将现代造园技术的发展与艺术、生活融为一体的作用。他认识到的日本景园是这样的：庭园的围墙是设计构思的重要内容，从没有情感的事物中感受其精神实质，使住宅与环境相协调，谨慎使用色彩，有效利用背景，对植物的配置比对色彩更关注，对石的布置即石组的构成煞费苦心。关于现代艺术，他指出，18世纪的造园师学习意大利画家，19世纪末庭园色彩设计师学习印象派画家，与这些相比，现代画家在处理形态、平面及色彩价值的相互关系方面可以令造园师们大开眼界。

中国学者王晓俊在其2000年出版的《西方现代景园设计》一书中总结了现代景园设计的9种倾向。设计要素的创新；形式与功能的结合；现代与传统的对话；自然精神；对意义的探索；场所精神与文脉主义；生态与设计；当代艺术的影响；向传统挑战。还有一些学者认为现代景园是一个多意的概念，包括多意的景观、多意的信息、多意的风格，在不同领域有不同的表现，如同济大学著名园林学教授刘滨谊所著《现代景观规划设计》，夏建统所著《对岸的风景》等皆有论述。

第三章　景观艺术与审美规律

景观学作为一门独立的学科载体，必然有其特殊的审美法则与艺术规律，景园艺术与景园文化是景观学研究的重要内容，是关于景观规划与设计的理论体系，涉及美学、人文、民俗、绘画、生态、心理学、建筑学、植物学等诸多文、理学科的综合运用。景观学的发展与产生得益于人类科学技术的发展与文明的进步，是人类整体文明的重要组成要素，东西方造园艺术的不同，本质在于东西方文化的差异。景园是文化的载体，也是同时期相关科技水平的具体体现，研究景观学的相关艺术规律与审美法则，主要原因在于景观中的意义具有极为重要的价值，其次也是景观学学科研究的必由之路。

第一节　景观艺术造型规律与艺术法则

景观艺术是景观学中的重要组成部分，是研究景观创作的理论基础，没有艺术性的景观创作，是无源之水、无根之木，也谈不上是真正的景观创作。景观美学是景观学审美的中心内容，是景观设计师对现实生活自然现象中符合审美标准的诸多元素的概括与提炼，是自然美、艺术美、社会环境的高度融合。景观设计的审美应源于自然、又高于自然、是自然美的升华，也是自然美的再现。就景观设计审美理念与意识的培育而言，没有基于传统景园学美学基础的学习与研究，景观设计师就不可能创作出既有丰富文化内涵、地域文明特色的景园作品，也不可能有较深的艺术素养，同时，设计作品也不具深度；没有现代审美意识的培育与训练，对当代相关科学技术的关注与了解，对相关学科科研方法的学习，对当代城市化进程中所面临的一系列课题的探索，景观设计就没有创新性与学科发展，景观设计作品就缺少设计价值。近年来，学术界相关景观艺术与景观学美学的研究成果有很多，但相关论述仍然很难涵盖全部，同时，对于如何从景观学专业方面培育、训练景观设计师的美学论述更为稀少，可见景观艺术与景观美学是一个非常复杂的体系，因此，只能根据实际景观设计规划与创作实践的需要，从实践与美学等几个侧面进行理论性、探索性地阐述。

一、景观艺术的造型规律

景观美学总的来讲属于造型艺术的范畴，日本著名学者高原荣重认为"景园是造型艺术中的形象艺术"，因此景观艺术在造型上也符合一般的造型规律。

（一）自然造型

景观艺术美的根源——美与自然美。景观艺术的根本是"美"，脱离了艺术原则中的美，景园艺术就失去了其在环境中的意义，人类也只有通过意义的感知和把握才能与自然中其他物种区别开来。可见美当中包含着客观世界、人的创造与实践、人的思想品质及诱发人的视觉感知的外在形象。

自然美是一切美的源泉。景园产生于自然，景观美来自人们对自然的发现与观察、提炼。因此，景观艺术的根源在于对自然美的挖掘与创造，同时自然美与自然造型也是景观设计的素材与设计灵感来源。景观艺术的表现除景观造型的三维造型的外在形式之外，更重要的是它像中国传统绘画中的山水画艺术及古典文学艺术那样使得人们的心理产生联想与共鸣的"诗情画意"的意境。明代著名山水画家董其昌论曰"诗以山川为境，山川亦以诗为境"，汲取自然山川之美的景观美应"化诗为境"，也更可使人置身其景触景生情，进而触发人们的审美升华与艺术感受。王安石诗"独照影时临水畔，最含情处出墙头"，杜牧诗"繁华事散逐香尘，流水无情草自春"，人们对环境的感受多数是由心理感应所引发，由景及物，由物及人，由人及情，对于景观设计师而言，更应注意景观设计中环境心理的意境的定位，以便引起观赏者的"意境"的共鸣。可以说，意境的产生，应该由景观提供一个心理环境，刺激意识主体产生自我欣赏、自我肯定的愿望，并在观赏过程中完成这一愿望；表现在现实中，对意境的感知是直觉的、瞬间产生的"灵感"，因而景观艺术中意境的创造，应充分尊重欣赏者的心理变化，而不单纯是景观设计师的构思与想象。另外，在众多古典园林之中，所谓意境的体现并非是以设计者当时的设想而建造，往往是后人赏游其中有感而发所致，运也是景观设计师现今在追求与设定景观意境时所应研究的一个重要问题。

（二）图案造型艺术

图案是景观学美学审美培训的重要基础，景观设计师通过系统的相关学科的学习，能够系统掌握相关各区域的文化特色与表现符号，中国古代建筑中的雕梁画栋、石雕、砖雕、门窗的不同形式等；西方建筑中的廊柱浮雕即各种建筑立面浮雕、室内装饰浮雕，无不由不同民族、不同文化、不同区域的图案构成。同时设计师通过传统图案的培训，能够掌握一般意义上的审美标准，把握设计中的整体构图、造型、色彩对比等诸多美学方面的掌控能力。

图案一词源于英文单词"Design"，"Design"具体有3种含义，即图案、设计、意匠。图案即图样方案，设计即设想、计划，意匠即意图、匠心。图案历史古老而久远，图案教育家、理论家雷圭元先生对图案的定义综述为"图案是实用美术、装饰美术、建筑美术方面，关于形式、色彩、结构的预先设计。在工艺材料、用途、经济、生产等条件制约下，制成图样、装饰纹样等方案的统称"。广义上认为，图案是从美学的角度对物质产品的造型、结构、色彩、肌理及装饰纹样所进行的方案设计。学习掌握图案的形式美、语言和构成法则，对从事景观设计专业具有十分重要的意义。

1.图案的构成要素

（1）形体。形是物像存在的外在形式，也称"外形"，体是物像内在结构所占据的空间，也称"体积"。二者的有机结合构成形体。各种形体的构成都是通过结构的转折、推移、变化以及各种形体与结构、空间的巧妙组合而构成。通过对这些构成因素作秩序化的组合与形式上的协调，进而产生简介、朴实、丰满、活泼、灵巧、大方等诸多不同风格的形式美感是图案学对形体研究的主要课题。

景观设计中的诸多因素与图案造型的研究有相同与关联之处。各种不同时代、不同地域特色、不同文化背景的图案在景观设计中作为相关文化"符号"大量运用，同时景观规划中的各种设计构成与造型因素在某些方面也可被视为图案的一种特殊形式，研究图案造型对于设计师造型与审美能力的提高有不可替代的作用。

（2）色彩。色彩在图案的形式美构成中占有重要地位。"色彩的感觉是美感的最普及的形式"，体现了在视觉艺术中先入为主与先声夺人的特点。

在色彩的色相、明度、纯度、冷暖、对比、调和、比例、呼应等关系中，都存在着丰富的内在联系与配置上的组合规律。同时，由于人们受色彩生理与色彩心理的影响，在不同环境、地域、爱好等情况下，也会对色彩产生冷与暖、进与退、动与静、刚与柔、积极与消极、喜与悲、哀与乐等不同的心理感受。从视觉艺术的审美角度来看，图形与色彩在构成要素中是相辅相成的，只要它们相互配合得当，就能创造出美的作品。

（3）肌理。肌理是客观现象所呈现的物质属性，不同材料的质地是通过各种能体现其质感特征的肌理来表现的。在图案学中，人们模仿自然形态的美感，创造出形式优美而自然的人造肌理来表现各种材料的质地美，这样可以进一步丰富图案形象的结构美，增强图案的装饰效果与审美情趣。

园林景观设计中，从景观总体规划布局，到园林道路的设计、铺装的运用、水系、雕塑、绿植、景观小品等的综合设置，无不涉及形体造型、色彩对比、面积对比、各种景观材料肌理的审美。景观设计师必须总体把握，灵活运用，与图案设计有众多相通之处，景观设计师也只有进行相关的学习，才能设计出符合审美需求的优秀景观作品。

2. 图案构成的形式美法则

形式美法则是人类在创造美的形式、美的过程中对美的形式规律的经验总结与抽象概括。形式美的法则存在于一切事物生成规律中，存在于人们日常生活、生产、劳动过程中。优秀的图案设计，包含着"实用"与"美"两大要素，而美的要素，主要包括内容美与形式美两个方面。内容与形式的辩证统一，是图案设计的普遍规律，同时也是园林景观设计中的普遍规律。因此，研究、探索图案形式美的法则，对于掌握运用法则创造出美的园林景观具有十分重要的意义。

（1）变化与统一。变化与统一是图案形式美法则的高级形式，又称"多样统一"。在图案设计过程中，设计者要运用变化与统一的形式美原理，正确处理好整体与局部的关系，掌握在变化中求统一，在统一中求变化和局部变化服从整体的构成关系，使图案达到"变中求整""平中求奇"以及变化与统一完美结合的审美效果。景观设计过程中同样也要处理好整体与局部之间的关系，达到整体设计风格的统一，视觉表现效果的和谐；景观布局、景观造型、各景观设计对比手法的运用服从于整体设计效果之间的要求。"变化"或者"多样性"体现了事物个性的差别，"统一"则体现了事物的共性与整体联系。多样统一是客观事物本身所具有的特性，这一基本法则包含了对称、均衡、对比、调和、节奏、比例等因素，所以设计的"变化统一"或"多样统一"作为形式美的基本法则。

景观设计构成因素的相同或类似，是产生一致性而形成统一的先决条件，如造型、色调、方向、肌理等的相同或类似，形象、线形、技法、明度的相互协调，都是能使设计效果在构成上产生一致性，达到整体统一的因素。对设计元素与表现手法进行合理的选择与运用，是达到"多样统一"的先决条件。

主从型统一。景观设计过程中，首先要分清主体造型与客体造型之间的关系，保持主体造型始终处于主导地位，让主体造型纹样始终体现出主、实、强的特点，同时也要注意使客体造型纹样时时处于陪衬、从属的地位，体现出从、虚、弱的特点。这样主体造型和客体造型才能以主统一从，以实统一虚，以强统一弱，从而使整体设计效果达到主体突出、整体统一的效果。

秩序型统一。在图案的构成过程中，要建立起一种有规律的秩序变化或有秩序的对比变化，才能达到图案在整体关系上的统一效果，如有规律的重复。景观规划设计过程中同样需要建立起有规律的秩序变化或有秩序的对比变化，例如，相关的形体造型的变化、设计手法的处理运用、色彩图案的变化等，也只有遵循相关美学法则、从景观的初步设计开始才能创造出高水平的园林景观作品。

综上所述，变化与统一是图案最基本的，也是景观规划设计中最基本的，还是最高级的表现形式与处理手法。变化是寻找设计元素各部分之间的差异、区别，统一是寻求它们之间的内在联系、共同点。设计作品没有变化，则单调乏味，缺少生命力；没有统一，则会显得杂乱无章，缺乏和谐与秩序，因此追求变化与统一的设计原则是相关设计作品的最高目标。

（2）均齐与均衡。均齐是形象的同等有秩序的排列，即对称式构图，它是保持形象外观统一或静中求动的方式。它的结构形式是在假设的中轴线或中心点左右、上下或四面八方配置同量、同色、同形的造型，它的构成形式很像对折纸的效果。均衡，遵循力学原理，在假设的中轴线或中心点左右或周围配置不平等、不等量或不同色的造型组合，是一种不对称的心理平衡形式。

在园林景观规划设计中，掌握均齐、均衡的相关美学法则是必要的，在景园的初步规划阶段，关系到总体布局的平衡与和谐，在设计的中后期，影响相关造型、色彩、材料肌理的美学运用。均齐、均衡的美学法则制约着相关设计的始终，也是相关设计总体效果有效控制的美学法则之一。

（3）节奏与韵律。节奏与韵律借助于音乐术语，将听觉要素转化为视觉要素。建筑、景观、绘画、舞蹈等各类艺术形式中都有节奏与韵律的具体体现，而种种节奏与韵律源于自然界中万物生长与运动的规律，如大海的潮涨潮落、延绵的群山、植物生长的动势结构等都呈现出不同的节奏与韵律感。

节奏强调任何交替出现的有规律的强弱和长短现象。在景观设计规划所形成的平面构成图案中，线条、块面、色彩形式的规律形排列，形成了取得节奏感的美学效果。例如，阶梯绿化的层次、汀步石踏步的重复、绿植色彩与造型的图案排列，就会产生形体、色彩、明暗对比的节奏感。

韵律指节奏之间转化形式的特征，它带有一定感情因素。韵律在景观设计规划所形成的图案效果中有目的的运用、处理能增加整体设计构成的装饰美感。

在自然界中，节奏与韵律广泛存在，如植物的枝叶分布、花瓣的渐层排列、藤萝的卷曲与延伸、飞禽羽毛的大小顺序等。掌握了这些图案造型因素的变化规律，遵循图案构成的美学法则，用渐大、渐小、渐弱、递增、递减、聚散、间隔渐层、反复、转换、错落等构成设计手法，按一定比例尺度加以相关图案造型的美化组合，就能设计出既有节奏、又有韵律的符合相关形式美感的景观规划。

（4）条例与反复。条例是有规律的重复呈现。自然界万事万物和它们的运动变化往往也遵循条理，如年、月、日、四季变换和宇宙星际运行等。在景观规划造型设计中，条理是变化过程中讲求形式和结构规律的结果，它使相关设计造型图案呈现出程序美感。反复是设计图案造型组织结构中排列处理的手法，它是连续图案造型区别于其他艺术的特有规律。反复的形式使人获得单纯、和谐、美丽、无限的感觉，它能增强人们的视觉感受。如景观规划设计中，一个单元母体造型的重复出现，就产生了鲜明、反复的节奏感。

（5）比例与对照。比例是一个数学概念，在造型中指形象与空间、形象整体与局部、局部与局部之间的量的关系，这种量的关系是通过对照来衡量确定的。景观规划设计中造型图案的形象比例有多方面的对照标准。参照自然的比例尺度，大自然中万物的形态结构为适应不同的生存环境形成了不同的比例特征，大多数是美丽和谐的，符合人类审美特征，可以直接借鉴应用于园林景观规划设计所形成的相关造型图案表现中。根据画面构成形式的需要来设计园林景观规划设计造型所形成的图案比例关系，可完全打破自然的比例关系，自由的夸张变形。这种方式在园林景观规划设计图案造型中运用较为普遍，也更富于装饰美感，有较强的艺术感染力。比例关系的控制是总体设计构成中极为重要的组成部分，包括单体图案造型的比例控制、总体设计构成图案造型的比例控制、色彩关系、肌理材料的应用与比例控制、设计风格的比例控制等，只有总体把握，充分照应到各种比例关系，参照对比，才能形成符合人们审美需求的具有较高设计水准的设计作品。园林景观设计中有些设计造型比例还应对照人体的结构比例来设定，特别是相关配套服务设施的造型设计，必须符合人体工学。如景区坐凳、果皮箱、残疾人服务设施、防护装置的造型等，均要考虑人体各部分的结构比例关系。

在现实生活中，由于人们的经济地位、文化素质、思想习惯各有不同的层次与观念，因而单从形式条件来评价某一事物或某一视觉形象时，对于美或丑的感觉大多数人存在着偏差，因此形式美的法则也不是凝固不变的。随着人类审美意识的进化和演变，形式美的法则也在不断发展。在美的创造过程中，不能生搬硬套某一种形式美法则，而要根据内容的不同，灵活运用形式美法则，在其中体现创造性，是一切设计学科的必然选择。

图案之于景观的审美在于对传统造型的审美意识的培养；对色彩造型审美意识的培育；对景观设计整体构图的把握；对传统文化的再认识。对景观设计而言，平面区划、造型是最为重要的，造型的主次关系、色彩的主次关系、功能的把握都是需深加考虑与推敲的方面，也只有大的整体关系把握正确了，才能设计出有深度的景观；对造型而言，图案学主要解决的是对形式美的敏感认识（图17至图20）。

（三）设计构成艺术

任何概念的提出，都是为了明晰事物的本质。构成，作为近代、现代出现的一种造型观念，已经成为当代造型设计领域中广为周知与认可的造型手法与设计术语。

构成即是一种造型活动。这种造型活动是以研究如何将造型的诸多要素，按照一定的原则去组织成富有美感的、并富于视觉化的（视觉的作用）与力学观念的形式。就园林景观学学科而言，构成研究的学科目的在于使园林景观设计师在园林景观规划设计过程中学会如何打破传统的、固有的造型与审美观念，设计出既有创意的又符合时代审美特征与审美标准的园林景观规划作品。

任何一个形态，都可以被分解为若干个单位，而又可以将其重新组合成新的形态。这种分解后而加以重新组合的程序就是构成的过程。所谓构成，简而言之，就是将几个以上的单元，按照一定的原则，重新组合成新的单元。

分解形态，同时也是一种设计思维的过程，其目的是寻求新的造型元素。组合的过程就是构成的过程，不断地分解并加以不同的组合手段，就会得到诸多的构成形式。因此，构成的对象并不是停留在原有形象的规范之中，而是将形象视为形态，不但将其量变，而且将其质变。无论是自然形态，还是抽象形态，或是纯形态，都会在其分解与组合的过程中得到变异，即将有限的形态构成到无限的组合创造之中。

对于这种能力的培养，也是为了寻求新的造型观念、训练抽象构成的设计能力，培养新的审美趣味。就园林景观设计来讲，传统造型图案审美能力的培育与训练当然是必要的，也是设计过程中不可或缺的重要组成部分；但是艺术当随时代，掌握与运用构成这一视觉造型的语言，从而去研究如何创造形象、形象与形象之间的联系以及不断寻求对于形象的排列、组合的设计形式，对于景观设计学的创新与发展有着不可替代的重要作用。

将几个以上的单元，按照一定的原则，重新组合为一个新的单元，就是构成。同时，作为构成对象的形态主要包含自然形态、抽象形态与几何形态。在构成过程中，即有所谓自然构成形态、抽象构成形态、纯形态构成等的构成方法；其构成形式主要有重复、近似、渐变、变异、对比、结集、空间与矛盾空间、分割、肌理与错视等。

自然形态构成，主要是以自然本体物像为基础的构成。这种构成方法，即保持着原有物象的固有面貌与基本特征，就园林景观规划设计而言，所有的绿植、景石、水体等皆构成自然形态，通过对其分割、组合与排列，而重新构成一个"物像"的整体。例如，把自然形象的局部做一定的扩展与分割，构成序列性的渐变构成。自然形的相互适合，形成"空间"与物像、物像与"空间"的互补、互衬关系的构成。自然形的序列变异构成。自然形的严密的形态分割构成。自然物象组合后的意义的合成与变换。

抽象形态的构成，其构成近似于图案学中的构成法，但又不同于图案构成。抽象构成是把自然物象进行变象而重新组合为新的形象的构成。可以将自然物象或"变象"后的形象，完全加以分解成各个局部，然后，把这些分解后的局部作为构成的元素，并进行组合，配置在同一空间的画面上。

在抽象形态构成中，物肌也是一种构成形式与方法。任何物像表面都能反映出具有某种属性的、有组织的、自由的纹理，我们可以随意利用各种物像的表面制作抽象性的形态构成。

纯形态构成，是以几何形为基础的构成。即以点、线、面等构成元素，进行几何形态的多种组合。其构成方法，是以几何形态为单位基本形象，依据一定的原则，进行单独形或基本形的组合、排列。

一般来说，纯形态构成基本上是运用点、线、面等几何形态作为造型元素，把它们进行有规律性的组合与非规律性的组合。其中，规律性组合就是通过重复、近似、渐变等骨格与基本形有规律地编排、组合成富有秩序的无限变动，产生出能给人以节奏感、注目感与进深感等不同感觉的构成形式；非规律性的组合较为自由，能给人的视觉造成一种张力和运动感，同时也能加强视觉的醒目、清晰及富有强烈吸引力的构成效果，对比、结集、肌理与变异等构成形式都具备上述这些形式特点。

构成的形式中，尤其是几何形的重复、渐次的变化过程，所产生出有规律的动感节奏，往往会使人的视觉出现新颖感、奇特感，并能给人以强烈的动感与秩序的美感效果。其中，比较突出的形式特点是"律动"的变化。

"律动"，即是指视觉中有规律的动感。节奏是构成律动的主要因素，没有节奏就不会产生律动。反复是简单的节奏，也是简单的律动。构成中形体周期性的连续、交叉、重叠，由此而不断形成的强弱、明暗、大小及色彩上的变化，也就是能够给人以可感知的、有规律的起伏与富有秩序和条理的动感现象——即律动的变化。

构成的形式原理。首先强调客观物像中不同形态的构成规律，以直觉为基础，通过人的感性去观察、体验、联想；以物像为素材，经过概括、提炼成为抽象的形态，或以纯形态为内容，并对其进行组织、排列，着重反映客观物像中所具有的运动的自律性，即由规律、有节奏的律动变化，从而表现其丰富的、统一的运动规律形式和所要遵循的构成格局。

构成设计既然有组织、有秩序地反映客观本体的自律性，因此，它所遵循的应当是谐调的、精确的、均衡的、秩序的等审美原则与设计形式。

1. 重复构成形式

重复。同一形态连续地、有规律地出现，称重复。重复也称整齐一律，是形式美的一种简单形式。

重复的构成因素在环境设计中比比皆是。例如，建筑中的门窗、楼梯，园林景观中的步阶、汀步、台阶、栏杆，景观材质的肌理等。这些都是重复的结构、重复的排列，即是以重复的形式因素存在着。

重复的形式能够使其产生整齐的美感效果。重复的构成形式，就是把视觉形象秩序化、整齐化，在画面中可以呈现出统一的、富有节奏感的视觉效果。

基本形的重复。在同一画面中反复使用一个基本形，即构成了基本形的重复。对于基本形的重复使用，能够使设计作品产生统一整齐的视觉形式。

基本形的形态不同，构成后的画面就会给人不同的视觉印象。

几个大的基本形的重复构成，能够产生画面整体构成后的力度感。

繁密、细小的基本形的重复构成，能够产生出形态肌理的视觉意味。

骨格的重复。在规律性骨格中，重复就是最基本的骨格形式。将画面分隔成等分的单位，就是重复骨格。

构成骨格的两个元素，一是水平线，二是垂直线。同时，对骨格加以宽窄、方向、线质（折线、弧线等）变化，就可以得到诸多不同的重复骨格形式。

2.近似构成形式

近似，意指接近、差别、比较、相类而言。近似构成形式中的基本形，就是把重复构成中的基本形进行轻度地"变异"，但是，一般仍然要保持着规律性的整体感。

近似构成形式中的骨格形式，即将重复构成中的骨格进行一定的变异，在重复中求得变化。所谓"重复"是相对地重复，而不是绝对重复。近似构成，一般常用的形式及方法主要有两种。第一，利用重复的骨格形式和近似基本形进行构成，能够获得近似的构成形式。第二，利用近似的骨格形式和近似的基本形进行构成，所得到的构成形式，既富于非规律性的变动，也可以保持规律性的整体感。

3.渐变形式构成

渐变，是指基本形或骨格逐渐的、规律性的循序变动。渐变的形式特点能够给人以富有节奏、韵律的自然性美感意味。

在渐变构成设计中，如果想要取得渐变效果，形态必须具备序列性的构成条件；基本形的渐变，对于它的形状、大小、位置、方向、色彩等视觉因素都可以进行渐变；在有作用的骨格中，按其基本形在骨格单位逾线部分被切除而得到基本形的渐变构成效果。

骨格的渐变，一般是变动水平线或垂直线的位置而得到其方向、大小、窄阔等因素的渐变效果；在渐变形式构成中，可以有骨格线的渐变，同时又有单位内基本形的渐变，渐变骨格的骨格线有时比基本形更为重要，它是构成渐变形式的重要因素；骨格与基本形的渐变处理，基本形一般要简单些，过分的繁琐会破坏渐变骨格的表现效果。反之，基本形繁琐，骨格线要尽量简单些，从而加强基本形的渐变效果。

4.变异构成形式

变异，是在重复、近似、渐变等构成形式的规律中，有意识地出现一个或数个不规律的基本形或骨格单位，借以突破规律性的单调感觉。

变异打破了有规律的构成因素而相对地形成了"无规律"的对比现象，因此说，在有规律中加以无规律的因素或从一个有规律的形式转向另一个有规律的形式就是变异。

基本形的变异，由形状、大小、位置、方向、色彩等因素构成。基本形的变异不宜过多，否则会减弱对比的构成因素。画面力求具有相呼应的关系，有形的呼应，也有色彩的呼应；骨格的变异，即从一个有规律的骨格转向另一个或多个有规律的骨格，然后再重复到原来的骨格形式，这种骨格的转移部分就形成了自然的变异效果。在规律的骨格中，若对规律性的骨格线加以破坏就会产生出变异的骨格形式。骨格的变异，往往在于线的重复、变异、再重复。

5. 对比构成形式

对比，是自由性的一种构成形式。它不以骨格线为限制，而是依据形态本身的大小、疏密、虚实、形态、色彩、肌理等对比的因素得以构成。

对比是针对和谐而言，自然形态、抽象形态、纯形态的诸多视觉元素及形态关系都可以发生对比的变化，形与形之间可以一种元素与多种元素发生对比关系。单独形或基本形在对比构成形式中可以进行多元化的编排与组合。由于单独形不受骨格的限制，单独形的形态的对比因素要在画面中得到统一，这些因素包括形感、量感、趋势感、空间感等，因此要求画面中显现的形与形之间保持相互呼应的关系。

6. 结集构成形式

结集，是对比构成的一种比较特殊的情况，也是较为自由的构成形式。它包括密集与疏散、虚与实、向心与扩散等形式中由对比产生出的构成因素。

结集的画面形式，更趋向于目的性。向某一点集中或向某一空间扩散都形成了结集的构成效果，同时，富有渐移的动感。诸如广场上的人群，都市中的车辆、天空中的鸟群等自然景观现象中都存在着结集的因素。在装饰艺术创作中所常讲的"一形坐落、众形相随"的理念就体现着结集的因素。

结集的构成形式即是带有方向性、目的性、整体性的构成形式特点，在构成设计中，主要是强调其内在骨格的结集因素，其构成形式具体表现如下。①向点集结。以点为中心，集中或分散，向一点或多点结集都可以形成其构成形式。②向线集结。向一条线或多条线以不同方向结集。③向形集结。靠近形的部分较密集，向外部分较松散，④自由集结。它没有向点、线、形结集的特点，而是考基本形本身的相互排列形成形与形自身的联系。⑤混合集结。即把其他结集的形式因素组织到一个画面中来，是一种多单元的结集形式，并且带有一定方向变化的动感效果。结集构成形式，在构成设计中强调其对比性，则可以消除骨格的格律限制，它往往是随从着画面中某种因素的趋势与律动的变化而有目的性、有方向性的形态组合的构成。

7. 分割构成形式

分割，一般可以理解为比例、秩序。比例，是指一件事物整体与局部以及局部与局部之间的关系，也是一切造型艺术设计的结构基础；比率、节奏、对称等都是属于秩序的形式，所谓秩序，即是部分与整体的内在联系。比例、秩序的属性是形成设计的严整性、和谐性和完美性的重要因素。

园林景观设计过程中，设计师从初步的总体场景的规划（水系、广场、绿地、叠山等）、设计造型的分析、景观材质的运用（绿植、石材、金属、木材等）、景观色彩的构成等都无不体现出比例关系及富有形式美感的设计式样，其中就包含着分割的形式因素。

分割，在构成中是基本的形式要素，无论任何构成形式都离不开分割构成的形式内容。构成中的分割，既不是点的分割，也不是线的分割，而是着重对于面的分割。包括对面的形态的组织、排列及所给予人的审美知觉的感应；构成面的形态的重要因素，就是形与形的分割、形与空间的分割，由于寻求这些形之间的呼应性、对比性、均衡性、稳定性、和谐性等因素而形成了平面中诸多形态的整体的构成。因此，形态面的构成包括分割的因素，分割的同时也创造出了新的形态。不同形式的分割，创造了不同的构成空间，成功的分割，可以赋予平面以新的生机，合情入理的分割，就能产生出丰富、秩序、庄重、单纯、悦目、浑厚等多种审美知觉上的感应（如黄金分割的提出与应用）。

8. 肌理构成

肌理，是一种客观存在的物质表面形态。任何一种材料的"质"，都必然有其物质的属性，不同的"质"有不同的物质属性，也就有其不同的肌理形态，"面"的不同，也就有其不同的肌理形态。

肌理既然是一种质感，就必然能够使人产生多种多样的、可感知的形态"意味"。就园林景观设计而言，草坪、石材、水系、金属、木材等知觉现象，有粗糙的、有细腻的、有柔软的、有湿润的……大自然造物万千，物各有形，态各有质，各具不同的肌理。不论是宏观还是微观，凡是人类所能感知到的物质世界，都会给我们提供丰富、繁多的物态表象。这些表象的肌理形态，事实上时时刻刻地与人发生着知觉上的、情感上的感受与联系，这种感受与联系又不断地开拓着对于自然本体的新认识，并将其富有美感的形式因素付诸相关设计与创作之中。

肌理，可分为视觉肌理与触觉肌理。视觉肌理，即是人们在其审美知觉过程中形成的情感上的某种"境界"。人们在进行肌理构成的形式设计中，可以将那些审美知觉所感知到的、客观物像所存在的肌理因素充分地加以运用。触觉肌理，物态表面细部的所谓"肌理"，实际上是表面"结构立体群"的组合。一般物态的表层结构，用手可以感觉出来，这种以触获感而得的质感印象，即是触觉肌理。触觉肌理构成，是对于设计物像表层形态的结构而言的。对于触觉肌理构成的设计运用，主要应该研究它的触感形态所给予人知觉上的各种意义，例如，光洁的肌理形态能给人以细腻、滑润的触感；尖硬的肌理形态往往使人产生刺痛的感觉。因此，对于触觉肌理的构成一定要有针对性的、本着形式跟随功能的设计原则去进行设计。

肌理，作为一种构成形式，主要是研究物像表面的形态构成，即质感的构成设计。肌理的存在，从宏观到微观，物质世界的诸多形态为我们提供着不同的素材。无论是自然的客体，还是人造的物质形态，都存在着肌理构成的具体形式与内容，同时，也反映了客观世界中形式美的基本法则与其特点。当代社会科学、自然科学的不断发展，新材料新技术的不断涌现，都为人们构成新的设计形式提供了物质与美学资源。肌理构成形式不仅包括形式上的审美功能，而且又体现着物质属性的应用价值，在园林景观的设计领域内，与其他相关实用设计一样，任何物质材料的应用与设计都离不开肌理形态的构成形式，存在着对肌理形态的构成原则。

总之，分解形态，这也是一种设计思维的过程，其目的是寻求新的造型元素。就景观设计而言是对传统图案造型的再认识与突破，以设计出符合现代设计与审美理念的景观造型。就图案与构成的关系而言，没有对图案传统的认知设计就没有文化、深度；没有当代构成理念的学习就无法在传统造型的基础上有所突破，设计出符合现代审美理念的景观设计，也不会有设计创新。组合的过程就是构成的过程，不断地分解并加以不同的组合手段，就会得到诸多的构成形式。

二、景观设计的艺术法则

景园艺术是人们在追求美好生存环境与自然界长期斗争中发展起来的。它涉及社会及人文传统、绘画与文学艺术、人的思想与心理、科学技术的发展与进步，在不同的时代与环境中最大限度地满足着人们对环境意象与志趣的追求，因而在漫长的发展过程中形成了自己的艺术法则和指导思想，主要体现在以下8个方面。

1. 造园之始、意在笔先

景园追求意境，以景代诗，以诗造景。为抒发人们内心的情怀，在设计景园之前，就应首先立意，再行设计建造。不同的人，不同的时代，人们有不同的意境与审美追求，反映了主人对人生、自然、社会等不同的定位与理解，体现了主人与设计者的审美情趣与艺术修养，从许多著名景园的取名可见一般，如拙政园、怡园、寄畅园等。

2. 相地合宜、构图得体

《园冶》相地篇主张"涉门成趣""得影随形"，构园时水、陆的比例为"约十亩之基，须开池者三……余七分之地，为垒土者四……"，不能"非其地而强为其地"，否则只会"虽百般精巧，却终不相宜"。现代园林景观的设计虽然与古代景园设计所面临的课题与要求不尽相同，但因地制宜是古今设计师所必须遵循的艺术法则，设计师也只能"相地合宜"，才能构图得体。既能控制景观工程总体造价，也能设计出符合设计需求的景观效果。

3. 巧于因借、因地制宜

中国古典景园的精华就是"因借"二字，因者，就地审势之意，借者，景不限内外，所谓"晴峦耸秀，绀宇凌空；极目所至，俗则屏之，嘉则收之，不分町疃，尽为烟景"。通过因时、因地借景的做法，大大超越了有限的景园空间。

4. 欲扬先抑、柳暗花明

此是东西方景园艺术的风格重要区别之一。西方的几何式园林开朗明快、宽阔通达、一目了然，符合西方人的审美心理；东方人性格含蓄，受儒家学说影响，提倡"欲露先藏，欲扬先抑"及"山重水复疑无路，柳暗花明又一村"诗情画意中的效果，不张扬；故而在景园艺术处理上讲求含蓄有致、曲径通幽，逐渐展示，引人入胜。

5. 开合有致、步移景异

景园在空间处理上通过开合收放、疏密虚实的变化，给人们带来心理起伏的律动感，秩序中有宽窄、急缓、闭敞、明暗、远近的区别，在视点、视线、视距、视野、视角等方面反复变换，使游人感到变幻多端，有步移景异，渐入佳境之感。

6. 小中见大、咫尺山林

中国园林的设计理念借鉴出自古代山水画的创作思想，可居、可行、可赏、可游是基本的创作要求，咫尺山林，小中见大，为了充分表达创作者的诗情画意与山水情怀，设计者必须调动内景诸要素之间的关系，通过对比、反衬、造成错觉和联想，合理利用比例和尺度等形式法则，以达到扩大有限空间、形成咫尺山林的效果。正如《园冶》所述，景园应"纳千顷之汪洋，收四时之烂漫""蹊径盘且长，峰峦秀而古，多方盛景，咫尺山林"。

7. 文景相依、诗情画意

中国传统景园的艺术性还体现在其与特有的与文字（书法）、诗画的有机结合上，"文因景成、景借文传"，只有文、景相依，景园才不陷于媚俗，也才充满诗情画意与格调。中国园林中题名、匾额、楹联等随处可见；同时，以诗、史、文、曲咏景者则数不胜数。

8. 虽由人作、宛自天开

中国景园因借自然，堆山理水，澄怀味象，顺天然之理，应自然之规，仿效自然"巧夺天工"；《园冶》中所述"峭壁贵于直立，悬崖使其后坚。岩、峦、洞穴之莫穷，涧、壑、坡、矶之俨是；信足疑无别境，举头自由情深"，"欲知堆土之奥妙，还拟理石之精微。山林意味深求，花才情缘易逗。有真有假，作假成真"。古人正是在研究自然之美，探求书画诗情之韵，品味了这一创作规律之后才得出景园艺术的真谛，这也是中国传统景园艺术最重要的艺术法则与特征。

第二节　景观设计的景观构成要素

园林景观是自然风景景观与人工景园的综合概念，园林景观的构成包括自然景观、历史人文景观、工程设施三方面。中国幅员辽阔，历史悠久，民族众多，不同的地域、民族、历史形成了众多丰富多样的自然、人文、历史景观，其中包括名山大川、名胜古迹、地方特色小镇、民间风俗与节庆、地方特产与工艺等。其中人文景观的园林景观设计是其中最为重要、最具特色的要素，且丰富多彩，艺术价值，审美价值极高。园林景观工程指涉及景园工程的景观建筑与景观小品、相关水利工程、道路桥梁工程等。

一、自然景观构成要素

（一）地质自然景观

地址自然景观主要指在漫长地质年代中所形成的具有景观特质的山川地貌。山川是构成大地景观的基本骨架，名山大川所各具其风貌的雄、险、奇、秀、幽、旷、深等景观特色，是构成地质景观的形象特征。划分名山类型的一般原则是以岩性为基础，综合考虑自然景观的美学意义与人文景观特征，可分为花岗岩石断块山、岩溶景观名山、丹霞景观地貌、历史文化名山等，由于地质变迁的差异，这些山川具有不同的景观构成因素。

1. 山峰

包括峰、峦、岭、崮、崖、岩、峭壁等不同的自然景观，因不同的构成化学物质而呈现不同的色质。山峰既是登高远眺的最佳处所，同时又表现出千姿百态的绝妙意境。

2. 岩崖

由于地壳升降、断裂风化而形成的悬崖危岩。著名的旅游名山华山就以悬崖危岩而闻名于世，奇峰险绝之处，别有一番意境。

3. 洞府

洞府构成了山腹地下的神奇世界，最为常见的地质景观为喀斯特地形石灰岩溶洞，仿佛地下水晶宫，洞内的石钟乳、石笋、石柱、石花、石床、云盆等各种象形石景观光怪离奇，再加以地下泉水、暗河、相辉映更是神奇莫测。

4. 溪涧与峡谷

溪涧与峡谷是山岳地质自然景观的重要因素，它与峰峦相反，以其切割深陷的地形，迂回曲折的涧溪，湿润芬芳的花草而引人入胜，著名的旅游景点张家界就是此类地质自然景观的典型案例。

5. 火山地质景观

一般指地质年代中火山活动所形成的自然景观，包括火山口、火山锥、熔岩流台地、火山熔岩等；同时，就火山景观而言，活火山喷发所形成的无害地质自然景观也应成为火山地质景观的重要组成部分。

6. 高山景观

在我国西部地区，有很多仅次于积雪区以上至5 000m海拔高度的山峰。如西藏、青海、云南、贵州、四川等高原地区，有许多冰雪世界。高山景观包括地质冰川，如云南的玉龙雪山就被称为我国的冰川博物馆。

7. 古化石地质自然景观

化石是地质年代古生物与古植物在特殊地质条件下所形成的自然现象。古化石是地球进化石的见证者，是打开地球演化与生命奥秘的钥匙，也是人类开发利用地质资源的依据。古化石的出露地与暴露物自然就成为极其珍贵的科研与景观资源。如考古挖掘发现的恐龙化石、各种硅化木等，它既是科学研究的宝贵资源，也是自然地质景观资源（图21）。

（二）水文与气象景观

水文气象景观是自然景观的重要组成部分，水是大地景观的血脉，是生物繁衍的必备条件。由天文、气象现象所构成的自然形象则属于气象景观；人类对水有天然的亲近感，水景是自然风景的重要因素，广义的水景包括江河、湖泊、池沼、泉水、瀑潭等风景资源，而气象景观大都定时、定点出现在天上、空中，人们只有通过视觉体验从而获得美的感受（图22至图24）。

1. 泉水

泉是地下水的自然露头，因水温不同而分为冷泉与温泉，包括中温泉、热泉、沸泉等；因表现形态不同而分为喷泉、涌泉、溢泉、间歇泉等。以泉水而闻名的景园有济南的趵突泉和黑虎泉、镇江中冷泉、无锡惠山泉、杭州虎跑泉、敦煌月牙泉等，其中济南因泉水而名泉城。泉水的地质成因很多，因沟谷侵蚀下切到含水层而使泉水涌出的称侵蚀泉；因地下含水层与隔水层接触面的断裂而涌出的泉水称接触泉；地下含水层因地质断裂，地下水受阻顺断裂面而出的称断层泉；地下水遇隔水体而上涌地表的称溢流泉。矿泉是重要的旅游产品资源，温泉则是疗养休闲的重要资源，同时，泉水还是融景、食、用、售为一体的重要景观要素。

2. 瀑布

瀑布是高山流水所形成的景观的精华所在。瀑布大小各异，景观气势不尽相同。几乎所有山岳风景区都有不同的瀑布景观，有的像宽大的水帘，若白雪银花，有的飞流直下，像银河下落。李白"飞流直下三千尺，疑是银河落九天"，描写的是庐山瀑布，著名的瀑布还有中国的黄果树瀑布、加拿大和美国两国交界处的尼亚加拉大瀑布等。瀑布以其飞舞的雄姿，使高山动色，使大地回声，给人们带来不一样的抒怀与享受。

3. 河川

河川是大地的动脉，大河名川，奔泻千里；小河小溪，流水人家。大有排山倒海之势，小有曲水流觞之美。河川承载着千帆百舸，滋润沃土良田，流传着古老文化，既是流动的风景画卷，又是一曲动人心弦的古老情歌。

4. 湖池

湖池是水域景观上的宝石，以宽阔宁静的水面给人们带来悠荡与安详的同时，也孕育了丰富的水产资源。湖池在当代景观设计中具有举足轻重的地位，城市周边的湖池涉及滨河、滨湖湿地的生态景观设计、生态保护、可持续开发的重大课题，同时城市湖泊与湿地也是城市之肺。

5. 滨海

我国东部沿海既是经济发达地区，又是重要的滨海旅游观光胜地。

沿海自然地质风貌大体有三类。基岩海岸大都由花岗岩构成，局部也有石灰岩系，风景价值较高；泥沙海岸多由河流冲积而成，为海滩涂地，多半无风景价值；生物海岸包括红树林海岸、珊瑚礁海岸，有一定的观光价值。海滨风景资源主要在于因地制宜、逐步开发才能更好地利用。自然海滨景观多为人们仿效，再现于城市园林的水域岸边，如山石驳岸、卵石沙滩、树草护岸或点缀滨海建筑、雕塑小品等。

6. 岛屿

我国自古以来就有东海仙岛与长生不老的灵丹妙药传说，历代帝王东渡求仙，导致构成了中国古代景园中一池三山（蓬莱、方丈、瀛洲）的传统格局。由于岛屿给人们带来神秘感的传统习俗，在现代景园的水体中经常出现聚土石为岛、植树点亭或专设类园于岛上，既增加了水体的景观层次，又增添了游人的探求情趣。景园中的岛屿，除利用自然岛屿外，都模仿或写意于自然岛屿。

7. 日出、霞光与云雾佛光景观

日出在汉文化中意味紫气东来，万物复苏，朝气蓬勃；晚霞则呈现霞光夕照、万紫千红、令人陶醉。乘雾登山，俯瞰云海，若腾云驾雾，恍如仙境。黄山、泰山、庐山等山岳风景区海拔1 500m以上皆可出现山丘气候，此种气候同时还能形成雾凇雪景，瀑布云流，云海翻波；山腰玉带云景海盖云、望夫云等。佛光、宝光是自然光线在云雾中折射的效果，冬季较多，云雾佛光，绮丽万千，堪称高山景观之绝。

8. 海市蜃楼景观

海市蜃楼是因为春季陆地气温回升较快，海温回升较慢，温差加大出现逆温，造成上下空气密度悬殊而产生折射的结果，山东蓬莱的海市蜃楼是非常著名的景观；沙漠地带因气候原因也会出现这种气象景观，但开发价值不高，开发难度较大。

（三）生物景观

生物包括植物、动物、微生物各类，是景观的重要构成要素与保持生态平衡的主体。

1. 植物类景观

植物包括森林、草原、花卉三大类。中国南北跨度与东西跨度都较大，气候类型众多，植物资源极为丰富，有花植物25 000余种，其中乔木2 000余种，灌木与草本植物2 300余种，传播世界各地。植物是景园中绿色生命的要素，与景园、人类生活关系极为密切。

（1）森林。森林是人类生存与发展的摇篮，绿化的主体，景园中必备的要素。现代城市景观设计中有以森林为主的森林公园或国家森林公园，一般的景园设计也多以奇树异木为主要造园素材。森林按其成因分为原始森林、自然次森林、人工森林；按其功能分为用材林、经济林、防风林、卫生防护林、水源涵养林、风景林。

（2）草原。有以自然放牧为主的自然草原，如东北、新疆及内蒙古（内蒙古自治区，全书简称内蒙古）牧区的草原；有以风景为主的或作为景园绿地的草地。草地是自然草原的缩影，是景园及城市绿化必不可少的要素。

（3）花卉。分木本、草本两种，是景观园林的重要组成要素。

2. 动物类景观

动物是景观园林中最活跃、最富有生气的要素，以动物为主体的园，称动物园；以动物为园中景观、景区，称观、馆、室等。如海洋馆、某某动物园，全世界有动物约150万种，包括鱼类、爬行类、禽类、昆虫类、兽类及灵长类等。

（1）鱼类。鱼类是动物界中的一大纲目。观赏鱼类（包括热带鱼、金鱼、海水鱼及特种经济鱼类）、水生软体动物、贝壳动物及珊瑚类都具有不同的观赏价值与营养成分。

（2）昆虫类。据不完全统计，昆虫数量占动物界的2/3，有价值的昆虫常用来展出和研究，其中观赏价值较高的如各类蝴蝶、飞蛾、甲虫等，还有作为病虫害防治重要组成部分的益虫。

（3）两栖爬行类。如龟、蛇、蜥、鲵、鳄鱼等，有名的如绿毛乌龟、扬子鳄、娃娃鱼等具有较高的观赏与科研价值。

（4）鸟类。一般分为五类，即鸣禽类（画眉、金丝雀等）、猛禽类（鹰、鹫等）、雉鸡类（也作走禽，如孔雀、珍珠鸡、鸵鸟等）、游涉禽类（鸭、鹅、鸳鸯等）、攀禽类（鹦鹉等）。

（5）哺乳类。如东北虎、美洲狮、大熊猫、北极熊、梅花鹿、斑马、亚洲象、长颈鹿、河马、海豹、鲸、猿猴类等。

二、历史人文景观构成要素

（一）历史古迹景观

历史古迹名胜是指历史上流传下来的具有较高艺术价值、纪念意义、观赏效果的各类遗址、建筑物、园林、风景区等。一般分为古代建设遗迹、古建筑、古代工程及古代景园、风景区等（图25至图33）。

1.古代建设遗迹

古代遗存保护下来的城市、街道、桥梁等。分为发掘发现与现存遗址，都是古代建设遗迹或遗址。中国历史悠长，存量丰富，且大部分开辟为旅游胜景，成为区域旅游城市景园的主要景观、风景名胜区、相关博物馆等，如三星堆遗址博物馆、马王堆汉墓遗址博物馆。

2.古代建筑

世界多数国家与区域都保留有历史遗传下来的古代建筑，历史悠久、形式多样、形象各异、结构严谨、空间巧妙，随着世界各国对文物保护意识的增强，近几十年以来，修建、复建、新建的古代建筑面貌一新，不断涌现，成为景园中的重要景观。古代建筑带有很强的民族特色、区域文化，就中式建筑而言，一般有以下几种：宫殿、府衙、名人居宅、寺庙建筑、教堂、亭台、楼阁、古民居、古墓、神道建筑等。其中，寺庙、塔、教堂合称宗教与祭祀建筑；亭台、楼阁可以独立设置，也有在宫殿、府衙及景园中作为附属景观建筑存在。

（1）古代宫殿。世界多数国家与地区皆保留有古代帝皇宫殿建筑，其中以中国所保留的最多、最为完整，大都为规模宏大的古建筑群。如北京明清故宫、拉萨布达拉宫，法国的凡尔赛宫等。

（2）宗教与祭祀建筑。宗教建筑，因宗教与地域、历史不同而各具不同的名称与建筑风格。中国本土宗教中道教最早，其建筑称宫、观；东汉明帝时佛教传入中国，其建筑称寺、庙、庵及塔、坛等，明代初期基督教传入中国，其建筑称为教堂；同时还有伊斯兰教的清真寺、喇嘛教的喇嘛庙等。祭祀建筑在我国出现的很早，称庙、祠堂、坛；纪念先人的祭祀建筑皇族称太庙，名人称庙，多冠以姓或尊号，也有称祠或堂。纪念活着的名人，称生祠、生祠堂；另有求祈神灵的建筑称祭坛，也属祭祀建筑。中国保存至今的宗教、祭祀建筑，多数与景园一体，称为寺庙景园；也有开辟为名胜区的，称宗教圣地。

（3）亭台楼阁建筑。亭台最初的出现与景园并无联系，后逐步成为景园建筑景观，或作为景园主体成亭园、台园。台，出现的时间较亭要早，初为中国古代观天时、天象、气象之所筑，如殷商鹿台、周代灵台及各诸侯的时台，后逐作园中高处建筑，其上也多建有楼、阁、亭、堂等。

（4）楼阁是宫苑、离宫别馆及其他景园中的主要建筑，同时也是中国古代城墙主要建筑，现存世的楼阁，多在古典景园之中，另外古代保存下来的楼阁也多辟为公园与风景名胜区。

（5）名人居住建筑。古代及近代历史上保存下来的名人居所建筑，具有纪念性意义及研究价值，今辟为纪念馆、堂、或辟为景园。如成都的杜甫草堂、韶山的毛主席故居、北京的宋庆龄故居等。

（6）古代民居建筑。中国幅员辽阔、民族众多，风俗各异，自古以来民居建筑丰富多彩，经济实用，风格各异，同时也是中国民族建筑艺术、地域文化、民俗的一个重要组成方面。传统村镇是民族性、地方性最突出的聚落单元，在当前美丽乡村建设与乡村振兴的特殊时期更具借鉴与传承意义，特别是民居建筑由百姓所建，因地制宜，灵活机动，变化多端。由于区域不同、民俗不同，导致在选材与建筑布局上各不相同；且在漫长历史过程中与当地的自然生态高度相融与结合，特别村镇中包含的民居、作坊、祠堂、书院、庙宇、集市等各类建筑，都是景园设计师所要发掘的重点。古代景园中也引进民俗建筑作为景观，如乡村景区，具有淳朴的田园、乡土风情；也有仿城市民居作为景区的，如北京颐和园所仿建的苏州街等。

当今各区域具有代表性的典型民居建筑形式众多，如中国北方的四合院、西北黄土高原的窑洞、秦岭山地民居、江南园林式宅院、华南骑楼、云南村寨、竹楼、西南少数民族地区的干栏式建筑、土寨，新疆吐鲁番土拱、内蒙古的蒙古包、西南地区的客家土楼等。安徽徽州及陕西韩城党家村明代住宅，是我国现存古代民居中的珍品，基本为方形或矩形的封闭式三合院。

（7）古墓、神道建筑。古墓、神道建筑指陵、墓与神道石象生、兽像、墓碑、华表、阙等。陵，为古代帝王之墓葬区；墓，为名人墓葬地。神道，意为神行之道，即墓道。墓碑，初为木柱引棺入墓穴，随埋土中，后为石碑，竖于墓道口，称神道碑，碑上多书刻文字，表记逝者事迹功勋，称墓碑记、铭，或标明逝者身份、姓名，立碑人身份、姓名等。华表，立于宫殿、城垣、陵墓前的石柱，柱身常刻有花纹。阙，立于宫门、陵墓门前的双柱，陵墓前的称为墓阙。神道、墓碑、华表、阙等都为陵、墓的附属建筑；现今保存的古代陵、墓，由于种种原因，兼而有之、各都具备的极少。

（8）古代工程、古战场。工程设施、战场，有些与景园并无关联，但是有些工程设施能够直接用于景园工程，有些古代工程、古战场今天已经辟为名胜风景区，供旅游观光，同样具有景园的功能，著名的古代工程有长城、成都都江堰、京杭大运河等，古战场有湖北赤壁（三国时期赤壁之战的古战场）、重庆缙云山合川钓鱼城、汕头南宋文天祥抗元古战场等。

（二）文物艺术景观

文物艺术景观包括石窟、壁画、碑刻、摩崖石刻、石雕、雕塑、假山与峰石、名人字画、文物、特殊工艺品等文化艺术制品与古人类文化遗址和化石。古代洞窟、壁画与碑刻是绘画与书法的载体，现存名胜区中，有些就是依原景园中的装饰、石雕、雕塑、假山与峰石为景园景观。名人字画、景园题名，题咏与陈列品，文物、特殊工艺品，也常作为景园中的陈列品（图34、图35）。

1. 石窟

我国现存的历史悠久、形式多样、数量众多、内容丰富的石窟作品，同时也是世界罕见的综合艺术宝库。石窟中所凿刻的古代建筑、佛像、佛经经典故事等艺术造型，工艺水平极高，历史与文化价值不可估量。闻名世界的有甘肃敦煌莫高窟、山西大同云冈石窟（造像以佛像、佛经故事为主，也有宗教建筑）、河南洛阳龙门石窟、甘肃天水麦积山石窟。

2. 壁画

壁画是绘于建筑墙壁或影壁上的图画。我国壁画出现的历史较早，古代流传下来的壁画有山西芮城的元代永乐宫壁画，它不仅是我国绘画史上的重要杰作，在世界绘画史上也是罕见的巨制；甘肃敦煌的敦煌壁画；山西繁峙县岩山寺壁画，金代1158年开始绘制于寺壁之上，是现存金代规模最大、艺术水平最高的壁画。

3. 碑刻、摩崖石刻

碑刻是刻文字的石碑，各类书法艺术的载体。

摩崖石刻是刻有文字的山崖，除题名外，多为名山铭文、佛经经文。摩崖石刻对研究中国文字史、书法史、地方史志具有重要学术与考古价值，现存山东泰山摩崖石刻最为丰富，被誉为我国石刻博物馆。

4. 雕塑艺术

雕塑艺术品，是指多用石质、木质、金属雕刻各种艺术形象与泥塑各种艺术形象的作品。古代以佛像、神像及珍奇动物形象为数最多，其次为历史名人像。我国各地古代寺庙、道观及石窟中都有丰富多彩，造型各异，栩栩如生的佛像、神像；另外，我国古代陵、墓道两侧的石象生与动物雕刻也具有很高的艺术价值，如霍去病墓前的"马踏匈奴"、唐太宗李世民墓的"昭陵六骏"等。

5. 诗词、楹联、字画

中国景园艺术最大特征之一在于深受古代哲学、宗教、文学、绘画艺术的影响，自古以来就吸引了众多文人画家、景园建筑师（匠人）、皇帝亲自之作与参与，使我国的景园艺术带有浓厚的诗情画意。诗词楹联与名人字画是我国景园设计中常用的意境点题的手法，既是情景交融的产物，又构成了中国景园艺术的思维空间，是中国景园文化色彩浓重的集中体现。

6. 出土文物及工艺品

具有考古价值的各类出土文物，包括各博物馆展出的相关历史时期的文物，如马王堆汉墓博物馆、三星堆博物馆、秦兵马俑（陕西秦陵）博物馆、古齐国殉马坑、明十三陵等地下古墓室及陪葬物等。

（三）民俗风情与民艺

民俗风情是人类社会发展过程中所创造、形成的一种精神与物质现象，是人类文化的一个重要组成部分。民俗风情主要包括民居村寨、民族歌舞表演、宗教活动、封禅礼仪、生活习俗、民间工艺、民族服饰、民间神话、庙会、集市等。我国幅员辽阔、民族众多，不同地区、不同民族各自保留着众多的生活习俗与传统节日。如汉族的春节、中秋节，农历三月三是广西（广西壮族自治区，全书简称广西）壮族、白族及云南纳西族和贵州等地人们举行歌咏的日子；此外，舞龙灯、跑旱船、上刀山等表演也是各具民族特色的节日活动（图36、图37）。

1. 生活习俗与地方节庆

吃饺子、闹元宵、龙灯会、踏青祭祀、放风筝、吃粽子、吃月饼、喝腊八粥等。另外，各民族不同的婚娶礼仪也各具特色。

2. 民族歌舞

汉族的腰鼓舞、秧歌、绸舞，朝鲜族的长鼓舞，维吾尔族舞，壮族的扁担舞，黎族的锣鼓舞，傣族的孔雀舞等。

3. 民间各种工艺

糖人、泥人、风筝、金银首饰、玉石雕刻、木雕、紫砂、蜡染、壮锦、苏绣、云锦、鲁绣、蜀绣、山东画绣等。

4. 民族服饰

各民族有丰富多彩的民族服饰，集中形象地反映了本民族的文化特征、织造工艺、地域特色，对观光客有巨大的吸引力。如苗族特色服装（银饰、蜡染）、黎族短裙、傣族长裙、藏族围裙、高山族服饰、维吾尔族服装（特色服饰与地毯工艺）等。

5. 神话传说

浙江杭州灵隐寺的飞来峰、山东蓬莱阁的八仙过海的传说和海市蜃楼、江苏连云港花果山的孙悟空传说、山东沂源牛郎织女传说和佛教禅宗公案等。

（四）工业生产工艺与景观

景园与旅游历来与社会经济生产及当地居民的生活活动密切相关，随着旅游经济的发展，众多的生产性观光项目以及各地的土特产、名优及风味食品也成为景点中不可或缺的人文景观组成要素。生产观光项目有果木园艺、名优工艺品制作、特色小吃制作、名贵动物、水产养殖及捕捞等。名优工艺有工业产品生产、民间传统技艺、现代化建筑工程等。风味特产更是一个包罗万象的大家族，包括博大精深的中国酒文化，苏、粤、鲁、川四大菜系，满汉全席、刺绣、丝绸、漆器、竹编、草编等土特产，同时还有地方风味食品如北京烤鸭、南京板鸭、内蒙古烤羊、金华火腿、成都担担面、西南少数民族地区的姜糖等。

第四章　景观表现手法与组景

多重要素构成了现代景观学的审美方式与组景手法，景物作用于人们的感官而形成美学观念，景观通过总体空间结构的变化，运用各种组景与表现手法把各种景观的审美理念展现在人的面前，人们通过特定的组景手法与一系列的视觉、听觉及其他感官的刺激而产生审美体验。景观的组景涉及景观的总体规划布局、结构方式、空间构成、景观要素的几何要素（点、线、面形式），物理因素（色彩、肌理、质感等），人文因素等诸多方面，现代景观学的总体构成虽然与传统古典景园学有诸多不同，但中国传统古典景园的组景，对山石、植物、综合性景园的组景手法无不深深地影响现代景观学的组景与表现手法。

第一节　现代景园艺术组景与表现综述

一、现代景园环境与用地

造园之始，意在笔先，相地合宜，构图得体，静观阳、阴（陆地、水体），动观布局。中国传统景园、庭园的总体设计，首先重视利用天然环境、现状环境，主要是为了得到富有自然景色的庭园总体空间。《园冶》相地篇的"相地合宜，构园得体"即是此意。用地环境与施工、方案设计相辅相成，才能为庭园的空间设计、具体组景创造优美的自然与人工景色提供前提。其次应遵循因地制宜的原则，古典园林用地多分为山林、城市、村庄、江、湖等，近代、现代景观用地也仍然相似，只是城市中的园林类型增多，城市用地自然环境不及古代，人工工程环境相对增多，在现存的环境条件下如何继承与发展东方自然式景园设计风格，需要设计师在研究传统景园理论的同时，努力找寻适应当代城市条件的新的设计方法与设计理念。

首先，景园艺术是综合的造型艺术，应在保护自然景色的前提下构园。

人们之所以把山林地、江湖地、乡村地等列为构园的佳胜，在于东方美学中所特有的"天人合一"的审美理念，中国景园自然式风格"自成天然之趣，不烦人事之工"的重要设计思想。山林郊野，地形高低错落，有曲有伸、有峻有险、有平有坦，山林有疏有密，已大致具备初始景意，按设计功能铺砌园路蹬道，设置必要的景观建筑与小品做人工组景，景园即可大致构成；江湖、水面、溪流环境，则须整砌驳岸、修整或改造水面造型，再按组景方法设置亭榭、回廊，水景则自然构成，中国景园的"虽由人作，宛自天开"即是此意。景观设计师应重视、传承保护自然的设计理念，另外过量地动用人工工程从节省工程造价与缩短施工工期方面考虑是不可取的，应尽量避免。

其次，利用自然环境进行人工构园的方法。

相地合宜与构园得体，两者相辅相成。构园得体，大部分源于相地合宜与因地制宜。但景园创作的过程，从来不是单一直线的，而是综合交错的。由于艺术观点不同，产生的园林风格不同，景园艺术受地区自然条件的制约性很强，现代景园创作，建筑师、景观设计师的脑海中常常储存大量经过典型化了的景园自然山水形象，同时还必须掌握、熟知传统诗人、画家的词义与画境，因此在相地（当代称田野考察）的时候，除了因势成章、随宜制景外，同时还要借鉴名景与画谱，以达到构园得体之根本。《园冶》相地构园中就曾借鉴过关同及荆浩的笔意、画风和谢朓的蹬览题词之风等。

再次，人工环境占主体的景园构成方法。

现代城市景园构成环境不同于传统景园，现代城市的景观设计主体主要为城市中心商业、金融、政治、文化中心的建筑广场、道路景观，中层住宅街坊、小区与建筑庭院，是与城市功能相结合的艺术，是与科学相结合的艺术，这些城市场所既是城市景观的主体，同时也是构园最为困难的人工场景，在建筑空间中构筑景园或平地构园应注意运用三个方面的人工造园的方法。

一是建筑空间与园林空间互为陪衬的手法，既可以以绿树为主，也可以以建筑群为主。前者种植主体为绿化乔木，后者绿化主体为草坪，景观设计师应根据功能和城市景观的效果来确定。

二是用人工工程仿效自然景观的构园方法，凿池筑山是常用设计手法，古典园林中承德避暑山庄、北京圆明园等皆为此法，但最为重要的是相地合宜、因地制宜，要节工惜材；山池景物宜自然幽雅，尽量避免矫揉造作；做假山时应注意山体尺度的比例关系，山小者易工，尽量避免人工气。

三是在平地条件与封闭的建筑空间内构园，应突出舒展、深奥的空间效果，需要多借助划分空间与互为因借的手法，并注意建筑形式、尺度及庭园小筑的作用、整体设计风格，如窗景、门景、对景的组景等。

二、现代景园结构与布局

景园是有生命的艺术，景园的性质、功能、内容构成及相关环境基础等，首先要表现在总体结构与规划布局上。由于景园的性质、功能、构成、环境自然条件不同，其规划与结构布局也各异，并形成自身的景园特点，但在总体规划与景园空间构成上有共性可总结。

首先，总体结构的几种类型可分为自然风景式景园与建筑景园。建筑景园、庭园又可分为以山为构园主体，以水面为构园主体，山、水、建筑混合，以草坪、种植为构园主体的生态景园。

自然景园的规划特征：如自然环境中的远山起伏呈现的节奏感的轮廓线，由地形变化所带来的人们视觉仰、俯、平视所构成的空间变化，水体的宽阔、蛇曲所形成的水体空间与曲折多变的岸际线，自然植物高低错落所形成的平缓延续的绿色树冠线等。巧于运用此类自然景观素材，同时，随地势高下、形体差异、比例尺度的匀称等人工景物布置，是构成自然式景园结构的基础。

建筑景园的规划特征：城市建筑式景园，常以建筑为主体规划划分景园院宇，随势起伏，园路则曲径通幽，低处凿池，面水筑榭，高处筑山，居高则建亭，小院植树叠石，高阜因势建阁，辅以时花名竹。

其次，总体空间规划。

1.景园空间的划分与组合应主体鲜明、主景突出

把单一空间规划为复合空间，一个大的空间划分为若干个不同的空间，其目的在于在总体结构上，为景园展开功能布局、艺术布局打下基础。划分空间的手法离不开景园组成的构成要素，中国景园中屋宇、叠山、理水、树木、桥台、石雕、小筑等，都是划分景园空间所涉及的实体构件。景园空间

一般可规划为主景区、次景区，每个景区内都应有各自的主题景物，空间布局上要研究每一空间的形式、大小、开合、高低、明暗的变化，还要注意空间之间的对比，开合有致、步移景移，欲扬先抑、柳暗花明，小中见大、咫尺山林。先收敛视觉尺度，由曲折、狭窄、幽暗，逐步过渡到较大与开阔的空间，以达到丰富景园，扩大空间感的效果。

2. 景区空间的序列与景深效果

人们沿着景园观赏路线和园路行进时，或接触景园内某一类型环境空间时，客观上是存在空间秩序的。如果想取得某种功能或景园艺术效果，首先在于巧于因借、因地制宜，必须使人的视觉、心理与行进速度、停留的空间，按节奏、功能、艺术规律去排列顺序，简称空间序列。中国传统景园的组景手法中，最为重要的是步移景异，通过观赏路线使景园逐步展开，如小径迂回曲折，既延长其长度，又增加景深。景深应依靠空间展开层次，如一组组景要有近、中、远或左、中、右三个层次构成，只有一个层次的对景是不会产生层次感与景深的。

景园空间依随相关规划序列展开，必然带来景深的延伸，展开、延伸应结合具体景园内环境与景观布局的设想，自然地安排起景、高潮、尾景，并按照相关艺术规律与节奏，确定观赏线路上的序列节奏与景深延续程度，做到文景相依、诗情画意。如二段式的景物安排为序景—起景—发展—转折—高潮—尾景。三段式为序景—起景—发展—转折—高潮—转折—收缩—尾景。

3. 观赏点与观赏路线

观赏点一般包括入口广场、景园内的各种功能建筑、场地。如亭、榭、台、馆、轩等。观赏路线依景园类型，分为一般园路、湖岸环路、山上游路、连续进深的庭院线路、林间小径等，以人的动、静与相对停留空间为条件，有目的地展开视野，布置各种主题景物；小的庭园可以有1～2个点和线，大、中型景园交错复杂，网点线路常常构成全园结构的骨架。从网点线路的型式特征可以区分为自然式、几何式、混合式景园。游览线路同园内各区、景点除了保持功能上方便与组织景物外，对景园用地同时又起到划分作用，规划过程中应注意4点。

（1）景园路网与园内面积在密度与形式上应保持分布均衡，防止奇疏奇密。

（2）线路网点的宽度与面积，出入口数目应符合相关景园设计规范与景园设计容量，以及疏散方便、安全的要求。

（3）景园入口的设置，对外应考虑位置明显，顺和人流流动；对内有结合导游路线。

（4）景园游览线路总长与导游时间应符合游人的体力与心理要求。

4.运用轴线布局与组景的方法

在一块大面积或环境复杂的空间设计景园时，设计师经常感到不知从何入手。历史传统为我们提供两种参照方法：一是依环境、功能做自由式分区和环状规划布局；二是依环境、功能做轴线式分区与点、线状规划布局。轴线式布局或依轴线方法布局应注意3个方面。

（1）以轴线明确功能联系，两点空间距离最短，并可用主次轴线明确不同功能的联系与分布。

（2）依轴线施工定位，简单、准确、方便。

（3）沿轴线延伸方向，利用轴线两侧、轴线结点、轴线端点等组织街道、广场等主体景物，地位明显、效果突出。

第二节　景园组景手法（景与造景）

景就是一个具有欣赏内容的单元，即风景、景致、空间环境。其必须具有可赏的内容、便于被人们察觉的表现形式，景园是通过人的五官而被人们感受到的，所谓造景即人为地在园林绿地中创造一种既符合一定使用功能又有一定审美意境的景区。东方景园艺术与西方不同之处的艺术特点之一，是创意与工程技艺的融合，以及造景技艺的丰富。归纳起来主要分为主景与配镜、抑景与扬景、对景与障景、夹景与框景、前景与背景、俯景与仰景、实景与虚景、近景与借景、季相造景等。

一、景园造景手法

（一）主景与配景

造园必须有主要景区与次要景区。堆山应有主、次、宾、配；景园建筑要主次分明，植物配置也要主体绿化树种与次要绿化树种合理搭配，处理好景园的主次关系对于景园设计至关重要。突出主景的方法：主景升高或降低；主景体量增大或增多；视线交点、动势集中；轴线对应、色彩突出；占据构图中心。

配景对主景应起陪衬作用，不能喧宾夺主，在景园中是主景的延伸和补充。

（二）抑景与扬景

传统景园造园历来就有欲扬先抑的处理手法。《红楼梦》第十七回"大观园试才题对额，荣国府归省庆元宵"一段讲到贾政初观大观园。贾政刚至园门前……遂命开门，只见迎面一带翠嶂挡在前面，众清客都道"好山，好山"。贾政道"非此一山，一进来园中所有之景悉入目中，则有何趣"。众人道"极是……"。说毕，往前一望，见白石崚嶒，或如鬼怪，或如猛兽，纵横拱立……其中微露羊肠小径。贾政道："我们就此小径游去，回来由那一边出去，方可遍览。"

在入口区段设障景、对景与隔景，引导游人通过封闭、半封闭、开敞相间、明暗交替的空间转折，再通过透景引导，终于豁然开朗，到达开阔空间；也可利用建筑、地形、植物、假山台地在入口区设隔景小空间，经过婉转通道逐渐放开，到达开敞空间。

（三）实景与虚景

景园或建筑景观往往通过空间围合状况、视面虚实程度从而形成人们观赏视觉的清晰与模糊，并通过虚实对比、交替、过渡创造丰富的视觉感受与景园氛围。例如，无门窗的建筑与围墙为实，门窗较多或开敞的亭、廊为虚；园中山峦为实，林木为虚；植物群落密集为实，疏林草地为虚；山崖为实，流水为虚。所以虚实乃相对而言。如承德避暑山庄的"烟雨楼"，北京北海的"烟云尽志"，皆设在水雾烟云之中，乃虚实对比的绝好案例。

（四）夹景与框景

在观赏者观景视觉前，设置障碍左右夹峙为夹景，四方围框为框景。景园设计中，常利用山石峡谷、林荫树干、门窗洞口等限定景点与观赏范围，从而达到深远层次的美感，借助于中国画的构图特点，也是在大环境中摘取局部景点加以观赏的表现手法。

（五）前景与背景

任何景观空间都是由多种不同景观元素组合构成的，为了突出表达某种重要、主题景物，常把主景适当集中或抬高，在其背后或周围利用建筑墙面、山石、林丛或者草地、水面、天空等作为背景，以色彩、体量、材质、虚实等因素衬托主景，突出景观效果。在流动的连续空间中表现不同的主景，同时配以不同的背景，则可以产生明确的景观转换效果，"万绿丛中一点红"即是此意。在现实中，前景也可能是不同距离与多层次的，但都不能喧宾夺主，这些处于次要地位的前景常被称为添景。

（六）俯景与仰景

景园利用改变地形建筑高低的方法，改变游人视点的位置，创造出各种仰视或俯视的视觉景观效果。如中国古典景园中经常利用叠山理水营造理想中的自然景观，同时创造峡谷迫使游人仰视山崖而得到高耸感，创造制高点给游人制造俯视机会则产生凌空感，从而达到小中见大与大中见小的视觉效果。

（七）内景与借景

景园空间或景观建筑以内部观赏为主的称内景，作为外部观赏为主的称为外景。如亭桥跨水，既是游人驻足休息处，又是游园观赏点，起到内外景观的双重作用。

由于景园具有一定用地范围，造景必有一定限度。设计师应充分意识到景园的局限性，创造性地、有意识地把游人的目光引向外界去获取景观信息，借外景来丰富赏景内容，为借景。借景即将园内视线所及的园外景色有意识的组织到园内来欣赏，要达到精、巧、合的要求，是小中见大的处理手法之一。借景主要分为远借、临借、仰借、俯借、应时而借、借影、借声、借香、借虚、借古田。

组景手法：提高视点位置；借助漏窗；开辟透视线；借虚景。

北京的颐和园，西借玉泉山，山光塔影尽收眼底；无锡的寄畅园远借龙光塔，塔身倒影收入田园，故借景法可取得事半功倍的景观效果。

（八）季相造景

利用四季变换创造四时景观，在景观设计中被广泛应用。用花表现季节景园变化的有春季的桃花、夏季的荷花、秋菊、冬梅，树木有春柳、夏槐、秋枫、冬柏，山石春季有石笋、夏用湖石、秋用黄石、冬季有宣石。典型案例有西湖造景春季有柳浪闻莺、夏季有曲院风荷、秋季有平湖秋月、冬季有断桥残雪；南京四季郊游，春游梅花山、夏游清凉山、秋游栖霞山、冬游覆舟山。其余造景手法还有朦胧烟景、分景、隔景、引景、导景等。

二、景观学与风水堪舆

（一）堪舆概说

风水相地学是在"伏羲八卦·文王八卦"的基础上，随历史文化发展而形成的《易经》中的分支，又称堪舆、形法、阴阳、地理等。《说文解字》释，"堪，地面突起。堪，天道；舆，地道也"。"舆，车舆也。……舆，为人所居。"风水之说源于华夏民族悠久的东方哲学，天人合一的"地通天"思想，由于"地通天"文化的影响，古人一直有问卜于天的习惯。《周易》云，"观乎天文以察时变，观乎人文以化成天下"。《系辞上传》有"古者包羲氏之王天下也，仰则观象于天，俯则观法于地，观鸟兽纹，舆地之宜，近取诸物，于是始作八卦，以通神明之德，以类万物之情"。

风水相地学是中国古代重要的环境规划科学，它是城市、建筑、陵墓等重要的选址依据，俞孔坚在《理想景观探源》一书中认为风水："科学也？迷信也？……风水乃是一种文化现象……其真正的含义在于它所反映的景观理想，一种生物与文化基因上的图式。"何晓昕在《风水探源》一书中把风水相地学誉为中国古代的"环境景观学"或"环境科学"。这一理论贯穿于中国古代众多城镇建设、环境保护与规划的相关著述及实践中，且在我国聚居环境的发展过程中，风水"堪舆"理论直到今天在相关规划与建设中起到重要的参考与指导作用。

对于"易"的解读于堪舆至关重要，相传，上古伏羲氏时，洛阳东北孟津县境内的黄河中浮出龙马，背负"河图"，献给伏羲。伏羲依此而演成八卦，后为《周易》来源。又相传，大禹时，洛阳西洛宁县洛河中浮出神龟，背驮"洛书",献给大禹。大禹依此治水成功,遂划天下为九州。又依此定九章大法,治理社会,流传下来收入《尚书》中,名《洪范》。《周易》奠定了中国人的宇宙观、哲学观。

"八卦"指水(坎)、山(艮)、天(乾)、雷(震)、风(巽)、地(坤)、火(离)、卯汜(兑)。八个卦象所代表了八种自然现象,卦象相互转换对应自然界的各种现象,卦象相生相克,自然界的万物相生相克,所谓道生一,一生二,二生三,三生万物。就相地方位而言:中属土、东属木、南属火、西属金、北属水,也相生相克。中国古代众多城市、村落的规划、相地、堪舆无不以此为理论依据。

公元206年,汉晁错主张"相其阴阳之和,尝其水泉之宜,查其地震之害,然后营邑立城"。唐白居易认为"五亩之宅,十亩之园,有水一池,有竹千"。他在《池上篇》中写道,"都城风水土木之胜在东南隅,东南之胜在履道里,里之胜在西北隅"。他同时重视对自然环境的保护,在山上修建寺庙时应以不妨碍自然山脉、景树的轮廓线为原则,人工建筑宜隐筑在林里或者建在山腰处。

从以上叙述中不难看出,风水堪舆理论有其相对科学的一面,与当今生态学所主张的环境生态保护异途同归,对于国土处于北半球的中国,面南背北、背山面水也符合当代建筑物理、环境物理等学科要求。

风水学的相关理论在历史上分为"理气派"与"恋头派",南北方的堪舆论述也不尽相同,但二者各有侧重作用相似。其论述归结起来有七点。定点、定向、定位、定象、定时、工法、装饰。此类手法在我国古代建筑与城市规划中起决定性的作用,因此,景园建造与风水相地在理论上有着不解的渊源。

(二)我国风水堪舆论述对当今城市设计的启迪与借鉴

1. 天人合一的规划思想与天、地、人一体化的秩序

风水的核心在于探求空间环境中相关因素的协调关系,不主张人类制约环境、掠夺资源;而注重人类对环境的感应,并指导人们如何按照感应来解决人与环境的矛盾及各种问题,寻求一种天、地、人三者均衡、协调、统一的环境秩序。

2. 局部与整体的立意与追求

中国古代很早就认识到局部与整体之间的关系。从风水堪舆相地的过程与内容来看，最为注重整体环境的把握，在掌握整个环境的情况后，再审其形、势、气，理"水口"，点"位"与"穴"，进而进行局部环境的营造与规划，若遇到局部不合相理之处，则提出相应的改造意见，力求整体环境符合相理。这种理念具体反映在城市、村镇的选址，民居的建造，阴宅的择地与营建等，必须先考虑周边山脉走势、水流河道的方向、选址的朝向等相关因素，然后选定适宜的建设地点——"位"与"穴"，例如，"水来不能荡，水去不能泄；房后栽榆，百鬼莫侵"等。相关的设计理念与对传统民族堪舆文化的把握，在当今的景观规划中仍具有很强的借鉴与参考价值。

3. "穴"位与"生境位"

风水学中讲求点"穴"，"穴"是指蕴藏山水之气，即所谓脉气的地方。现代生态学认为，生物群落有一定的结构，生物的空间分布总是按照最充分利用非生物环境所提供的各种生存条件的原则来进行的。风水中的"穴"格局，正是这一原则的体现。理想的"穴"应该就是一个良好的、符合生态学的"生境位"或"生态位"。从这一方面的规、求也证明古代风水堪舆相地的理论与现代生态学的诸多原理不谋而合，是古人在长期的认识自然、改造环境的实践过程中所逐步形成的科学理念（图38、图39）。

第五章　城市规划与城市绿地的
类型与技术指标

　　现代景观设计的主要涵盖对象为现代城市规划下的城市绿地的景园设计以及城市化进程中所涉及的乡村振兴与"美丽乡村"的规划设计，只有从现代城市规划学的方面入手，了解当代城市规划的依据与出发点，分析当代城市规划与中国古代城镇规划的不同之处，景观设计师的景园设计才能有所依据。与中国古代城镇规划的不同之处在于，现代城市规划是建立在科学数据的分析、城市用地性质的规范及相关规划指标的强制性标准的基础之上的。

第一节　城市规划与分类

　　城市规划是现代城市建设的重要手段，所谓城市规划是指对一定时期内城市的经济和社会发展、土地利用、空间布局以及各项建设的综合部署、具体安排和实施管理。城市规划又分为城市总体规划、分区规划、近期建设规划、城市详细规划、控制性详细规划、修建性详细规划。城市绿地是城市规划的有机组成部分，当代景观学是城市规划的延伸与发展，景观学研究的主要课题为当代城市建设中的城市绿地的景园设计与规划区的城市形象。

一、城市规划区景观绿地分类

　　1949年中华人民共和国成立后，相关的行政主管部门、科研机构从各自不同的角度出发，提出过多种绿地分类办法。1961年出版的高等学校教科书《城乡规划》中，将城市绿地分为公共绿地，小区与街坊绿地，专用绿地和风景游览、体育、疗养区的绿地四大类。其中公共绿地定义为"是由市政建设投资修建，并有一定设施内容，供居民游览、文化娱乐、休息的绿地。公共绿地包括公园、街道绿地等"。1963年中华人民共和国建筑工程部的《关于城市园林绿化工作的若干规定》中关于绿地的分类是我国第一个法规性的绿地分类，将城市绿地分为公共绿地、专用绿地、园林绿化生产用绿地、特殊用途绿地和风景区绿地等五大类，其中公共绿地包括各种公园、动物园、植物园、街道绿地与广场绿地等。

经建设部批准，2002年9月1日起《城市绿地分类标准》（CJJ/T 85—2002）开始实施。至此，我国城市绿地分类有了明确的标准。2017年住房和城乡建设部公布行业标准《城市绿地分类标准》（CJJ/T 85—2017）（以下简称《标准》），自2018年6月1日起实施。《标准》所称城市绿地是指以自然植被与人工植被为主要存在形态的城市用地。它包含两个层次的内容：一是城市建设用地范围内用于绿化的土地；二是城市建设用地之外，对城市生态、景观与城市居民休闲生活有积极作用、绿化环境较好的区域。这个概念建立在充分认识绿地生态功能、使用功能和美化功能以及城市发展与环境建设互动关系的基础上，是对绿地的一种广义的理解。

《标准》将城市绿地分为大类、中类、小类三个层次，共5大类，13个中类，11个小类，以反映绿地的实际情况以及绿地与城市其他各类用地之间的层次关系，满足绿地的规划设计、建设管理、科学研究与统计工作等使用的需要。本标准同层级类目之间存在着并列关系，不同层级类目之间存在着隶属关系，即每一大类包含着若干并列的中类，每一中类包含着若干并列的小类。

五大类绿地分别是公园绿地、生产绿地、防护绿地、附属绿地和其他绿地。公园绿地可以分为5个种类，即综合公园、社区公园、专类公园、带状绿地与街旁绿地。其中，综合公园又分为2个小类，全市性公园、区域性公园。社区公园分为2个小类，居住区公园、小区游园。专类公园分为7个小类，儿童公园、动物园、植物园、历史明园、风景名胜公园、游乐公园和其他专类公园。附属绿地又分为8个中类，居住绿地、公共设施绿地、工业绿地、仓储绿地、对外交通绿地、道路绿地、市政设施绿地与特殊绿地。

该标准把绿地作为城市整个用地的一个有机组成部分，首先把城市用地平衡中单独占有用地的绿地，与不单独占有用地的绿地分开；其次，在单独占有用地的绿地中，按使用性质，把为居民游憩服务的绿地与为了生产、防护等目的的绿地分开；城市中附属在其他用地里的各类绿地与城市用地也有相对应的关系。

二、城市规划区绿地指标

城市规划区绿地指标作为衡量城市绿色环境数量与质量的量化标准，反映了城市绿化水平的高低、城市环境的好坏以及居民生活质量的优劣。西方国家对城市生态环境的改善重视较早，城市绿化水平相对较高，从城市绿化指标来看，发达国家的城市绿化指标也普遍较高，相关指标的涵盖范围也较广。所采用的城市绿化指标大致有：绿地率、人均公共绿地面积、绿被率、绿视率、城市拥有的公园数量、人均公园面积、人均绿地面积、人均设施拥有量等。

由于城市绿地类型的多样性，绿地功能的多重性与植物组成结构的不同，要确定合适的人均绿地面积、绿地率等，既要考虑城市自身的特点与环境要求，还要考虑绿地的主要功能与绿地的绿化植物构成。有关人均绿地面积与城市规划范围的比例关系，不同国家与地区有不同的研究与科学探讨，联合国生物圈生态与环境组织就首都城市曾提出了"城市绿化面积达到人均60m^{2}为最佳居住环境"的标准。

（一）我国城市绿地建设衡量指标

我国城市绿地的量化指标伴随经济发展的水平而不断提升。20世纪50年代，我国城市绿地指标主要有树木株数、公园数量与面积、公园每年的游人数量等相关技术指标；1979年，国家城市建设总局转发的《关于加强城市园林绿化工作的意见书》中出现了"绿化覆盖率"这一指标。目前我国相关城市绿地数量与城市绿化水平高低的衡量指标主要有绿地率、绿化覆盖率、人均绿地面积与人均公园绿地面积组成。

上述四项指标体现了城市绿化的整体水平，具有可比性与实用性，但都属于二维的平面绿化概念，不能充分表示绿地的分布形态与布局状况，具有一定的局限性。除了这四项指标外还有原建设部城建司颁发的《城市园林绿化统计指标》、原建设部计财司印发的《城市建设统计指标解释》等。

（二）我国城市绿地建设标准

我国城市绿地建设指标标准在不同历史时期不尽相同，但总体观察相关建设指标趋于逐渐提高。21世纪以来，城市园林绿地的指标逐年增长，并纳入城市基础建设系列。1980年，国家基本建设委员会所颁布的《城市规划定额指标暂行规定》中规定，城市公共绿地定额每人近期为3～5m²，远期为7～11m²。1992年城市建设主管部门制定的综合评价标准中规定：城市绿化覆盖率不得低于35%，城市建成区绿地率不得低于30%，人均公共绿地面积不得低于6m²。2001年2月在全国城市绿化工作会议上提出的"国务院关于加强城市绿化建设的通知"的讨论稿中，对绿地指标规定如下：到2005年，全国城市规划建成区绿地率达到30%以上，绿化覆盖率达到35%以上，人均公共绿地面积达到8m²以上，城市中心区人均公共绿地达到4m²以上；到2010年，以上指标应分别达到35%以上、40%以上、10m²以上。这些指标要求作为衡量城市绿色环境数量及质量的量化标准，相关通知在一定程度上成为指导城市绿地系统规划的依据。

为统一绿地主要指标的计算工作，便于绿地系统规划编制与审批，有利于开展相关城市间的比较研究，《城市绿地分类标准》（CJJ/T 85—2017）列出人均公园绿地面积、人均绿地面积、绿地率3项主要绿地统计指标的计算办法。3项指标的计算公式既可以用于现状绿地的统计，也可以用于规划指标的计算；计算城市现状绿地与规划绿地相关指标时，应分别采用相应的城市人口数据与城市用地数据；规划年限、城市建设用地面积、规划人口应与城市总体规划一致，统一进行汇总计算。

1. 绿地率

城市绿地率是指城市各类绿地总面积占城市面积的比率关系。

计算公式：

绿地率（%）=

$$\frac{公园绿地面积+生产绿地面积+防护绿地面积+附属绿地面积}{城市用地面积} \times 100$$

2. 人均绿地面积

人均绿地面积是测量城市人口获得的开阔绿地面积，它是一个有关生活质量的重要指标。依据科学计算，每个城市居民平均需要10～15m²绿地，而工业运输耗氧量大约是人体的3倍，因此，整个城市要保持二氧化碳与氧气的平衡应该使得人均绿地达到60m²以上。

计算公式：

人均绿地面积（m²/人）=

$$\frac{公园绿地面积+生产绿地面积+防护绿地面积+附属绿地面积}{城市人口数量}$$

3. 人均公园绿地面积

人均公园绿地面积反映了每个城市居民占有的公园绿地，对城市居民的身心发展具有直接影响。我国由于历史原因，大多数城市人均公园绿地面积相对较低，人均公园绿地面积是评选各级园林城市的重要指标。

计算公式：

$$人均公园绿地面积（m²/人）=\frac{公园绿地面积}{城市人口数量}$$

4. 规划区绿地系统

城市绿地分类是为绿地系统建设与管理服务的，作为城市绿地系统的一个组成部分，每类绿地的主要功能都应区别于其他绿地类型，各类绿地性质、标准、要求各不相同，且能够通过简单的统计与计算，反映出所在城市绿地建设的不同层次与水平。因此，可以认为以绿地的主要功能作为城市绿地类型划分的统一依据是相对合理的。

对城市绿地进行科学合理的分类，可以使人们更好地认识和理解城市绿地系统的构成模式与各种绿地的基本功能、特征以及它们在城市建设中的地位；并通过明确的绿地分类，使城市绿地的规划设计与建设管理工作更趋高效。合理的绿地分类，其基本要求是能客观地反映出城市绿地功能、投资与管理模式的实际状况与发展，能对城市绿地系统的内部结构、城市大环境绿化的发展起到推动与引导的作用。

由于园林绿地的性质、规模和功能是影响规划结构的决定因素，因此在研究一个园林绿地规划结构前，必须了解园林绿地在整个城市园林绿地系统中的地位、功能，明确其性质、规模与服务对象。所以，园林绿地系统规划是保障城市绿地建设有序进行的法规性文件，园林景观规划设计应该是在绿地系统规划的指导下进行的、对各类绿地规划的深化与细化。

第二节　规划区景观绿地设计的内容、步骤

园林规划主要为未来园林绿地的发展方向规划设想、安排，其主要任务是按照国民经济发展需要，提出园林绿地发展的战略目标、速度与投资等。这种规划是由各级园林行政部门制订的。由于此种规划是若干年以后园林绿地发展的设想，因此常制定出长期规划、中期规划与近期规划，用以指导园林绿地的建设，这种规划也称发展规划；另一种是指对某一个园林绿地所占用的土地进行安排与对园林要素（如山水、植物、建筑等）进行合理的布局与组合，这种规划是从时间、空间方面对园林绿地进行安排，使之符合生态、社会和经济的要求，同时又能保证园林规划设计各要素之间取得有机联系，以满足园林艺术要求，这种规划是由园林规划设计部门完成的。所以园林绿地设计就是为了满足一定的目的和用途，在规划的原则下，围绕园林地形，利用植物、山水、建筑等园林要素创造出具有独特风格、有生机、有力度、有内涵的园林环境，或者说景园设计就是对景园空间进行组合，创造出一种新的园林环境。园林设计的内容包括地形设计、景观建筑设计、园路与铺装设计、种植设计及景园小品等方面的设计。

一、规划区景观绿地设计的内容

园林绿地规划设计的各个阶段都有一整套设计图纸、分析计算图表与文字说明，一般包括以下内容。

1.现状分析

对园林用地的情况进行调查研究和分析评定，为园林规划设计提供基础资料，包括以下内容。

（1）园林绿地在城市中的位置，附近公共建筑与停车场的状况，游人的主要人流方向、数量及公共交通的情况，园林外围及园内现有的道路、广场情况，如性质、走向、标高、宽度、路面材料等。

（2）当地多年累积的气象资料，月度最高、最低及平均的气温、水温、湿度、降水量及历年最大暴雨量，月度阴天日数、风向、风力等。

（3）相关规划用地的历史沿革与现在的使用情况。

（4）现有园林植物、古树、大树的品种、数量、分布、高度、覆盖范围、地面高程、质量、生长情况、姿态及观赏价值的评定。

（5）园林规划用地的范围界限，周围红线及标高，园内外环境景观的分析、评定。

（6）现有建筑物与构筑物的立面形式、平面形状、质量、高度、基地高程、面积与使用状况。

（7）规划景园内与园外现有地上、地下管线的种类、走向、管径、埋置深度、高程与柱杆的位置、高度。

（8）现有水面及水系的范围、水底坐标高程、河床状况、常水位、最高及最低水位，历史上最高洪水位的标高、水流方向、水质及岸线状况，地下水的常水位及最高、最低水位的标高与地下水的水质状况。

（9）现有山峦的形状、坡度、位置、面积、高程及土石状况。

（10）地貌、地质及土壤情况的分析评定，地基承载力、土壤坡度的自然稳定角度。

（11）地形标高与坡度的分析评定。

（12）风景资源与风景视线的分析评定。

2. 总体规划

确定园林的总体布局，对园林各部分进行全面的安排。常用图纸比例为1∶1 000或1∶2 000。总体规划包括以下相关内容。

（1）园林的范围，园林用地内外分隔的设计处理与四周环境的关系，园外借景或障景分析与设计处理。

（2）计算用地面积与游人数量，确定景园活动内容，需要设置的项目与设施规模、建筑面积与设备要求。

（3）确定出入口位置，并进行园门布置与确定停车场、自行车停车棚的规划位置。

（4）景园活动内容的功能分区，活动项目与设施的布局，确定景园建筑的规划位置与组织建筑空间。

（5）景园分区。按各种景色构成不同风景造型的艺术境界进行分区。

（6）景园河、湖水系的规划，水底标高、水面高程的控制，水工构筑物的设置。

（7）园林道路系统、广场的布局及导游线路组织。

（8）规划设计景园的艺术布局、平面设计及立面的构图中心与景点，组织风景视线与景观空间。

（9）地形处理、竖向规划，概算填挖土方的数量、运土方向与距离，进行土方平衡。

（10）景园工程规划。护坡、驳岸、挡土墙、围墙、水塔、水工构筑物、变电站、公厕、化粪池、消防用水、灌溉与生活用水、雨污水排水、电力线、照明线、广播通讯弱电的布置。

（11）植物群落的分布，树木种植规划，制订苗木计划，概算树种规格与数量。

（12）景园规划设计意图的说明，土壤使用平衡表、工程量计算、造价概算、分期建造分析。

3. 初步设计

在全园规划的基础上，对景园的各个地段与各项工程设施进行设计。常用的图纸比例为1：500与1：200。初步设计包括以下内容。

（1）景园主要出入口、次入口与专用出入口的设计，包括园门建筑、内外广场、服务设施、园林小品、绿化种植、市政管线、室外照明、汽车停车场与自行车停车棚的设计。

（2）各功能区的设计，各功能分区的建筑物、室外场地、活动设施、景园绿地、道路广场、景园小品、植物种植、山石水体、园林工程、构筑物、管线、景园照明等设计。

（3）景园内各种道路的走向、纵横断面、宽度、路面材料与做法、道路中心线坐标与高程、道路长度及坡度、曲线及转弯半径、行道树配置、道路透景视线。

（4）各种景园建筑初步设计方案、平面、立面、剖面、主要尺寸、高程、结构形式、建筑材料、主要设备。

（5）各种管线的规格、管径尺寸、埋深、标高、长度、坡度、相关照明灯柱的定位、形式、高度，配电室与水、电表位置、弱电控制室、室外照明方式、消防栓位置等。

（6）地面排水的设计，分水线、汇水线、汇水面积，雨污水管线与市政管网的连接及检查口位置。

（7）土山、石山设计，平面范围、面积、坐标、等高线、高程、立面、立体轮廓、叠石的艺术造型。

（8）水体设计，河湖的范围、形状、水底透水与水生植物种植处理、标高、水面控制标高、岸线处理。

（9）各种建筑小品的位置、平面形状、立面形式。

（10）景园植物的品种、位置与配置形式，确定乔木与灌木间的群植、丛植、孤植及绿篱的位置与形式，花卉的布置，草地范围。

4.景观植物种植设计

依据树木种植规划，对景园各地段进行植物配置。常用的图纸比例尺为1：500与1：200。景观植物种植设计包括以下内容。

（1）树木种植的位置、标高、品种、规格、数量。

（2）树木配置形式，平面、立面形式及景观，乔木与灌木，落叶与常绿，针叶与阔叶等树种组合。

（3）蔓生植物的种植位置、标高、品种、规格、数量、攀缘及棚架情况。

（4）水生植物的种植位置、范围、水底与水面坐标高程、品种、规格、数量。

（5）花卉布置，花坛、花境、花架等的位置、标高、品种、规格、数量。

（6）花卉种植排列的形式，图案式样，自然排列的范围与疏密程度，不同的花期、色彩、高低、草本与木本花卉的组合方式。

（7）草地的位置范围、标高、地形坡度、品种。

5.景观规划施工图设计

按详细设计的意图，对部分内容与复杂工程进行结构设计，制订施工的图纸与说明，常用的图纸比例为1：100、1：50或1：20。景观规划施工图设计包括以下内容。

（1）给水工程，水池、水闸、泵房、水塔、水表、消防栓、灌溉用水的水龙头等的施工详图。

（2）排水工程，雨污水进水口、明沟、窨井与出水口的铺设，公共厕所化粪池的施工图。

（3）供电与照明，电表、配电室、电杆、灯柱、照明灯等施工详图。

（4）景园建筑、庭园、活动设施及场地施工图。

（5）道路、广场硬地的铺设及回车道、停车场的施工图。

（6）叠石、栏杆、踏步、导视牌、旅游路线说明牌及景观小品的施工图。

（7）护坡、驳岸、挡土墙、围墙、台阶等景园工程施工图。

6.编制工程预算及预算说明

对各阶段规划内容的规划设计意图、经济技术指标、工程的安排等用图表及文字形式进行说明，主要包括以下几项。

（1）景园概况，在城市园林绿地系统中的地位，景园周边情况说明。

（2）景园规划设计的原则、特点及设计意图的说明。

（3）景园各个功能分区及景色分区的设计说明。

（4）景园建筑物、活动设施及场地的项目、面积、容量表。

（5）景园建设的工程项目、工程量、建筑材料、价格预算表。

（6）景园分期建设计划，要求在每期建设后，在建设地段能形成景园的面貌，以便分期投入使用。

（7）景园的经济技术指标。

（8）景园规划设计中需要说明的其他问题。

为表现景园规划设计的意图，除绘制平面图、立面图、剖面图外，也可补充绘制轴测投影图、鸟瞰图、透视图与模型制作。

二、规划区景观绿地设计的步骤

一是了解景园规划设计的任务情况，建设审批文件，征收用地及投资额度。建设施工条件包括技术力量、人力、施工设备及相关材料供应状况。

二是了解景园用地在城市规划中的地位与其他用地的关系。

三是收集景园用地的历史、现状及自然状况资料。

四是研究分析景园用地内外的景观情况。

五是根据设计任务的要求，考虑相关影响因素，拟定景园内应设置的项目内容与设施，并确定其规模大小。

六是进行景园规划，确定全园的总体布局，计算工程量，工程概算，分期建设计划。

七是规划报审，相关程序完成后进行各种内容与各相关地段的详细设计，包括植物种植设计。

八是绘制局部详图。景园工程技术设计、建筑设计、结构设计、施工图、编制概算及文字说明。

规划设计的步骤适用于各类型的景园建设用地，根据园林用地的不同、景园面积的大小及工程复杂的程度，可按具体情况进行增减。园林规划报审完成后，进入施工图阶段还需要进行施工组织设计。在施工放样时，需要结合地形的实际情况对规划设计进行校核、修正与补充，在施工后须进行地形测量，以便复核整形。有些景园工程的内容如叠石、大树的种植等，在施工过程中还须在现场根据实际情况，对原设计方案进行调整。

第三节　规划区景观绿地设计的原则与方法

首先，坚持相地合宜。景园设计应结合不同场地的自然条件与周边的文化特征，将原有的景观要素加以利用，并使它们发挥新的实用与审美功能，因地制宜地进行创新性设计，避免雷同、单一。

其次，以人为本的设计理念。以人为本的设计理念是景园设计的基础，所谓人性化的空间，就是能满足人们舒适、亲切、轻松、愉悦、安全、自由与充满活力的体验和感觉空间。创造人性化的空间包含两个方面的内容：一是设计师利用设计要素构筑空间的过程。二是涉及人的维度，是设计者在构筑空间的同时赋予空间的意义，进而满足人们不同需要的过程。景园用地的规划设计应以人为本，为人们提供休憩的景园空间，以满足不同使用者的基本要求，关照普通人的空间体验，摒弃对纪念性、非人性化的展示与追求。

再次，生态化原则。充分发挥景园绿地的天然氧吧、空调、隔音去噪的作用，在设计中顺应自然，坚持以乡土植物为主，有效利用相关植物的生物学特征，使其在净化空气、调节气候、减少噪声，保持水土等方面发挥作用，不断改善城市生态环境。

最后，美学原则。园林绿地景观空间往往是由诸多要素组成的复合体，其景观空间的构成要素包括地形、植物、地面铺装、构筑物、景观小品等，这些构成要素之间在色彩与色彩、造型与造型、肌理与质感之间形成了错综复杂的组合、对比关系。为了妥善处理这些关系，使得景观能够为大众所普遍接受，设计师要遵循一定的形式美规律与法则对相关构成要素进行构思、设计并进而实施、建造。城市绿地的景观设计要融入现代艺术，与现代科学、现代环境艺术、装饰艺术、多媒体艺术等相组合，使景园绿地表现出鲜明的时代性和艺术性，创造出具有合理的使用功能、良好的经济效益与品位及社会功能的高质量绿地景观。

一、项目调查与分析

景园拟建地又称基地，它是由自然力与人类活动共同作用所形成的复杂空间实体，与外部环境有着密切联系，在景园设计之前应对景园基地进行全面、系统地调查与分析，为设计提供细致、可靠的依据。

对景园绿地现状的考察与分析主要包括两点内容。一是景园基地自身的条件，如地形、原有植被、遗址、遗迹等可利用的造景条件。二是与周边建筑、道路、环境的关系。

（一）景园基地现状调查的内容

景园基地的现状调查包括收集与基地有关的技术资料和进行实地勘察、测量两部分工作。有些技术资料可以从有关部门查询得到，如当地的气象资料、基地地形与现状图、管线资料、相关城市规划要求等。对于查询不到但又是设计所必需的资料，可通过实地调查、勘测得到，如基地及环境的视觉质量、基地小气候条件等。若现有资料精度不够或不完整或与现状有出入的则应重新勘测或补测。

景园基地现状调查的内容包括以下几项。

（1）基地自然条件，地形、水体、土壤、植被。

（2）气象资料，日照条件、温度、风力、降水、局部气候。

（3）人工设施，建筑及构筑物、道路、广场、各种市政管线。

（4）视觉质量，基地现状景观、周边环境景观、视线范围。

（5）基地范围与环境因子，物质环境、知觉环境。

（二）景园基地分析

景园基地分析是在客观调查与主观评价的基础上，对基地及其环境的各种因素做出综合性的分析与评价，使基地的景园潜力得到充分发挥。场地分析在整个景园设计过程中占有很重要的地位，深入、细致地进行场地分析有助于场地的规划与各项内容的详细设计，并且在分析过程中产生的一些设计灵感也很有利用价值。

基地（场地）分析包括在地形资料的基础上进行坡级分析、排水类型分析，在土壤资料的基础上进行土壤承载分析，在气象水文资料的基础上进行日照分析、局部气候分析等。

二、景园绿地规划的基本方法

首先，注意立意构思，中国景园设计讲求"意在笔先"。在景园设计中，方案构思与定位具有举足轻重的作用，方案构思（创意）与定位的优劣对整个设计的成败具有决定性影响，是景园规划设计中最核心的工作，是整个规划设计的灵魂所在。好的景园设计在创意方面多有独到与巧妙之处。结合画理创造意境讲求诗情画意是我国古典园林较为常用的创作手法（图40）。同时，直接从大自然中汲取营养，获得设计灵感与素材也是提高方案构思能力、创造新的园林境界的方法之一。除此之外，对设计的构思、立意还应善于发掘与设计有关的题材或素材，并用联想、类比、隐喻的设计手法加以艺术表现。

其次，创意与定位与景园任务书及场地现状的分析密切相关，有时构思的灵感也是在这一分析的过程中产生。一般来讲，场地的现状、当地的历史文化、项目本身的特点与项目特殊要求等因素都可能对创意与定位产生影响。同时，在构思过程中，与景园的使用者及合作伙伴交流也是产生灵感的来源。

（一）景园用地规划

每个景园用地都有特定的使用目的和场地条件，使用目的决定了用地包括的内容。这些内容有各自的特点与不同的要求，因此应该结合基地条件合理地进行安排与布置，一方面为具有特定要求的内容安排相应的场地位置，另一方面为某种场地布置恰当内容，尽可能减少矛盾、避免冲突。既要考虑到科学性，又要讲求艺术效果，还要符合人们的行为习惯。

景园用地规划主要考虑以下几方面内容。

（1）找出各使用区之间理想的功能关系。

（2）在基地调查与分析的基础上合理利用场地的现状条件。

（3）精心安排与组织空间序列。

（二）景园绿地的构成要素设计

1.景观铺装

场地铺装作为空间界面的一个重要组成方面而存在，如同室内设计中必然把地面设计作为整个设计方案中的一部分统一考虑，它影响着环境空间的景观效果，成为整个空间画面不可缺少的一部分。

2.台阶

台阶的设计特点主要有以下几项。

（1）通常室外台阶设计中，在一定高度范围内若降低台阶踢面高度，增加踏面宽度，可提高台阶的舒适度。

（2）踢面高度（h）与踏面宽度（b）的关系：$2h+b=60 \sim 65cm$。

（3）若踢面高度过低，设在10cm以下，行人上下台阶时容易磕绊，比较危险。因此，应当提高台阶上下两端路面的排水坡度，调整地形，或将踢板高度设在10cm以上，也可以做成坡道。

（三）景观建筑小品

1.概论

（1）景园建筑景观在环境中的作用。景园建筑景观是园林绿地空间设计的一部分，是形成园林绿地面貌与特点的重要因素。建筑景观功能明确，造型别致，常带有意境与特色，具有组合空间、美化环境、提供游憩活动等作用。另外，建筑景观的造价相对较低、见效快，对环境起到点缀、陪衬等强化景观的辅助作用，所以也越来越受到重视，成为景观设计中不可或缺的一部分。

（2）建筑景观的设置原则。建筑景观的设置是为人们创造优美、舒适的室内外休憩环境，同时也是构成景园环境的一部分。景观建筑的设置是景园艺术的重要组成要素，建筑景观的设置应根据周边建筑的形式、风格、使用人群的文化层次与爱好、空间特征、色彩、尺度及当地历史文化与民俗习惯等，选用适合的建筑材料，建筑景观的形式与内容应与景园环境和谐统一，相得益彰，成为有机整体。

2. 大门与景园入口

大门与景园入口在景园设计要素中起到分隔地段、空间的作用，一般与围墙结合，围合空间，标志不同功能空间的界限，避免过境行人、车辆穿行。大门与入口的艺术形式多样变化多端，有门垛式、顶盖式、标志式、花架式、花架与景墙结合式等。在建筑的外部环境景观中，大门及入口又是一个重要的视觉中心，一个设计独特的大门及入口将使景园设计别具一格、熠熠生辉。

3. 围栏与围墙

围栏（墙）通常与门结合在一起，它们与大门一样，起着围合与隔离的作用。大门既是围合界面又是交通枢纽，而围栏则是纯粹的界面围合。

围栏的围合与隔离作用，具体体现在三个方面。一是防御与安全的作用；二是不同区域之间的界定作用；三是景园环境的美化作用。围栏以其形态与构造来显示这几种作用。随着城市化进程与西方现代观念的引进，围栏的防御与安全作用已开始减弱，同时对空间的界定作用及环境的美化作用得以加强，因此，现代围栏在围合上趋向通透化，在高度上偏于低矮化，在造型上多样化。

4. 亭及廊架

（1）亭。亭的作用主要是为满足人们在旅游活动中的休憩、停歇、纳凉、避雨、极目眺望之需；在景园设计美学方面，亭作为一个特殊的设计构成元素，主要起到点题与画龙点睛的作用（图41）。

亭在造型上，应结合具体地形、自然景观与景园设计创意，并以其特有的美学形象与周边建筑、绿化、水景等结合而构成景园独有景观特色。

（2）廊架。廊架的用途：分隔景物，联络局部，遮阴、休憩，同时也可作为庭园主景；可替代树林作为背景之用，其上攀缘特定花卉，成为景园独特景观。

花架的材质结构分类根据其材质可以分为竹木花架、金属钢花架；当代景园廊架受益于设计理念的快速更新与施工材料及工艺的扩展与进步，使得装饰材料对造型设计的制约比以前任何历史时期都小，各种材料的有机结合，使景园廊架造型活泼自由，充满时代感与文化底蕴。

5. 桥

园桥除具有连贯作用之外，还兼有景观欣赏的意义，有些园桥专为点缀观赏而设置。

园桥具有以下3点功能。

（1）为跨越水流、溪谷、联络道路而必须设置的构筑物。

（2）连贯交通的作用。

（3）划分空间的作用。

6. 雕塑

雕塑小品能与周围环境共同营造出一个完整的视觉形象，同时赋予景园空间以生气与主题，通常以其小巧的格局、精美的造型来点缀空间，使空间诱人而富于意境，从而提高景园整体环境景观的艺术水准。

（四）水景

景园中设置水景，不只是满足人们观赏的需要，满足人们视觉美的享受，还可以使人们在生理上、心理上产生宁静、舒适的感受。水景同时可以调节环境小气候的湿度与温度，对生态环境的改善具有重要作用；在中国南方地区，结合自然地形，利用河湖开辟水景，更能增添地方特色。

水景向来是中国园林造景中的点睛之笔，同时由与本土所特有的堪舆风水学有着千丝万缕的联系；水景有着其他景观无法替代的动感、光韵与声响，所以现代景观中大多采用人工的方法来修建水池、人工瀑布、喷泉或与山石相结合的自然水池，从而增加景观层次，扩大空间，增添静中有动的艺术氛围。

（五）石景

1. 石材

景园中饰景石材种类繁多，较常见的主要有太湖石、泰山石、临朐石、灵璧石、黄石、英石、石笋、房山石等。

2. 山石的应用方式

（1）孤赏石。形态极其孤独但造型优美、独特的景石，单独摆放，直接安放在地面上或放在一个底座上。其摆放的位置可在景园入口处或庭园内一角，作为一件天然艺术品欣赏。

（2）露头石。在以平地或坡地散点或成组摆放，半掩半露，给人以自然形成的环境感觉。

（3）宅基石。围绕建筑物砌筑的山石，起烘托建筑之用，使建筑好似坐落在石台之上。

（4）假山水池。池中叠起一座假山，池边同时用山石围砌，给观赏者以自然山水的感觉。

（5）峰石。独自成型的叠石假山，有峰、有谷、有沟壑。三五块一组挺拔的笋石或剑石小品适合排放在建筑一隅、走廊拐角、漏窗之后等，搭配以绿竹、芭蕉更为雅致。

（6）泉石驳岸砌石。高低、前后错落，形成曲折变换的水系，与小径相交处可作汀步处理。

（六）植物配置

（1）由于景园建设用地土质优劣差异较大，宜选耐瘠薄、生长茁壮、病虫害少、管理粗放的乡土树种，这样可以保证树木生长茂盛，绿化收效快，并具有乡土特色（图42）。

（2）选择一定数量树冠大，枝叶茂密，落叶阔叶乔木树种，能在酷暑中获得大面积的遮阴，同时也能吸附一定数量的灰尘，减少噪声，创造环境幽雅、空气清新的环境，同时冬季不遮蔽阳光。如北方的国槐树、椿树，南方的榉树、悬铃木、樟树等。

（3）在公共绿地的重点绿化区域或居住庭园中，小气候条件较好的地方，栽植姿态优美，花色、叶色丰富的植物，如油松、枫树、紫薇等。

（4）根据环境，因地制宜地选用具有防风、防晒、防噪声、调节小气候与吸附大气污染物的植物；选用不需要施大肥且便于管理的果、蔬、药材等经济作物，如柿树、葡萄树、核桃树、苹果树等既美观又有实惠的品种。

（七）景观照明

景园中灯光照明的主要目的是为行人提供安全与舒适的照明条件。随着人们生活水平的提高，通过对街道、绿化、雕塑、水景、小品等的饰景照明，利用灯光创作完善优美的空间环境，增加景园空间的艺术表现力，也成为景园环境的一个重要组成部分。

1. 景园照明的基本要求

景园照明应首先确保行人步行安全、识别彼此，能正确确定方位与防止、抑制犯罪活动等不安全因素。

2. 景园主要照明方式

景园中的照明方式主要有明视照明与饰景照明两大类。前者是以满足景园环境照明基本要求为主的安全照明；后者则是从景观的角度出发，实现与白天完全不同的夜景装饰性照明。

3. 室外常用灯具

室外灯具由于要经常经受日晒、刮风、下雪等自然环境的侵蚀，所以必须具备防水、防喷、防滴等性能，其灯具的电器部分应该防潮，灯具外壳的表面处理要求具备防晒功能。可以把其分为低杆式、低位式、地埋式、嵌入式。

门灯。庭园出入口与住宅建筑的大门安装的灯具为门灯，包括在矮墙上安装的灯具。门灯还可分为门顶灯、门壁灯、门前壁灯等。

庭园灯。庭园灯用在庭园、公园及大型建筑物的周围。既是照明器材，又是艺术欣赏品。因此庭园灯在造型上美观新颖，给观者以心情舒畅之感。

园林小径灯。园林小径灯设在庭园小径边，与树木、建筑物相衬，灯具功率不大，使庭园显得幽静舒适。园林小径灯的造型各异，有欧洲西式风格，有日本风格，也有中式民族风格的。选择园林小径灯时必须注意灯具与周围建筑相协调。小径灯的高度应根据小径边的树木与建筑物的设计要求来确定。

草坪灯。草坪灯放置在草坪边。为了保持草坪宽广的观感，草坪灯都比较矮，一般为40~70cm，最高不超过1m。灯具外形尽可能艺术化，有些草坪灯同时具备背景音乐播放功能，能够大幅度提高景园的艺术氛围与品质。

水池灯。水池灯须具有良好的水密性，灯具中的光源一般选用卤钨灯，这是因为卤钨灯的光谱具有连续性，光照效果好。当灯具放光时，光经过水的折射，会产生色彩绚丽的光线，特别是照射在喷水池中的水柱时，色彩艳丽、五彩缤纷。

地灯。埋设于地面的低位路灯，常镶嵌于建筑构件、地面或小品内部，尽量避免自身的造型与光源所在的位置（图43）。

第六章　城市景观与生态绿地建设

第一节　城市景观的含义

城市景观是建筑学中一个范围宽泛、很综合但又难以准确定义的概念。城市是一个复杂的有机体，房屋建筑是构成城市景观的主体，并以建筑以外的空间环境相辅，两者结合称为城市景观。作为城市景观的一部分，建筑是创造为人生存与工作所需用的空间场所，基本要求表现为功能实用、造型经济美观；城市景观是建筑物外的一切人工的、自然的，人们工作、休闲空间环境的统称，它要求舒适、安全，具有观赏性。城市建筑有明显的技术性、经济性与对城市的直接作用；城市景观更具社会性、时间性与间接作用；城市建筑对城市常表现为强势、刚硬，景观则表现为弱势、柔韧。

一、城市景观的要素

城市景观主要表现在城市的公共环境、公共活动与活动中的人3个方面。从城市景观的控制理论与研究角度出发，我们将城市景观分为活动景观与实质景观两个方面。

（一）城市中的活动景观

从城市功能的角度来看，城市中的公共活动是城市灵魂的体现，倘若城市中没有了人类的社会活动也就否定了城市存在的意义，城市中公共空间与各种场所的设置，其目的就是为了市民的使用和活动，城市中各类活动就其性质可分为以下几种。

1.休闲活动

如晨操、散步、茶饮、棋艺、野餐、郊游、钓鱼等。这些活动有一定的规律性与被市民认同的领域性，对城市居民而言是司空见惯的情景，但相对于陌生的外来游人而言则是令人兴趣盎然的户外活动。

2. 节庆活动

如春节、元旦、国庆、中秋等法定假日，以及相关各地的民俗节日，赛龙舟、牡丹花会、各种采摘节等文化节日等。这些活动虽然频率低，但为市民所普遍关注，酝酿的时间长、内涵的能量大，活动展开时能吸引大量市民参加，具有轰动效应。特别是文化节日，因其人文背景，具有突出的特征，往往成为一个城市具有代表性的活动景观，吸引了八方游人，促进当地经济发展、文化交往，成为城市发展的动力。

3. 交通活动

以车站、码头、机场为中心的大量人流、车流的集散活动。它在功能上应保持人行与车行交通的搭配衔接，而又会不干扰；城际交通枢纽是人们进入城市的门户，是城市景观规划的重点所在。

4. 商业活动

综合商业活动展现该城市的生命力，体现了城市的发展活力。其形式一般表现为零售业、特色商店、高级百货公司、超级市场、购物中心、酒店酒楼、酒吧舞厅、影剧娱乐、美食排档等。对于商业活动应强调各个领域的特色，避免不相称的活动入侵而减弱了原有特色；同时也要控制商业活动范围，避免扩展到外围区域，影响城市居民正常作息，商业活动应以步行为主，避免对车行交通的干扰。

5. 观光活动

主要是对观光客人而言，应有明确的、尽可能连续的观光活动路线，应在最短时间内将城市的独特风貌、重要景点、民俗特征展现在游人面前，使他们在视觉上获取丰富信息，形成可以永久记忆的印象。

（二）城市中的实质景观

城市实质景观是指城市中面向公共大众的、固定的客观实体，他们独立于人的意识之外构成城市的景观形态，是容纳、支配城市中各种功能活动的躯体与骨架，城市中的实质景观，就其构成的主要因素而言，又可分为自然景观与人工景观两个部分。

1. 自然景观因素

指在城市中含有一些特殊的自然地理条件，在城市化进程中，人们充分利用这些自然地理条件，因地制宜地创建的不同特色的城市景观。

（1）地形与地势因素。它既是城市发展的依托，同时又给予城市发展一定制约，从而形成了不同的城市风貌。例如，山城—重庆、春城—昆明等。

（2）水岸因素。水是城市发展的必备条件，水源孕育城市的产生与发展，世界上许多城市都得益于水岸而发展起来。良好的城市水区同时可以调整城市小气候，平衡城市中的人工环境，孕育野生植物，提升城市景区的品质，提升城市整体生态效益。但是，由于城市工业化进程不断扩大。陆路、航空运输占用大量土地，给城市滨水区带来了功能退化、水质下降等问题，使城市中的水资源没有得到良好的再开发与利用，这些问题在城市景观设计中是面临的重点课题之一。

（3）山岳因素。城市靠山、环山不仅可以为城市居民提供休闲与活动场地，同时有特色的地形起伏、山峦地形还可以成为方向确认与特征标志；山岳的自然植被在改善城市生态环境的同时也增加了城市绿化面积。山区的马脊据点是俯视市容及远眺城市风景的基地，也常常就是风景区的焦点所在，应配合游览设施加强开发经营。

（4）风景区因素。风景区是以自然景观为主的，自然、人文复合景观。自然资源加强了风景区的旷奥度，人文资源加强了时间上的返逆度，并起到了传神的作用。

2. 人工因素景观

建筑与城镇聚落，是人类自己创造的体量最大且与自身关系最为密切的成果。

（1）城市中的公共空间结构。它是城市实质景观的主体框架。不同的公共空间结构表现在城市形态上有很大的区别，可以从以下几个方面进行分析。

城市的平面结构有集落结构，这是一种以街道、水系为骨架的线型街廊结构，有面背之分，正面沿街整体，背面呈不规则的进深，这是一种自然状态的结构。

城市的高度结构，它影响着城市空间的量感、天际线、空间比例及空间的感觉品质。其形式有主从型、排比型、混合型多种。

街廓空间，由沿街建筑界面，路面的连续状态、活动尺度、街面类型等组成。

城市中的开放空间，指的是城市中，室外非建筑实体的公共空间，如广场、城市公园、城市道路、城市天空等。

城市中的方向指认，一个城市的公共空间结构，必须具有良好的方向指认系统（导视系统），使人们能随时根据导视系统以确认自己所处的地理位置与方向。导视系统一般可分为逻辑的与形象的两种。

逻辑的导视系统如地区名称、道路名称、门牌编号、公交线路、社会各层次认同的地区意义等；形象的导视系统包括路牌路标、广告招牌、高楼地标、名胜古迹、街面特质等。

（2）城市中的建筑形态。建筑形态是形成城市景观特征的极重要的因素。不同的自然地理条件、不同的建筑材料与技术以及观赏者不同的建筑观，形成了丰富多彩的建筑形态，从而也形成了各具特色的城市风貌。另一方面，由于我国城市化进程速度加快、城市建设规模增大、城市管理不善及相关法律法规不健全，导致了千楼一面的建筑形象，进而致使千城一致的城市形象。

无论如何，相关现象说明城市景观与城市中的建筑造型有着极其密切的关系，对于今后城市发展理性化而言，都需要从城市景观的角度，对建筑形态能有一个整体的、适当的控制。此种规划不只是对具体的建筑进行设计，而是从景观规划的角度进行城市建筑形态的控制，具体而言，应从构成建筑形象的视觉要素与关系要素进行建筑形态控制。

视觉要素是建筑的形体、色彩、肌理等物质性的实体要素。

建筑形体具有多重类型的含意，它既是抽象的，可以理解为点、线、面、体诸元素进行的形体构成，又是具象的，可以把建筑形体化解为屋顶、剖面、柱式、立面、地面等各种构件与构成，进行形体组合。

建筑的色彩在特定条件下更容易营造城市景观特色，它比建筑形体更容易引起观者共鸣，因而在现今城市景观规划中，有专门的"城市色彩"作为课题进行研究，同时，也经常有人用色彩来创作焕然一新的城市面貌，城市色彩的调整也是最为快捷、简单、节省地改变城市形象的一种手法。人们对色彩的感受，一种是生理的，它与人眼的生理构造和人类长期生活经验的共同积累有关；另一种是心理的，它与每个人的文化素养、个人爱好、审美观点有关。不同的色相、明度、纯度组合，会引起人们不同的色彩感受，产生不同的色彩效果。

肌理是建造形体所用材料的外在体现，肌理一直是与观察的距离、层次有关。从宏观角度来看，城市的空间结构就是一个肌理层次；从微观角度观察，建筑的表面材料组成也是一个肌理层次。

（3）城市街廊设施。街廊设施指的是城市中除建筑物外的一切地上物。就其功能而言可以分为3种。①具有实用功能。路障、路灯、路钟、座椅、电话亭、公交候车亭、垃圾箱、邮筒、地下过街通道、过街天桥等。②具有审美功能。行道树、花坛、喷泉、雕塑、户外艺术品、地面艺术铺装等。③具有视觉传达性功能。交通标志、路标、路牌、海报、地面标志等。

同时，街廊设施的功能并不是孤立的，往往是复合的，而且从城市景观的要求出发，它们都具有审美性要求。通过对街廊设施的整体考虑与设计，可以使城市景观更加丰富多彩，具有深度。街廊设施可以塑造路径或城市空间特色，引发空间活动，明确界定人、车的使用空间，使之互不干扰而又能紧密地转换，塑造活动空间品质，促发不同性质的动态与静态的活动。

（4）城市次生自然活动。从城市景观的角度观察，城市中的次生自然活动主要指水、地、绿化3个方面。它们被人工化的程度，则根据不同的功能、不同的审美需要而有不同程度的设计。

水的形态主要体现在岸边的处理上。自然驳岸虽然原始、充满了诗情画意，尤其近年以来是海绵城市所重点打造的驳岸处理手法，但在城市内部如何设置必须考虑城市防洪这一重要课题。其次是硬质护坡，常见于市郊结合部；再其次是垂直驳岸，岸边尚能形成河滨公园。最为甚者是防汛高堤，完全是一种人工景观的观感。

自然土地指在城市境内除城市公园、河滨及绿化区几乎见不到自然土地。自然土地既可以向下渗透雨水，向上蒸发地气，表面植被丛生，使城市充满生气。除此之外，在人行、休闲活动为主的场所，则以绿地与硬质铺装相互交织的铺地多见；同时城市中更多的硬质铺装形成了所特有的景观效果，它们与人们接触密切，应依据不同的功能与审美要求进行细致的设计和施工，使之符合城市景观总体要求。

绿化，是自然的象征。城市当中几乎没有原始的自然植被群落，即使是城市的结构性绿地，也是以人工养护为主。行道树与局部绿化不仅是人工养护，而且按照一定的设计定位，表现出了人工集群的特点；更有完全从审美角度出发的装饰性绿化，地毯式的种植技术与图案化的修剪模纹更使它们完全体现了人工的意愿。

二、城市景观的分类

城市景观分类的目的在于认识城市景观的不同特征，从而把握形成其特性的相关因素，以创造出丰富多彩的城市空间环境，不同的思考方式对应不同的分类方法。

凯文·林奇在对美国城市进行认知调查的基础上，根据人们对城市的意象，归结出城市形象的五个要素，即道路、边沿、区域、结点、标志。

城市按土地使用情况可分为公园绿地、居住区、商业区、工业区等区域；按地理位置又可分为滨水区与山峦区、市中区与郊区等地段，各个区段由于其自然环境与人工设施性质不同，以及由此产生的各种活动构成了各自不同的景观特色。根据景观的形态与内涵的价值标准可分为特色景观与普通景观，特色景观以其独有的自然、历史、审美价值而凸显出来成为焦点景观，普通景观则构成城市的背景。

依据观察者所在位置与景物之间的距离可分为远景、中景、近景三个层次。在城市外围远眺或登高俯瞰观测可以观察到城市的全景。

依据观者本人的观察方式可分为动态观察与静态观察。观察者在一个固定地点观察可以得到静态景观，静态景观具有画面美的特点；观察者以运动的方式观察则可以看到由一系列画面所构成的连续景观，动态景观有律动美的特质。

三、城市景观的基本特征

1. 复合性

城市中既有自然景观又有人工景观，既有静态的硬体设施又有动态的软体活动，城市景观表现为各要素的交织与复合。城市景观艺术是一门时空艺术，它伴随观察者在空间的移动而呈现出连续画面，城市整体景观由各个局部景观叠合而成。

2. 历史性

城市是历史的积淀，每个城市都有其自身的产生、发展过程，不同时代形成不同历史时期的城市风貌。城市景观只是一个过程，没有最终结果，城市景观随着城市的发展而变化。

3. 区域性

每个城市都有其特定的自然地理环境，有各自的历史文化背景，以及在长期实践中所形成的特有的建筑形式与风格，加上当地居民的素质及所从事的各项活动构成了一个城市特有的景观。

第二节　生态城市

城市是一个国家或地区政治、经济、科学、文化与人民生活的中心和文明的标志，人口高度密集，各种经济、社会活动频繁，是人类对自然环境干扰最为强烈、人与环境之间最为密切、矛盾最突出的场所。伴随城市化进程所带来的各种"城市生态危机"，城市生态环境问题也已成为举世瞩目的焦点。

"城市生态危机"具体主要表现为人口增长迅速所带来的城市膨胀、交通拥堵、水资源短缺、大气污染及城市噪声污染、垃圾污染等，使城市面临着生态系统失去平衡的种种挑战。因此研究城市生态环境问题，寻求解决城市生态危机的对策，探讨城市环境污染的有效治理措施，协调经济发展与城市环境之间的矛盾，实现城市环境的可持续发展，已成为城市生态学与城市景观学中十分关注与亟待解决的一项重要课题。

生态城市是"海绵城市"与"绿色城市"的复合体，具有自净能力及自动调节能力的城市绿地，被称为"城市之肺"，它构成城市生态系统中唯一执行自然"纳污吐新"负反馈机制的子系统，因此以城市生态为核心，提高城市绿地系统的生态功能，建立完善的城市生态园林系统是现代化城市发展的战略方向，也是城市发展达到良性循环的必然趋势。

中国幅员辽阔，自然条件千差万别，形成了类型繁多的城市生态系统，各城市生态环境及植被分布存在着明显的地域差异。不同的城市具有不同的环境生态因子，只有符合当地生态特征的绿化，才能使绿色植物充分发挥生态效益，只有按生态学规律进行多样化选择与配置的城市园林绿化建设，才能带来最大的环境效益。谋求城市绿色植被生态功能及改善生态环境作用的有效发挥是城市园林绿化的重点；建立生态与景观相协调的人工植物群落，使城市土地资源的利用达到生态、社会、经济三大效益的最佳结合，是提高城市绿地质量的关键所在。如何使城市地区的环境污染通过正确的选择生态园林植物种类，从而最大限度地发挥植物的净化调节作用，提高城市绿地的生态效能，达到人民生活所需要的环境质量标准，是景观学亟待认真研究的课题之一，更是城市化进程中所面临的紧迫与重要的任务。

一、生态城市建设与生态化城市

（一）生态城市建设

生态学（Ecology）一词是德国生物学家海克尔与1866年在《有机体普通形态学》一书中首次提出的。生态学是研究人类、生物与环境之间复杂关系的科学。1935年英国生物学家坦斯利首次提出"生态系统"一词，他认为，生态学不应仅仅研究生物与环境的关系或环境对生物的影响，而应该研究生物群落与非生物环境所构成的整体，这个整体就称生态系统。生态系统中进行物质能量流动的条件，称生态环境。

自20世纪60年代以来，城市生态学在理论、方法与实践上都面临新的突破。城市生态学理论上的一个重要突破是将生态系统的概念引入到城市的研究中来，并且正在逐步形成自己的理论体系，所谓城市生态学是以生态学的概念、理论与方法研究城市生态系统的结构、功能和行为的生态学分支学科。概括而言，对城市生态学的研究主要有以下5个方面。

（1）以城市人口为研究中心，侧重于社会系统，并以社会生活质量为标志，以人口为基本变量，探讨人口生物特征、行为特征和社会特征在城市化过程中的地位与作用。

（2）以城市能流、物流为主线，侧重于城市经济系统的研究。

（3）以城市生物及非生物环境的演变过程为主线，侧重于城市的自然生态系统的研究。

（4）将城市视为社会—经济—自然复合生态系统，以复合生态系统的概念为主线，研究城市生态学系统中物质、能量的利用，社会与自然的协调，以及系统动态的自身调节。

（5）以可持续发展城市和生态城市为目标，进行城市评价指标体系、发展模式等研究。

（二）生态化城市

生态城市是伴随着人类社会不断进步，人与自然关系认识的不断升华，在联合国教科文组织发起的"人与生物圈"计划研究过程中提出的一种理想化城市模式，它是从生态学角度出发，构筑的一个面向未来的、崭新的城市发展模式，代表着国际城市可持续发展的方向。

"生态城市"的提出及其在实践中的尝试具有重要的和深远的意义，它不仅是一种理论与实践创新，更重要的是它为人类解脱生态危机提供了新的思想与对策，并将对整个人类社会的发展进程产生积极作用，特别是将对人类居住区的建设与发展开辟广阔的前景。

生态城市有以下5个基本特征。

1. 和谐性

生态城市的和谐性，不仅反映在人与自然的关系上，即自然与人共生，人回归自然、贴近自然，自然融于城市，更重要的是体现在人与人的关系上。现代人类活动促进了经济增长，却没能实现人类自身的同步发展，生态城市是营造满足人类自身进化所需要的环境，拥有强有力的互帮互助的群体，富有生机与活力，生态城市不是用自然点缀而僵死的人居环境，这种和谐性是生态城市的核心内容。

2. 高效性

生态城市一改现代城市建设中"高能耗""非循环"的运行机制，提高一切资源的利用效率，物尽其用，地尽其利，人尽其才，各施所能，各得其所，物质、能量得到多层次分级利用，废弃物循环再生，各行业、各部门之间注重协调联系。

3. 持续性

生态城市是以可持续发展思想为指导的，兼顾不同时间、空间，合理配置资源，公平地满足现代与后代在发展与环境方面的需要，不因眼前的利益而"掠夺"的方式促进城市暂时的"繁荣"，保证其发展的健康、持续与协调性。

4.整体性

生态城市不是单单追求环境优美或自身的繁荣，而兼顾社会、经济、环境三者的整体效益，不仅重视经济发展与生态环境协调，更注重人类生活质量的提高，它是在整体协调的新秩序下寻求发展的。

5.区域性

生态城市其本身即为一区域概念，是建立在区域平衡基础上的，而且城市之间是相互联系、相互制约的，只有平衡协调的区域才有平衡协调的生态城市。生态城市是以人——自然和谐为价值取向的，就广义而言，区域概念就是全球观念，要实现生态城市这一目标，就需要人类的共同合作，全球性映衬出生态城市是全人类意义的共同财富。

二、城市生态绿地系统

（一）城市绿地建设与城市绿地系统

城市绿地系统是城市系统中与人类生存发展关系最为密切的绿色空间，在改善环境质量、维护城市生态平衡、美化景观等方面起着十分重要的作用，其对改善城市生态环境不可替代的重要性，已受到人们的广泛重视。所谓城市绿地系统，是由具有一定质与量的各类绿地相互联系、相互作用而形成的绿色有机整体，也就是城市中不同类型、不同性质和规模的各类绿地，共同组合构建而成的一个稳定持久的城市绿色环境体系，城市绿地系统建设是城市生态环境建设的核心内容，是城市可持续发展的重要基础。

1.园林与绿地的关系

绿地是城市绿化的载体。园林与绿化属于统一范畴，具有共同的基本内容，但又有区别。

通常所称的园林是指为了维护和改变自然面貌，改善卫生条件与地区环境条件，在一定的范围内，主要由地形地貌、山、水、泉、石、植物、景园建筑、园路、广场、动物等要素构成；它是依据一定的自然、艺术与工程技术规律，组合建造的"环境优美，主要供休息、游览与文化生活、体育活动"的空间境域，包括各种公园、花园、动物园、植物园、风景名胜区及森林公园等。

可以理解为园林是在特定的土地范围内，根据一定的自然、艺术及工程技术规律，运用各种园林要素组成，给予美的思想设计，加以人工措施，组合建造的，环境优美，主要供休憩、休息与活动的空间境域，它包括各种公园及风景名胜区，广义地讲，可包括街道、广场等公共绿地，但绝不包括森林、苗圃与农田。

由国内外近代与现代有关城市绿地理论与实践可以看出，绿地从一开始就是一个广义的概念，现代城市绿地，是在城市园林基础上发展起来的，因而具有更深的内涵。绿地的含义比较广泛，凡是种植多种植物包括树木花草形成的绿化境域，都可称绿地。就所指对象范围而言，绿地比园林更广泛，园林必是绿地，而绿地不一定是园林。园林是绿地中设施质量与艺术标准较高，环境优美，可供游憩的精华部分，城市园林绿地既包括了环境与质量要求较高的园林，又包括了居住区、工业企业、机关、学校、街道广场等普遍绿化的用地。

2. 城市园林绿地系统的建设

城市绿化是城市发展建设的重要组成部分，是营造生态城市、建设绿地系统的重要手段，是城市生态环境建设的核心内容。

（1）园林绿地的功能。①生态防护功能。第一，净化空气。园林植物能吸（滞）烟灰、粉尘与有害气体，释放大量氧气。第二，调节气候。园林绿地具有吸热、遮阴、增加空气湿度、降低气温等作用，有助于形成良好的小气候。第三，杀灭细菌。园林植物的蒙尘与杀菌作用可以大量减少空气中细菌含量，从而减少人们患病的机会。第四，减弱噪声。茂密的树林与宽广的绿带，能够吸引和隔挡噪声使环境变得宁静。第五，防风、防震、防止水土流失，绿色植物具有防火功能。②美化功能。园林绿化，不仅改善了城市生态环境，还可以通过城市植物和其他园艺手段，布置与美化环境，为人们提供优美的生活环境与休息、欣赏、游览、娱乐的场所，调节人们的精神生活，美化情操，陶冶性情。③生理功能。处在优美绿色环境中的人们，可以使精神与心理舒适，产生良好的生理效应，如脉搏次数下降、皮肤温度降低、缓解视力疲劳等。④欣赏功能。城市园林绿地所独有的自然生态与诗情画意，是人们爱美、求知、求新的欣赏目标。⑤教育功能。园林绿地与风景名胜区，包含优美的自然山水、园林景观、名胜古迹，体现着我国的壮丽山河与古代物质文明、精神文明的民族特征，是具有艺术魅力的活的事物教材，这种园林艺术形式的宣传作用，感染力特别强烈。⑥服务功能。服务功能是园林绿化的本质属性。为社会提供优良的生态环境，为人们提供美好的生活环境与游览、休息、文化活动的场所，始终是园林绿化事业的根本任务。

综上所述，园林植物对城市生态环境质量的作用是多方面的，其生态效益与综合功能，是城市生态系统中其他生态因子所不能提供的，具有不可替代性。

（2）城市园林建设发展趋势。自20世纪90年代以来，在可持续发展理论的影响下，城市生态绿地建设成为当今国际性城市建设发展的重要课题，以促进城市与自然的和谐发展。由此形成了21世纪城市绿地的三大发展趋势。①城市绿地系统的要素趋于多元化。城市绿地系统规划、建设管理的对象正从土地、植物两大要素扩展到山、水、植物、建筑四要素，城市绿地系统将走向要素多元化。②城市绿地系统的结构趋向网络化。城市绿地系统由集中到分散，由分散到联系，由联系到融合，呈现出逐步走向网络连接、城郊融合的发展趋势。城市中人与自然的关系在日趋密切的同时，城市中生物与环境的关系渠道也将日趋畅通或逐步恢复，总而言之，城市绿地系统的结构在总体上将趋于网络化。③城市绿地系统功能趋于合理化。以生物与环境的良性关系为基础，以人与自然环境的良性关系为目的，城市绿地系统的功能在21世纪将走向生态合理化。

（二）城市生态园林理论基础

近年来伴随园林科学不断充实与发展，我国对生态园林理论的研究也逐步日趋成熟与完善，生态园林在其形成与发展过程中，已吸收了生态学、景观生态学和其他学科的现存理论，主要原理如下。

（1）竞争原理。竞争是生物间相互关系的表现形式之一。由于某些必需因子，如光、水、肥等供应不足，植物的生长出现减退时，植物之间便产生了适者生存的激烈竞争。

（2）共生原理。共生是自然生态系统中不同种的有机体或系统间合作共存、互惠互利、共生的结果，使所有共生者都大大节约物质、能量，使系统获得多种效益。

（3）养分循环原理。养分物质循环，是一切自然生态系统自我维持的基础。人工植物群落应达到能根据循环原理，使物质循环往复，充分利用，使系统内每一组分形成的废物成为下一组分的原料，形成良性循环，无资源与废物之别。

（4）生态位原理。生态位是指自然生态系统中某一生物种群所要求的生活条件。一个生态位只能容纳一个特定规模的生物种群。

（5）他感作用原理。植物通过向体外分泌出某些化学物质，从而对临近植物发生有害或有益的影响，这种化学作用就是他感作用。了解植物间的这一现象，有益于指导人们进行园林绿化。

（6）植物种群生态学原理。植物种群生态学主要是研究植物种群数量结构动态、空间结构动态与年龄结构动态，探索植物种群本身量与质的动态发展过程的规律，了解自然地理环境与其他植物种群对植物种群动态变化的影响方式和效应。

（7）景观结构与功能原理。景观是异质性的，在物种、能量与物质与拼块、廊道及模地之间的分布方面表现出不同的结构。因此，景观在物种、能量和物质在景观结构组分之间的流动方面表现出不同的功能。

（8）生物多样性原理。景观异质性减少稀有内部种的多度，增加边缘种及要求两个以上景观组分的动物种的多度，并提供所有潜在种的共存机会。

（9）景观变化原理。在无干扰条件下，景观的水平结构逐渐向着均一性发展；中度干扰将迅速增加异质性；而严重干扰则可能增加，也可能减少异质性。

（10）景观稳定性原理。景观拼块的稳定性可能以三种明显不同的方式增加。首先，趋向于物理系统稳定性。其次，趋向于干扰后的迅速恢复。最后，趋向于对干扰的高度抗性。

三、园林植物的生态性能

城市绿化植物既是构成景园风景的主要材料，也是发挥景园功能绿化效益的主要植物群落体。园林树木指城市植物中的木本植物，包括乔木、灌木与藤本植物。从某些方面比喻，乔木是景园风景中的"骨架"或主体，灌木是景园风景中的"肌肉"或副本，藤木是景园风景中的"筋络"或支体。就宏观而言，城市景园绿化工作的主体是城市植物，其中又以园林树木所占比重最大，从景园建设的趋势来讲，必定是以植物造园为主体，因此，城市植物——园林树木，在城市环境建设与园林绿化建设中占有非常重要的地位。充分地认识、科学地选择与合理的应用城市植物，对改善城市自然环境，保持自然生态平衡，充分发挥园林的综合功能与效益，都具有重要意义。

（一）园林植物对大气污染物的吸收与净化功能

1. 吸收有毒气体

由于环境污染，空气中各种有害气体增多，主要为二氧化碳、氯气、氟化氢、氨气、汞、铅蒸汽等。尤其以二氧化硫是大气污染的"元凶"，在空气中数量最多，分布最广，危害最大。景园植物是最大的"空气净化器"，城市绿化植物的叶片能够吸收二氧化碳、氟化氢、氯气与致癌物质——安息香吡啉等多种有害气体或富集于体内而减少空气中的有毒物质。

（1）二氧化硫。二氧化硫被叶片吸收后，能被植物本身转变为毒性小30倍的硫酸根离子，因而达到解毒作用而不受害或受害减轻，不同的树种吸收二氧化碳的能力不同。当二氧化硫通过树林时，随着距离增加气体浓度有明显降低，特别是当二氧化硫浓度突然升高时，浓度降低更为明显。

研究表明，臭椿吸收二氧化硫的能力特别强，超过一般树木的20倍。另外，夹竹桃、罗汉松、大叶黄杨、槐树、龙柏、银杏、珊瑚树、女贞、梧桐、泡桐、紫穗槐、构树、桑树、喜树、紫薇树、石榴树、菊花、棕榈树、牵牛花、广玉兰等植物都具有极强的吸收二氧化硫的能力。

（2）氯气。根据吸毒力较强而抗性也较强的标准来筛选，银柳、赤杨、花曲柳都是净化氯气较强的树种；此外，银桦、悬铃木、怪柳、女贞、君迁子等均有较强的吸氯气的能力；构树、合欢、紫荆、木槿等则有较强的抗氯与吸氯能力。

（3）氟及氟化氢。氟化氢对人体的毒害作用比二氧化硫大20倍，但不少树种都有较强的吸氟化氢的能力。根据国外报道，柑橘类可吸收较多的氟化氢而不受害。女贞、泡桐、刺槐、大叶黄杨等有较强的吸氟能力，其中女贞的吸氟能力比一般树木高100倍以上；梧桐、大叶黄杨、桦树、垂柳等均有不同程度的吸氟化氢能力。

（4）其他有毒物质。喜树、梓树、接骨木等树种具有吸苯能力；樟树、悬铃木、连翘等具有良好的吸臭氧能力；夹竹桃、棕榈、桑树等能在汞蒸汽的环境下生长良好，不受危害；而大叶黄杨、女贞、悬铃木、榆树、石榴等在铅蒸汽条件下都未有受害症状。因此，在产生有害气体的污染源附近，选择与其相适应的具有吸收和抗性强的树种进行绿化，对于防止污染、净化空气是十分有益的。

2. 净化水体

城市与郊区的水体经常受到工业废水及居民生活污水的污染而影响环境卫生与人们的身体健康，而植物有一定的净化污水的能力，研究证明，树木可以吸收水中的溶质，减少水中的细菌数量。许多植物能够吸收水中的有害物质而在体内富集起来，富集的程度，可比水中有害物质的浓度高几十倍至几千倍，因此使水中的有害物质降低，得到净化。而在低浓度条件下，植物在吸收有害物质后，有些植物可在体内将有害物质分解，并转化为无害物质。

不同的植物以及同一植物的不同部位，富集能力不尽相同。紫云英对硒有很强的富集能力；一些在植物体内转移很慢的有害物质，如汞、氰、砷、铬等，以在根部累积量最高，在茎、叶中较低，在果实、种子中最低，所以在上述污染区应禁止栽培根类农作物；镉是骨痛病的元凶，所以在硒、镉污染区应禁止栽种叶菜类与禾谷类作物，如稻、麦等以免人们长期食用造成危害。柳树与水中的浮萍均可富集镉，可以利用具有强度富集的植物来净化水质，但在具体实施时，应考虑到食物链问题，避免人类受害。

最理想的是植物吸收有害物质后转化和分解为无害物质，如水葱、灯心草等可吸收水或土中的单元酚、苯酚、氰类物质并将其转化为无害物质。另外许多水生植物和沼生植物对净化城市污水有明显作用，如每平方米的芦苇一年内可集聚6kg的污染物，水葱可吸收污水池中的有机化合物，水葫芦能从污水中吸取银、金、铅等重金属物质。

3. 净化土壤

植物的地下根系能够吸收大量有害物质而具有净化土壤的能力。有的植物根系分泌物能使进入土壤的大肠杆菌死亡；有根系分布的土壤，好气性细菌比没有根系分布的土壤多几百倍至几千倍，故能促使土壤中有机物迅速无机化，因此，既净化了土壤，又增加了肥力。研究证明，含有好气性细菌的土壤，有吸收空气中一氧化碳的能力。

4. 减轻放射性污染

绿化植物具有吸收与抵抗光化学烟雾污染的能力，能过滤、吸收和阻隔放射性物质，减低光辐射的传播与冲击波的杀伤力，并对国防设施等起到隐蔽作用。

美国近年发现酸树木具有很强的吸收放射性污染物的能力，如果种于污染源的周围，可以减少放射性污染的危害。此外，用栎属树木种植成一定结构的林带，也有一定的阻隔放射性物质辐射的作用，它们可以起到一定程度的过滤和吸收作用。一般来说，落叶阔叶树林所具有的净化放射性污染的能力与速度要比常绿针叶林大得多。

（二）园林植物的滞尘与降温增湿功能

城市空气中包含有大量的尘埃、油烟、碳粒等，大气中除有害气体污染外，灰尘、粉尘等也是主要的污染物质，这些粉尘与烟尘降低了太阳的照明度和辐射强度；人呼吸时，飘尘进入人体肺部，使人容易得气管炎、支气管炎、尘肺、硅肺等疾病。

城市园林植物可以起到滞尘与减尘的作用，是天然的"除尘器"。植物，特别是树木叶片的表面是不平滑的，有的能分泌黏液或油脂，当被污染的大气吹过时，植物能对大气中的粉尘、飘尘、煤烟、汞等金属微粒有明显的阻拦、过滤与吸附作用。由于植物能够吸附和过滤灰尘，使空气中灰尘减少，从而也减少了空气中的细菌含量。

1. 园林植物的滞尘能力

不同园林植物，由于各自页面肌理、树冠结构、枝叶密度与叶面倾角的差异，导致了它们滞留粉尘能力的差异。

各种树木滞尘力差别很大，树冠大而浓密、叶面多毛或粗糙以及分泌有油脂或黏液者均有较强的滞尘力，根据综合测评，具有滞尘能力的树种有旱柳、榆树、加拿大杨、桑树、刺槐、花曲柳、枫杨、山桃、皂角、梓树、黄金树、卫矛、美青杨、复叶槭、稠李、桂香柳、蒙古栎等。其中，效果最好的有旱柳、榆树、桑树、加拿大杨。其次为刺槐、山桃、花曲柳、枫杨、皂角。最后为美青杨、桃叶卫矛、臭椿等。

树木对粉尘的阻滞作用在不同季节有所不同。植物吸滞粉尘的能力与叶量多少呈正比，即冬季植物落叶后，其吸滞粉尘的能力不如夏季。据测定，在树木落叶期间，其枝干、树皮能滞留空气中18%～20%的粉尘。

草坪也有明显减尘作用，它可减少重复扬尘污染，在有草坪的足球场上，其空气中的含尘量仅为裸露足球场上含尘量的1/6～1/3。

2. 园林植物的降温增湿作用

园林植物是城市的"空调器"，园林植物通过对太阳辐射的吸收、反射及水分的蒸腾来调节小气候，降低温度，增加湿度，减轻"城市热岛效应"，降低风速，在无风时还可以引起对流，产生微风。冬季因为降低风速的关系，又能提高地面温度。在市区内，由于楼房、庭院、沥青路面等所占比重大，形成一个特殊的人工下垫面，对热量辐射、气温、空气湿度都有较大影响，景园植物对市区增加湿度、降低湿度尤为重要。

（1）调节温度。影响城市小气候最突出的有物体表面温度、气候与太阳辐射，而气候对人体的影响是最主要的。阳光照射到树木上时，约有20%～25%被叶面反射，35%～75%被树冠所吸收，有5%～40%透过树冠投射到树下，也就是说茂盛的树冠能挡住50%～90%的太阳辐射。由于树种的不同，树冠大小不同，所以不同树种的遮阴能力不同，遮阴力越强，降低辐射热的效果越显著。行道树中，以银杏、刺槐、悬铃木与枫杨的遮阴降温效果最好，垂柳、槐、旱柳、梧桐较差。

通过对不同场地的温度进行观测，结果表明，绿地有明显的降温作用，不同群落结构的绿地对改善局部小气候的效应存在较显著的差异。具有复层结构的，树下温度比无绿地的空地平均温度可降低3.2℃；而单层林荫路下，比空地最高温度降温只有1.8℃。由此可知，绿化植物对市区环境的改善，夏季降温效应是显著的，尤其是乔、灌、草型复层结构绿地的降温效应明显优于群落结构单一的单层乔木结构形式的绿地。在冬季落叶后，由于树枝、树干的受热面积比无树地区的受热面积大，同时由于无树地区的空气流动大、散热快，所以在树木较多的小环境中，其气温要比空旷处高。总的来说，树木对小环境起到冬暖夏凉的作用，当然，树木在冬季的增温效果远远不如夏季的降温效应。

（2）减轻城市热岛效应。形成热岛效应的主要原因是人类对自然下垫面的过度改造。混凝土、沥青等热容量很大，白天充分地吸收热量，夜间又能放出热能，具有阻碍夜间气温降低的作用，加之建筑林立使城市通风不良，不利于热量扩散，使城市气温比郊区高。树木和其他植物能够利用自身蒸腾作用将水蒸气散发到大气中，由于耗费热能，叶面与周围的温度均有所降低，导致气温降低。地质矿产部于1991—1992年测定绿化率在20%以下的地段，植物蒸腾消耗能量低于所得到的太阳辐射；达到37.38%时，植物蒸腾所耗热能高于所获太阳辐射能，开始从环境中吸收能量，对环境发挥作用。

（3）调节湿度。绿色树木不断向空中蒸腾水汽，使空气中水汽含量增加，增大了空气相对湿度。种植树木对改善小环境内的空气湿度有很大作用。一株中等大小的杨树，在夏季白天每小时可有叶部蒸腾25kg水至空气中，如果在某个地域种植1 000株杨树，则相当于每天在该处洒500t水的效果。

有研究表明，一株胸径为20cm的国槐，总叶面积为209.33m^2，在炎热的夏季每天的蒸腾放水量为439.46kg，约相当于三台功率为1 100W的空调机工作24h所产生的降温效应。合理的植物配置可充分发挥其增湿、降温、调节小气候的作用，有利于人体健康，可减少使用空调所带来的不利影响。因而在行道绿化植物种类的选择上，一方面要根据"适地适树"的原则，合理选择适宜本地区气候土壤及立地条件的乡土树种；另一方面要依据不同树木的生物学特性，选择枝叶茂密、树冠丰满浓郁、遮阴效果好的常绿或落叶树种，以充分发挥林木调节气候、降温增湿的效应及多种效益作用，进一步维护城市环境生态系统的平衡。

（4）通风防风。城市绿地，特别是当树木成片、成林栽植时，不仅能降低林内的温度、增加湿度，对于空气流动也有影响。由于林内、林外的气温差而形成对流的微风，即林外的热空气上升而由林内的冷气补充，使降温作用影响林外的周边环境。对风速的影响主要取决于林带的密度和保护区的距离以及林带的高度，而城市郊区的自然气流则利用绿地通道引入城市内部，促进空气对流。

由于城市建成区集中了大量的水泥建筑与路面，在夏季太阳辐射下温度很高，加上城市人口密度大，工厂企业及生活所需的燃烧造成气温升高，如果城市郊区有大片绿色森林，其郊区的凉空气就会不断向城市建成区流动，这样通过热空气上升，新鲜的凉空气不断进入建成区，调节了气温，改善了通风条件。

城市带状绿化，如城市道路与滨水绿地是城市气流的绿色通道，特别是带状绿地与该地夏季主导风向一致的情况下，可将城市郊区的气流趁风势引入城市中心地区，为炎热夏季城市的通风创造良好的条件；而冬季，大片树林可以减低风速，发挥防风作用，因此在垂直冬季的寒风方向种植防风林带，可以减少风沙，改善气候。

（三）园林植物的减噪、杀菌与吸碳放阳功能

1. 降噪作用

城市随着人口的增多与工业的发展，噪声已经成为干扰人类正常生活的一个突出的热点问题，不仅使人烦躁，影响智力，降低工作效率，而且是一种致病因素。

城市景园植物是天然的"消声器"，城市绿化植物的树冠与茎叶对声波有散射、吸收的作用，树木茎叶表面粗糙不平，其大量微小气孔和密密麻麻的绒毛，就像凹凸不平的多孔纤维吸音板，能把噪声吸收，减弱声波传递，因此具有隔音、消音的功能。不同类型的绿化布置形式、不同的树种与绿化结构及不同树高、不同郁闭度的成片成带的绿地，有不同的减弱噪声的效果。

在树林防止噪声的测定中，①树林幅度宽阔，树身高，噪声衰减量增加。研究表明，44m宽的林带，可降低噪声6dB。乔、灌、草结合的多层次的40m宽的绿地，就能减低噪声10～15dB；宽30m以上的林带防止噪声效果特别好。②树林靠近噪声源时噪声衰减效果更好。③树林密度大，减音效果好，密集与较宽的林带，结合松软的土壤表面可降低噪声50%以上。

消减噪声能力强的树种有美青杨、白榆、桑树、加拿大杨、旱柳、复叶槭、梓树、日本落叶松、桧柏、刺槐、油松、桂香柳、紫丁香、山桃、东北赤杨、黄金树、榆树绿篱、桧柏绿篱。

2. 杀菌作用

城市人口众多，空气中悬浮着大量对人体有害的细菌，而有绿化植物存

在的地方，空气及地下水中的细菌含量可大为减少。园林植物之所以具有杀菌作用，一方面是由于有园林植物的覆盖，使绿地上空的灰尘相应减少，因而也减少了附着在其上的细菌与病原菌；另一方面绿化植物能释放、分泌出如酒精、有机酸等挥发性物质，它能把空气与水中的许多病菌和真菌及原生动物杀死，白皮松、柳杉、悬铃木、地榆、冷杉等都有强烈的杀菌能力，并能灭蝇驱蚊。

很多植物能分泌杀菌素。如桉树、肉桂、柠檬等树木体内含有芳香油，它们具有杀菌力。桦木、梧桐、冷杉、毛白杨、臭椿、核桃、白蜡等都有很好的杀菌能力。植物的挥发性物质除了有杀菌作用，对昆虫也有一定影响。采三片稠李的叶子，尽快地捣碎放入试管中，立刻放入苍蝇而将管口用透气棉塞住，最多在5min内苍蝇即死亡。又据观察，在柠檬桉林中蚊子较少。

3.吸碳放氧作用

空气是人类赖以生存与生活所不可缺少的物质，自然状态下的空气是一种无色、无嗅、无味的气体，其含量构成大概为氮78%、氧21%、二氧化碳0.033%，还有惰性气体与水蒸气等。在城区，随着工业的发展，整个大气圈中的二氧化碳含有量不断增高，这样就构成了对人类生存环境的威胁，降低了人类生活质量。人们所吸入的空气中，当二氧化碳含量为0.05%时，人的呼吸就会感到不适；达到0.2%时，就会感到头昏耳鸣，心悸，血压增高；达到10%的时候，人就会迅速丧失意识，停止呼吸，以致死亡。

由于工业迅速发展、汽车运输及人类的生产与生活等原因，大量燃烧煤、石油、天然气致使大气中各种污染气体和物质猛增，特别是二氧化碳等气体的增多，对人体与生态环境造成了严重威胁。植物通过光合作用吸收二氧化碳，放出氧气，又通过吸收氧气和排出二氧化碳，但是光合作用所吸收的二氧化碳要比呼吸作用所排出的二氧化碳多20倍，因此，总的是消耗了空气中的二氧化碳，增加了空气中的氧气含量。

一般来说，在光合作用下，25m²草坪就可以将一个人呼出的二氧化碳吸收；树木吸收二氧化碳的能力比草地强得多，每年地球上通过光合作用可吸收2 300亿t二氧化碳，其中森林占70%，空气中60%的氧气来自森林。1hm²阔叶林，1d可吸收1t二氧化碳，释放出0.7t的氧气，根据计算，1hm²森林制造的氧气，可供1 000人呼吸，一个城市居民只要有10m²的森林绿地面积，就可以吸收其呼出的全部二氧化碳，这就是许多欧洲国家制定城市绿化指标的依据。

四、城市园林植物的优选

生态园林是对景园植物从生态观点重新认识，把生态原理与景观原理相结合建成生态作用高效、稳定，景观质量和谐、美观的植物群落，这是建设生态园林的根本任务。因此，建设生态园林必须选取能最大限度地改善城市生态环境的植物为景园建设的材料，以这些植物对生态空间的客观要求为依据，充分合理地利用种间关系，按照景观美的原则，建成环保型、文化娱乐型等各种形式的人工植物群落。

（一）绿化树种选择的意义、依据和标准

1. 城市绿化树种选择的意义

城市绿地的主体是人工植物群落，城市绿地的形成、发展与更新不同于森林植被，因为城市环境是人类社会经济高度集中的场所，它给城市树木所带来的生物的、非生物的压力，远远超过自然环境给予森林植被的压力，这就给城市绿地树种的存活与生长造成了困难，为此树种选择就成了城市绿化建设中的一个根本性、战略性问题，它关系到城市绿化建设的成败，普遍绿化能否实现，绿化建设速度的快慢与质量的高低，绿化功能的好坏，以及城市绿化面貌风格的优劣，树种选择适当，就为高速育苗，建设质量高、功能好、风格优美的园林绿化城市准备了基本的条件；反之就会造成城市景园绿化中的诸多问题，影响城市绿化效果。因此，树种的选择是城市园林绿地系统建立和发展的立足点，是决定性因素。

2. 城市绿化树种评价选择的依据与标准

城市绿化树种水平结构分析、美学布局分析与组成分析都是选择绿化树种的依据。另外，从城市绿化树木的生产、供需关系考虑，诸如树木种类的多样化，不同功能树种的生产比例，苗木供需关系的调节，树木更新的需求量，适地树种的选择，优良树种的选育，市树、市花的繁殖与发展等，也都是树种选择的重要依据。

（1）能适应城市各特定生态环境，栽得活，长得好。科学选择城市树

种，首先考虑的是树能成活的下来，即遵循适地适树的原则，选择适应性强的树种。所选树种不仅应是本地带的或者经引种取得成功的树种，还应该是适应种植地立地条件的树种。由于城市中人为因素较为复杂，同一城市不同地点的具体条件也存在较大差异性，各种树木自身具有各自不同的形态特征与生态习性，因此，视具体情况，遵循适地适树的原则是搞好绿化树种选择的关键。无论乡土树种还是外来树种，在复杂的城市生态环境中，都有一个能否适应的问题。当然外来树种问题更大。即便乡土树种未经过研究分析与试种，也不能贸然作为城市绿化骨干树种。城市绿化树木种类繁多，弄清各种树木的特性、生境特点，才能为各种特定的生态环境找到与它相适应的特定树种，做到"识地识树""适地适树"。

（2）生态效益高，能满足各类绿地的特定功能要求。城市绿化，不仅仅是将植物栽活长好，各类绿地还有其特定的功能要求，有的侧重于吸滤有害物质，净化环境，有的侧重隔离噪声，保持环境安静等。而各树种的功能与生态作用各异，因此选择标准也要根据各类绿地具体要求有所取舍，选择生态效应强的植物，以充分发挥绿地的功能作用。

（3）树种观赏性强，有益环境。城市是人口高度聚集的地区，一切设施都要从有利于人考虑。因此城市绿化树种的选择应要求树形美观，色彩艳丽，树姿雄劲优美、富于变化。其次为植株清洁，能分泌各种对人有益的物质，没有对人体健康有害的分泌物、飞落物等。凡是容易污染环境、给人的健康与生活带来不利影响的树种都不适用于城市绿化。

（4）抗性强，生长健壮。污染比较严重的城市，要求城市绿化树种必须具有较高的抗污染能力，以便充分发挥其植物净化作用；同时还要具备较强的抗病虫害的能力，才能充分发挥其生态效能，起到净化、美化环境的作用。

乡土树种生长在本地，是经过长期自然选择的结果，它们对本地自然环境的适应能力很强，抗性强，容易成活，种源多，繁殖快，因而绿化容易成功，且容易形成地方风格。因此，无论从生态环境的需要，还是从美学观点来看，具有地方特点的乡土树种是城市绿化重点选择的树种；但仅限于地方树种，就难免有单调不足之感，也难以适应城市复杂的生态环境，难以满足各类绿地功能要求。所以树种选择要大力开发利用地带性的物种。即除了充分挖掘乡土树种的潜力外，也可选用经过引种驯化，经受过较长时间考验的外来同生树种，以补本地树种的不足，利于形成丰富多彩和满足城市绿化多功能要求的城市生物多样性格局。

（二）城市绿化树种综合评价与选择

园林树木的生长、存活及分布状况直接影响市区绿化的面貌与水平，因此研究其影响规律及探讨相应措施，已成为城市园林绿化建设中长期以来亟待解决的重要课题。不同种类的园林植物对于其生存环境的适应能力各不相同，同一植物对于环境中的不同限制因素的表现也存在一定的差异。为此，应通过对城市主要园林植物的生态功能进行初步研究，在比较不同植物的差异性并做出分类及对植物生态适应性与生态功能性进行研究分析的基础上，综合前人的研究结论和园林工作的实践总结，同时结合园林界的专家对现有园林植物的评价，从生态性、观赏性、生态效能等方面全面系统的建立城市绿化评价应用的综合指标体系。

为了对城市主要园林树种做出更加全面、客观准确的评估，从生态适应能力、绿化生态效益、美化效果、抗病虫害性、抗污染性、经济效益6个方面对城市绿化树种应建立以下评价指标。

（1）生态适应性。耐寒性、耐热性、耐盐碱、耐贫瘠、耐旱性、耐阴性、耐水性。

（2）抗污染性。抗二氧化硫、氯气、氟化氢及抗污染能力。

（3）观赏性。观型、观花、品香。

（4）生态效益。杀菌能力、降温增湿作用与吸碳放氧能力等。

（5）抗病虫害能力。

（6）经济效益。

（三）城市基调树种与骨干树种的选择与调整

1. 基调树种的选择

基调树种是在城市园林绿化中应用最广泛，最受重视的树种。其标准有以下几点。

（1）具有代表性的乡土树种或完全可以适应本地区立地条件的优良树种或品种。

（2）具有一定文化历史内容与民族风格的树种。

（3）树型优美，抗逆性较强的树种。

（4）为群众习见与爱好的树种。

基调树种也是骨干树种中最为突出的树种，这类树种应植于比较明显易见的位置，使游人产生深刻印象，象征着一个城市的绿化风格。同时不要轻易选用引进树种和边缘树种作为基调和骨干树种，否则一旦自然生态环境条件发生逆变，则多年的绿化成果将毁于一旦，不但造成极大的经济损失，还会造成该城市生态环境的急剧恶化，因而对引进树种与边缘树种植物作为基调和骨干树种的确定，一定要慎之又慎，必须真正久经考验后，确认万无一失，方可选用。

2.骨干树种的选择

骨干树种是指具有优异特点，在园林绿化中发挥骨干作用，作为重点繁殖和应用的树种。就乔木而言，主要用于行道树、林荫路等公共绿地以及机关、厂矿、学校、部队、火车站、机场等处。选择的标准应该为树形壮观、花朵或叶色艳美、适应性强、抗逆性高的树种，骨干树种也应该具有鲜明的代表性。

骨干树种的选择，也要以乡土植物为主，在街道大量栽植边缘树种和引进树种要慎重。盲目选用外来的植物品种，不考虑长远利益，选用未经引种驯化的外来植物品种，其结果往往因不适应当地生态环境而逐渐死亡，不但造成经济损失，而且影响绿化的整体效果。根据对城市常用园林植物生态适应性与生态效能的综合评价指标，在城市园林绿化的实际应用中，可以结合绿化的实际需要与绿地环境状况的要求，进行园林植物的选择。

（四）景园植物种植设计手法

1.树列与行道树设计

（1）树列设计。树列，也称列植树，是指按一定间距，沿直线或曲线纵向排列种植的树木景观。

树列设计形式。树列设计的形式有两种，即单纯树列与混交树列。单纯树列是用同一种树木进行排列种植设计，具有强烈的统一感与方向性，种群特征鲜明，景观形态简洁流畅，但同时略显单调。混交树列是用两种以上的树木进行相间排列种植设计，具有高低层次与韵律变化。混交树列还因树种不同，产生色彩、形态、季相的景观变化。树列设计的株距取决于树种特征、环境功能与造景要求等，一般乔木间距3～8m，灌木1～5m，灌木与灌木近距列植时以彼此间留有的空隙为准，区别于植篱。

树种选择与应用。树列具有整齐、严谨、韵律、动势等景观效果，因此，在设计时宜选择树冠较整齐、个体生长发育差异小或者耐修剪的树种。树列景观适用于乔木、灌木、常绿、落叶等许多类型的树种。混交树列树种宜少不宜多，一般不超过3种，多了会显得杂乱而失去树列景观的艺术表现力。树列延伸线较短时，多选用一种树木，若选用两种树时，宜采用乔木与灌木间植。树列常用于道路边、分车绿带、建筑物旁、水际、绿地边界、花坛等种植设计。行道树是常见的树列景观之一，水际树列多选择垂柳、枫杨、水杉等树种。

（2）行道树设计。行道树是按一定间距列植于道路两侧或分车绿带上的乔木景观，行道树设计要考虑的主要内容是道路环境、设计形式、树种选择、定干高度等。

道路环境。行道树生长的道路环境因素较为复杂，并直接影响或间接影响着行道树的生长发育、景观形态与景观效果。总体上可将环境因素分为两大类，即自然因素与人工因素。自然因素包括温度、光照、空气、土壤、水分等；人工因素包括建筑物、路面铺筑物、架空线、地下埋藏管线、交通设施、人流、车辆、污染物等。这些因素或多或少地影响着行道树的相关设计，如树种选定、种植定位、定干整形等，因此在设计之前要充分了解各种环境因素及其影响作用，为行道树设计提供依据。

树种选择。行道树树种设计应该认真考虑各种环境因素，充分体现行道树保护与美化环境的功能，科学、正确地选择适宜树种。具体选择时一般要求树木具有适应性强、姿态优美、生长健壮、树冠宽大、萌芽性强、无污染性强等特点；另外，选择树种时，应尽量选择用无花粉过敏性或过敏性较少的树种。

常见的行道树树种有广玉兰、国槐、悬铃木、雪松、栾树、香樟、圆柏、榉树、水杉、白蜡、火炬树、油松、木棉、合欢、柳杉、银杏、白玉兰、女贞、棕榈、榕树、鹅掌楸、枫香、桉树、白桦、樱花、南京椴、重阳木、三角枫、五角枫、梧桐等。

（3）设计形式。行道树设计根据道路绿地形态不同，通常分为两种，即绿带式与树池式。

绿带式是指在道路规划设计时，在道路两侧，位于车行道与人行道之间、人行道或混合道路外侧设置带状绿地，种植行道树。较为宽阔的主干道有时也在分车绿带中种植行道树，以进一步增加景园空间环境生态效益。带状绿地宽度因用地条件及附近建筑环境不同可宽可窄，但一般不小于1.5m宽，至少可以种植一列乔木行道树。绿带较宽时可种植两列或多列行道树，并可在行道树绿带中间栽植花灌木或常绿灌木，或围植绿篱等，绿带地面通常种植草坪与地被植物。

树池式是指在人行道上设计排列几何形的种植池以种植行道树的形式。树池式常用于人流或车流量较大的干道，或人行道路面较窄的道路行道树设计。树池占地面积小，可留出较多的铺装地面以满足交通与人员活动的需要，树池规格因道路用地条件而定，行道树宜栽植于树池的几何中心位置。

（4）设计距离。行道树设计还必须考虑树木之间，树木与架空线、建筑、构筑物、地下管线以及其他设施之间的距离，以避免或减少彼此之间的矛盾，使树木既能充分生长，最大限度地发挥其生态与环境美化功能，同时又不影响建筑与环境设施的功能与安全。

行道树的株距大小依据所选择的树木类型与设计初种树木规格而定。一般采用5m作为定植株距，一些高大乔木也可采用6~8m的定植株距，总的原则是以成年后树冠能形成较好的郁闭效果为准。设计初种树木规格较小而又需在较短时间内形成遮阴效果时，可缩小株距，一般为2.5~3m，等树冠长大后再进行间伐，最后定植株距5~6m。小乔木或窄冠型乔木行道树一般采用4m的株距。

（5）安全视距。行道树设计时同时应考虑交叉道口的行车安全，在道路转弯处空出一定的距离，使驾驶员在拐弯或通过路口之前能看到侧面道路上的通行车辆，并有充分的刹车距离与停车时间。这种从发觉对方汽车立即刹车而不致发生撞车的距离，称为"安全距离"。根据两条相交道路的两个最短视距，可在交叉口转弯处绘出一个三角形，称为"视距三角形"，在此三角区内不能有构筑物，行道树设计也要避开此三角区，一般采用30~35m的安全视距为宜。

2.孤景树与对植树设计

（1）孤景树设计。孤景树又称孤植树、孤立木，是用一株树木单独种植设计成景的景园树木景观。孤植树是作为景园局部空间的主景构图而设置的，以表现自然生长的个体树木的形态美，或兼有色彩美，在功能上以观赏为主，同时也具有良好的遮阴效果。

设计环境。孤景树的设计必须有较为开阔的空间环境，既保证树木本身有足够的自由生长空间，也要有比较适宜的观赏视距与观赏空间，人们可以从多个角度观赏孤景树。孤景树在环境中相对独立成景，但并非完全孤立，它与周围环境景物具有内在的联系，无论在体量、姿态、色彩等方面，与环境其他景物既有对比，又有联系，共同统一于整个绿地构图之中。孤景树设计的具体环境位置，除草坪、广场、湖畔等开朗空间外，还可布置于桥头、岛屿、斜坡、园路尽端或转弯处、岩洞口、建筑旁等。自然式绿地中构图力求自然活泼，在与环境取得协调均衡的同时，避免使树木处于绿地空间的正中位置。孤景树也可设计应用于整形花坛、树坛、交通广场、建筑前庭等规则式绿地环境中，树冠要求丰满、完整、高大，具有宏伟气势；有时也可将树冠修剪成一定造型，进一步强调主景效果。

树种选择。孤景树设计一般要求树木形体高大，姿态优美，树冠开阔，枝叶茂盛，具有某些特殊的观赏价值，同时要求生长健壮、寿命长、无严重污染环境的落花落果，不含有害人体健康的毒素等。在各类景园绿地规划设计时，应充分利用原有的大树，特别是一些古树名木作为孤景树来造景，一方面是为了保护古树名木与植物资源，使之成为景园空间重要的绿色景观而受到保护，另一方面古树名木本身具有很高的不可替代的观赏价值与历史意义。在没有现状大树可利用的情况下，设计孤景树时，要尽量选用附近地区可取得的符合设计要求的大树，并在设计说明中对树木的名称、规格及形态、生长状况等要求作详细说明。常见适宜作孤景树的树种有香樟、榕树、悬铃木、朴树、雪松、银杏、广玉兰、油松、云杉、桧柏、白皮松、枫香、黑松、白桦等。

（2）对植树设计。对植树是指按一定轴线关系对称或均衡对应种植的两株或具有两株整体效果的两组树木景观。对植树主要做配景或夹景，以烘托主景，或增强景观透视的前后层次与纵深感。

对植树设计形式。根据庭园绿地空间布局的形式不同，对植树设计分规则对称式与不对称均衡式两种。规则对称式对植多用于规划式庭园绿地，布局严格按对称轴线左右完全对称，树种相同，树木形态大小基本一致，采用单株对植，具有端庄、工整的构图美；不对称均衡式对植多用于自然式或混交式庭园绿地中，在构图中线的两侧不完全对称布置，稍有变化，可用形态相似的不同树种，同种树种也可以有所变化，株植与中心线的距离也可不等，位置也可稍有错落，在数量上也可变化，如一株大树与两株一组的稍小树木对植布置，不对称的均衡式对植树景观显得自由活泼，能较好地与自然环境取得协调。

树种选择与应用。对植树设计一般要求树木形态美观或树冠整齐、花叶娇美。规则对称式多选用树冠形状比较整齐的树种，如龙柏、雪松等，或者选用可进行整形修剪的树种进行人工造型，以便从形体上取得规整对称的效果，不对称均衡式对植树树种要求则较为宽松。

对植树配置时，应充分考虑树木立地位置与空间条件，既要保证树木有足够的生长空间，又不影响环境功能的发挥。如在建筑入口两侧布置对植树，不能影响人员进出或其他活动，不能影响建筑室内采光，距离建筑墙面应有足够树木生长的空间距离等。

3. 树丛设计

树丛是指由多株（一般两株到十几株不等）树木做不规则近距离组合种植，具有群体效果的景园树木群体景观。树丛主要反映自然界树木小规模群体形象美，这种群体形象美又是通过树木个体之间有机组合与搭配来体现的，彼此之间既有统一的联系，又有各自的变化。在景园构图上，常作局部空间的主景，或配景、障景、隔景等。同时也兼有遮阴作用，如水池边、河畔、草坪等处，皆可设置树丛。树丛可以是一个种群，也可由多种树组成，树丛因树木株数不同而组合方式各异，不同株数的组合设计要求遵循一定的构图法则。

（1）两株树丛。两株组合设计一般采用同种树木，或者形态与生态习性相似的不同种树木。两株树木的形态大小不要完全相同，要有变化与动势，创造活泼的景观，两株树木之间既有变化与对比，又要有联系，相互顾盼，共同组成和谐的景观形象，间距要适当，一般以小于矮树冠径为宜，在不影响两个株体正常发育的条件下，尽可能栽得靠近些。

（2）三株树丛。三株树木组合设计宜采用同种或两种树木。若为两种树，应同为常绿或落叶，同为乔木或灌木等，不同树木大小与姿态应有所变化。平面布置呈不等边三角形。三株树通常成"2+1"式分组设置，最大与最小靠近栽植成一组，中等树木稍远栽植成另一组，两组之间具有动势呼应，整体造型呈不对称式均衡；若三株树木为两种，则同种的两株分居两组，而且单株一组的树木体量要小，这样的丛植景观才具有即统一又变化的艺术效果。

（3）多株树丛。多株树丛指四株树丛与五株树丛。四株树木组合设计宜用一种或两种树木。用一种树木时，在形态、大小、距离上求变化；用两种树木时，则要求同为乔木或灌木。布局时同种树以"3+1"式分组设置，整体布局可呈不等边三角形或四边形；选用两种树木时，树量比为3：1，仅一株的树种，其体量不宜最小或最大，也不能单独一组布置。五株树木组合设计，若为同一树种，则树木个体形态、动势、间距各有不同，并以"3+2"式分组布置为佳，最大树木位于三株一组，三株组与两株组各自组合方式同三株树丛与两株树丛。五株树丛也可采用"4+1"式组合配置，其中单株组树木不能为最大，两组距离不宜过远，动势上要有联系，相互呼应。五株树丛若用两种树木，株数比以"3+2"为宜，在分组布置时，最大树木不宜单独成组。

树丛配置，株数越多，组合布局就越复杂，但再复杂的组合都是由最基本的组合方式所构成（图44至图47）。《芥子园》画谱中讲，"五株既熟，则千万株可以类推，交搭巧妙，在此转关"。因此，树丛设计仍然在于统一中求变化，差异中求调和。树丛树木株数少，种类也少，树木较多时，方可增加树种，但一般10~15株的树丛，树种也不宜超过五种。

树丛设计适用于大多数树种，只要充分考虑环境条件与造景构图要求以及形态特征和生态习性，皆可获得优美的树丛景观。各类景园绿地树丛常用树种有紫杉、冷杉、金钱松、银杏、雪松、龙柏、桧柏、水杉、白玉兰、紫薇、栾树、枫香、鸡爪槭、红枫（东亚红枫）、桂花、紫叶李、棕榈、杜鹃、海桐、石榴、石楠、紫玉兰等。

4. 树群设计

树群是指由几十株树木组合种植的树木群体景观。树群所表现的是树木较大规模的群体形象美，通常作为景园艺术构图的主景之一或配景等。树群可为一个种群，也可为一个群落。

（1）树群设计形式。树群设计形式有两种，即单纯树群与混交树群。单纯树群只有一种树木，其树木种群景观特征显著，景观规模与气氛大于树丛，一般郁闭度较高；混交树群由多种树木混合组合成一定范围树木群落景观，它是树群设计的主要形式，具有层次丰富，景观多姿多彩、持久稳定的优点。树群一般仅具有观赏与生态功能，树群内不具有休息和遮阴功能，但在树冠开展的乔木树群边缘，可设置休息设施，略具遮阴作用。

（2）树群结构。混交树群具有多层结构，通常为四层，即乔木层、亚乔木层、大灌木层和小灌木层。除以上四层树木外，还有多年生草本地被植物，有时也称之为"第五层"。树群各层分布原则为乔木层位于树群中央，其四周是亚乔木层，而大、小灌木则分布于树群的最外缘。这种结构不致相互遮挡，每一层都能显露出各自的观赏特征，并满足各层树木对光照等生存环境的需求。

树群，特别是常绿、落叶观花、观叶混交树群，其平面布局多采用复层混交及小块状混交与点状混交相结合，不宜成块整齐布置，也不宜成行成列或带状布置。树木间距离有疏有密，任意相邻的三棵树之间多呈不等边三角形布局，尤其是树群边缘灌木配置更需有变化，或三五成丛，或数株分栽等，整座树群切忌呈金字塔式布置。

（3）树群树种选择与应用环境。混交树群设计，乔木层树种要求树冠姿态优美，树群冠际线富于变化，亚乔木层树木最好开花繁茂且具有艳丽的叶色。灌木周围以花灌木为主，适当点缀常绿灌木。

树群树种设计必须考虑群落生态，选用适宜的树种。如乔木层多为阳性树种，亚乔木层为稍能耐阴的阳性树种或中性树种，灌木层多为半阴性或阴性树种。在寒冷地区，相对喜暖树种则必须布置在树群的向阳一侧，只有充分考虑环境生态，才能实现设计创意，获得较稳定的树木群落景观。

另外，在选用树种时，还要考虑树群外貌的季相变化，使树群景观具有不同的季节景观；混交树群的树木种类也不宜过多，一般不超过10种，过多会显得零乱与繁杂，通常选用1~2种作为基调树种，分布于树群各个部位，以取得和谐统一的整体效果。

5. 植篱设计

植篱是由同一种树木（多为灌木）做近距离密集列植成篱状的树木景观。景园绿地中，植篱常用作境界、空间分隔、屏障，或作为花坛、花境、喷泉、雕塑的背景与基础造景内容。

（1）植篱设计形式。①矮篱。设计高度在50cm以下的植篱称为矮篱。矮篱因高度较低，常人可以轻易跨越，因此，一般用作象征绿地空间分隔与环境绿化装饰，如花坛边缘、花坛和观赏草坪镶边等常设计矮篱。设计矮篱一般选择株体矮小或枝叶细小、生长缓慢、耐修剪的常绿树种。常见适宜作矮篱的树种有瓜子黄杨、雀舌黄杨、米籽花杨、大叶黄杨、九里香、蜀桧、葡地龙柏等。②中篱。设计高度在50~120cm的植篱称为中篱。中篱因具有一定高度，常人一般不能轻易跨越，所以，具有一定空间分隔作用。中篱也是景园中常用的植篱形式。例如绿地边界划分、维护、绿地空间分隔、遮挡不高的挡土墙墙面以及植物迷宫等常用中篱。中篱设计宽度一般为40~100cm，种植1~2列篱体植物，篱体较宽时采用双列交叉种植，株距30~50cm，行距30~40cm；中篱常用树木有大叶黄杨、九里香、珊瑚树、小叶女贞、海桐等。③高篱。设计高度在120~150cm的植篱称为高篱。高篱因高度较高，常人一般不能跨越，所以，高篱常用作景园绿地空间分隔和防范，也可用作障景，或用作组织旅游路线，一般人的视线可以水平通过篱顶，所以仍然存在景观空间联系。高篱宽度一般60~120cm，种植1~2列树木，双列交叉种植，株距50cm左右，行距40~60cm，常用树木有珊瑚树、女贞、油茶、蜀桧、龙柏等。④常绿篱。采用常绿树种设计的植篱，称常绿篱，也简称绿篱。常绿篱通常虽无花果之艳，但素雅整齐，造型简洁，是绿地中运用最多的植篱形式。常见树种有大叶黄杨、瓜子黄杨、锦熟黄杨、雀舌黄杨、桧柏、龙柏、侧柏、蜀桧、罗汉松、海桐、女贞、冬青、月桂、珊瑚树、茶树、观音竹等。常绿篱通常需要定期修剪整形，种植方式同一般植篱。⑤花篱。花篱设计树种为花灌木的植篱又称花篱。花篱除一般绿篱功能外，还有较高的观花价值，或享花香的功效。常用树种有六月雪、金丝桃、黄馨、珍珠梅、麻叶绣线菊、月季、米兰、杜鹃、红花檵木、贴梗海棠等。

花篱种植形式与一般植篱相似，一般不做或少做整形修剪造型，为的是使植物多开花。⑥果篱。设计时采用观果树种，能结出许多果实，并有较高观赏价值的植篱又称果篱或观果篱。如紫珠、南天竹、枸杞、山楂、山茱萸、忍冬、火棘等即为常见的果篱植物。果篱与花篱相似，一般不做或少做整形修剪，以尽量不影响结果观赏。⑦蔓篱。蔓篱设计须设计一定形式的蔓架，并用藤蔓植物攀缘其上所形成的绿色篱体景观称为蔓篱。蔓篱主要用来围护与创造特色篱景。常用的藤蔓植物有绿萝、常春藤、三角花、蔷薇、金银花、牵牛花、香豌豆、凌霄、苦瓜等。⑧编篱。将绿篱植物枝条编织成网格状的植篱又称编篱，目的是增加植篱的牢固性与边界防范效果，避免行人与动物穿越。有时也能创造一定的特色篱景。常用树木有木槿、杞柳、紫穗槐、紫薇等枝条柔软的树种。另外还有菜叶篱、刺篱两种形式。

（2）植篱造型设计。植篱造型设计一般有几何型、建筑型与自然型。

几何型又称平直型，篱体呈几何形，篱面通常平直，篱体断面一般为矩形、梯形、折形、圆形等。几何形是植篱最常见的造型形式，可用于矮篱、中篱、高篱、绿篱等。几何形植篱须定期修剪造型。几何形植篱尽端若不与建筑物或其他设施连接时，一般需做端部造型处理，以便显得美观、得体。

建筑型是将篱体造型设计成城墙、拱门、云墙等建筑式样。建筑形植篱可用于中、高植篱与树墙，多选用常绿树种，需要定期造型修剪。

植篱树木自然生长，不做规则式修剪造型，或在生长过程中稍做整理，篱体形态自然，通常以花、叶、果取胜，多用于花篱、彩叶篱、果篱、刺篱等。

6.花卉造景设计

（1）花坛设计。

独立花坛。在绿地中作为局部空间构图的一个主景而独立设置于各种场地之中的花坛称为独立花坛。独立花坛的外形轮廓一般为规则几何形，如圆形、半圆形、三角形、正方形、长方形、椭圆形、五角形、六角形等，其长短轴之比一般小于3∶1。

独立花坛一般布置于广场中央、道路交叉口、大草坪中央及其他规则式景园绿地空间构图中心位置。独立花坛面积不宜太大，通常以轴对称或中心对称设计，可供多面观赏，呈封闭式，人不能进入其中，一般多设置于平地，也可布置于坡地。根据花卉景观内容不同，独立花坛又有盛花花坛、模纹花坛与混合花坛三种设计形式。

盛花花坛。又称花丛花坛，是以观花草本植物花朵盛开时的群体色彩美为表现主题的花坛。盛花花坛以色彩设计为主，图案设计处于从属地位，所以选用草花植物必须是开花繁茂，并以花朵盛开时几乎不见叶子为佳。同时，选用植物还必须花期集中一致，植株高矮整齐，生长势强，花朵色彩明快。盛花花坛可设计为一种草花，也可设计为几种不同色彩的花卉组合。几种草花组合时，要求色彩搭配协调，株型相近，花期也基本一致。常用草花有一串红、福禄考、矮雪轮、矮牵牛、金盏菊、万寿菊、石竹、千日红、百日草、羽衣甘蓝等一二年生草花与风信子、郁金香、球根鸢尾、小菊、地被菊、满天星、四季海棠等球根、宿根花卉。

模纹花坛。又称毛毡花坛、镶嵌花坛、图案式花坛等。是采用不同色彩的观叶或花叶兼美的草本植物以及常绿小灌木等种植组成，以精美图案纹样为表现主题的花坛。模纹花坛分为平面模纹花坛与立体模纹花坛两种设计形式。平面模纹花坛是将花坛植物修剪成整齐的平面或曲面，并具有毛毡一样的图案纹样或修剪成凹凸相间的浮雕样花纹的模纹花坛，设计时多选用低矮的观叶植物与常绿小灌木，为取得较好的观赏效果，一般将平面模纹花坛设置在便于俯视观赏的地方或布置于斜坡地上，平地布置时，通常花坛中央高，四周低，形成一定坡度，以提高观赏效果；立体模纹花坛是在花坛中设计钢筋、竹、木等造型骨架，架内填培养土种植观叶、观花植物，创造动物、饰瓶、花篮、时钟、雕像等各种立体造型的模纹花坛。立体模纹花坛设计以立体造型为表现主题，所以一般面积较小，直径通常4～6m，造型高度2～3m，花坛植床围边高度10～50cm，通常布置于会场、道路交叉口、大型建筑物前、小游园及公庭院视线交叉点处等，成为景园局部空间的主景。

模纹花坛设计选用植物要求植株矮小、枝密叶细、耐修剪等。模纹花坛中心也可点缀配置一些形态优美的树木。

混合花坛。混合花坛是盛花花坛与模纹花坛相结合的设计形式，其特点是兼有华丽的色彩与精美的图案纹样，观赏价值较高。

组合花坛。组合花坛又称花坛群，是指由多个花坛按一定的对称关系近距离组合而形成的一个不可分割的花坛景观构图整体。各个花坛呈轴对称或中心对称，在构图中心上可以设计一个花坛，也可设计喷水池、雕塑、纪念碑或铺装场地等。

组合花坛多用于较大的规则式绿地空间花卉造景设计，也可设置在大型建筑广场以及公共建筑设施前；组合花坛的各个花坛之间的地面通常铺装，还可设置座凳、座椅或直接将花坛植床床壁设计成座凳。

带状花坛。设计宽度在1m以上，长宽比大于3∶1的长条形花坛称为带状花坛。景园绿地中，带状花坛可作为连续空间景观构图的主体景观来运用，具有较好的环境装饰美化效果与视觉导向作用。如较宽阔的道路中央或两侧、规则式草坪边缘、建筑广场边缘、建筑物墙基等处均可设计带状花坛。

浮水花坛。浮水花坛是指采用水生花卉或可进行水培的宿根花卉设计布置于水面之上的花坛景观，也称水上花坛。浮水花坛设计选择水生花卉（多为浮水植物）时不用种植载体，直接用围边材料将水生花卉围城一定形状。设计选择可水培宿根花卉时则除花坛围边材料外，还需使用浮水种植载体，将花卉植物固定直立生长于水面之上。浮水花坛使用的植物有风跟莲、水浮莲、美人蕉及一些禾本科草类等。

花坛植床边缘通常用一些建筑材料做围边或床壁，如水泥砖、块石、圆木、竹片、钢制护栏、黏土砖等，设计时可因地制宜，就地取材，一般要求形式简单，色彩朴素，以突出花卉造景。

（2）花境设计。花境是以多年生草花为主，结合观叶植物与一二年生草花，沿花园边界或路缘设计布置而成的一种园林植物景观。花境外形轮廓较为规则，内部花卉的布置成丛或成片，自由变化，多为宿根、球根花卉，也可点缀种植花灌木、山石、器物等。

花境是介于规则式与自然式之间的一种带状花卉景观设计形式，也是草花与木本植物结合设计的景观类型，广泛运用于各类绿地，通常沿建筑物基础墙边、道路两侧、台阶两旁、挡土墙边、斜坡地、林缘、水畔、池边、草坪及与植篱、花架、游廊等结合布置。

花境植物种植，既要体现花卉植物自然组合的群体美，又要注意表现个体的自然美，尤其是多年生花卉与花灌木的运用，要选择花、叶、形、香等观赏价值较高的种类，并注意高低层次的搭配关系。双向观赏的花境，花灌木多布置于花境中央，其周围布置较高一些的宿根花卉，最外缘布置低矮花卉，边缘可用矮生球根花卉、宿根花卉或绿篱植物设计嵌边。花卉可成块、成带或成片布置，不同种类交替变化。单向观光花境种植设计前低后高，有背景衬托的花境必须同时注意色彩对比。

花境植床与周围地面基本相平，中央可稍稍凸起，坡度5%左右，以利排水。有围边时，植床可略高于周围地面；植床长度依环境而定，但宽度一般不宜超过6m，单向观赏花境宽2~4m，双向观赏花境4~6m。

花境设计常用的草花与花灌木有：美人蕉、大面花、萱草、波斯菊、金鸡菊、芍药、蜀葵、黄秋葵、沿阶草、麦冬、鸢尾、紫茉莉、菊花、水仙、郁金香、风信子、葱兰、石蒜、韭兰、三叶草、紫露草、常春藤、球根海棠、吊竹梅、南天竹、梅花、凤尾竹、五针松、棣棠、丁香、月季、牡丹、玫瑰、榆叶梅、金丝桃、杜鹃、蜡梅、棕竹、朱蕉、红枫、龙舌兰、铺地柏、茶花、贴梗海棠等。

7. 草坪设计

（1）草坪设计类型。草坪设计类型多种多样，按功能不同可分为观赏草坪、游憩草坪、体育草坪、护坡草坪、飞机场草坪与放牧草坪等。按草坪组成成分有单一草坪、混合草坪与缀花草坪；按草坪季相特征与草坪生活习性不同可分为夏季型草坪、冷季型草坪与常绿型草坪；按草坪与树木组合方式不同可分空旷草坪、闭锁草坪、开朗草坪、稀树草坪、疏林草坪与林下草坪；按规划设计的形式不同可分为规划式草坪与自然式草坪；按草坪景观形成不同可分为天然草坪与人工栽培草坪；按使用期长短不同可分为永久性草坪与临时性草坪；按草坪植物科属不同可分为禾草草坪与非禾草草坪等。

（2）草坪应用环境。草坪在现代各类景园绿地中应用广泛，几乎所有的空地都可设置草坪，进行地面覆盖，以防止水土流失与二次飞尘，但不同的环境条件与特点，对草坪设计的景观效果和使用功能具有直接的影响。

就空间特性而言，草坪是具有开阔明朗特性的空间景观，因此，草坪最适宜的应用环境是面积较大的集中绿地，尤其是自然式草坪绿地景观面积不宜过小。对于具有一定面积的花园，草坪常常成为花园的中心，具有开阔的视线与充足的阳光，便于户外活动使用，许多观赏树木与草花错落布置于草坪四周，可以很好地体现景园植物景观空间功能与审美特性。

对于建筑密度较大的公共庭园，草坪的运用应考虑到其他植物景观设计的形式与内容。比较狭窄的规则式建筑环境绿地，如果采用了边界植篱造景，而且树木较多，则其绿地内设计地被植物则比草坪效果更好；若无植篱，且树木较少并规整排列，则设计低矮的草坪会使环境更为整洁与明朗。

就环境地形而言，观赏与游憩草坪适用于缓坡地与平地，山地多设计树林景观。陡坡设计草坪则以水土保持为主要功能，或作为坡地花坛的绿色基调。水畔设计草坪常常取得良好的空间效果，起伏的草坪可以从山脚一直延伸到水边。

（3）草坪植物选择。草坪植物的选择应依据草坪的功能与环境条件而定。游憩活动草坪与体育草坪应选择耐践踏、耐修剪、适应性强的草坪草，如狗牙根、结缕草、马尼拉草、早熟禾等。干旱少雨地区则要求草坪具有抗旱、耐旱、抗病性强等特性，如假俭草、狗牙根、野牛草等，以减少草坪养护费用。观赏草坪则要求草坪植株低矮，叶片细小美观，叶色翠绿且绿叶期长等，如天鹅绒、早熟禾、马尼拉草、紫羊茅等。护坡草坪要求选用适应性强、耐旱、耐瘠薄、根系发达的草种，如结缕草、白三叶、百喜草、假俭草等。湖畔河边或地势低凹处应选择耐湿草种，如细叶苔草、假俭草、两耳草等。树下及建筑物阴影环境选择耐阴草种，如两耳草、细叶苔草、羊胡子草等。

（4）草坪坡度设计。草坪坡度因草坪的类型、功能与用地条件不同而异。

体育草坪坡度。为了便于开展体育活动，在满足排水的条件下，一般越平越好，自然排水坡度为0.2%~1%。如果场地具有地下排水系统，则草坪坡度可以更小。

网球场的草坪由中央向四周的坡度为0.2%~0.8%。纵向坡度大一些，而横向坡度则小一些。

足球场的草坪由中央向四周坡度以小于1%为宜。

高尔夫球场的草坪因具体使用功能不同而变化较大，如发球区草坪坡度应小于0.5%。果岭一般以小于0.5%为宜，障碍区则可起伏多变，坡度可达到15%或更高。

赛马场草坪直道坡度为1%~2.5%。转弯处坡度为7.5%，弯道坡度为5%~6.5%，中央场地草坪坡度为1%左右。

游憩草坪坡度，规则式游憩草坪坡度较小，一般自然排水坡度以0.2%~5%为宜。而自然式游憩草坪的坡度可大一些，以5%~10%为宜，通常不超过15%。

观赏草坪坡度可以根据用地条件及景观特点，设计不同的坡度。平地观赏草坪坡度不小于0.2%，坡地观赏草坪坡度不超过50%。

8. 水体种植设计

（1）水体种植设计原则。水生植物占水面比例适当。在景园河湖、池塘等水体中进行水生植物设计，不宜将整个水面占满，否则会造成水面拥挤，不能产生景观倒影而失去水体所特有的景观效果；也不要在较小的水面四周种满一圈，避免单调、呆板。因此，水体种植布局设计总的要求是要留出一定面积的活泼水面，且植物布置有疏有密，有断有续，富于变化，使水面景色更为生动。一般较小的水面，植物占据的面积以不超过1/3为宜。

因"水"制宜。选择植物种类设计时要依据水体环境条件与特点，因"水"制宜地选择合适的水生植物种类进行种植设计。如大面积的湖泊、池沼设计时观赏结合生产，种植莲藕、芦苇等，较小的庭院水体，则点缀种植观赏花卉，如荷花、睡莲、玉莲、香蒲、水葱等。

水体深浅不同，选择适生植物种类也不尽相同。水生植物按其生活习性与生长特性，分为挺水植物、浮叶植物、浮漂植物、沉水植物等类型。挺水植物通常只能适宜生长于水深1m的浅水中，植株高出水面，因此较浅的池塘与深水湖、河近岸和岛缘浅水区，通常设计挺水植物，如荷花、水葱、慈姑、芦苇、菖蒲等，可丰富水体岸边景观。浮叶植物可生长于稍深的水体中，但其叶茎不能直立挺出水面，而是浮于水面之上，花朵也是开在水面上，所以设计多种植于面积不大的较深的水体中，用以点缀水面景观，形成水面观赏焦点，如睡莲、玉莲、菱等。漂浮植物整株生长于水面或水中，不固定生长于某一地点，因此，这类水生植物可设计运用于各种水深的水体植物造景，点缀水面景色，如水浮莲、凤眼莲等。这类水生植物生长繁殖速度快，极易培养，并能有效净化水体，吸收有害物质。

水生植物选择，除考虑水体深浅外，还应考虑水面环境特点，可布置一种或多种植物。多种植物搭配时，既要满足生态要求，又要注意主次分明，高低错落，形态、叶色、花色等搭配协调，取得优美的景观构图。例如，香蒲与睡莲搭配种植，既有高低姿态对比，又能相互映衬，协调生长。

控制水生植物生长范围。水生植物多生长迅速，如不加以控制，会很快在水面上蔓延，影响整个水体景观效果。因此，种植设计时，一定要在水体下设计限定植物生长范围的容器或植床设施，以控制挺水植物、浮叶植物的生长范围。漂浮植物则多选用轻质浮水材料制成一定形状的浮框，水生植物在框内生长，框可固定于某一地点，也可在水面上随处漂移，成为水面上漂浮花坛景观。

（2）水生植物种植法。景园中大面积种植挺水植物或浮水植物，一般使用耐水建筑材料，根据设计范围，沿范围边缘砌筑种植床壁，植物种植于床壁内侧。较小的水池可根据配植植物的习性，在池底用砖石或混凝土做成支墩以调节种植深度，将盆栽或缸栽的水生植物放置于不同高度的支墩上。如水池深度合适，则可直接将种植容器置于池底。

（3）水体岸边种植布置。在景园水体岸边，一般选用姿态优美的耐水湿植物（如柳树、木芙蓉、池杉、迎春、水杉、水松等）进行种植设计，美化河岸、池畔环境，丰富水体空间景观。种植低矮的灌木，以遮挡河池驳岸，使池岸含蓄、自然、多变，并创造丰富的花本景观。种植高大乔木，主要创造水岸立面景色与水体空间景观对比构图效果，同时获得生动的倒影景观。也可适当点缀亭、榭、桥、架等景观小品，进一步增加水体空间景观内容和游憩功能（图48）。

第七章　城市景观与海绵城市

　　"海绵城市"概念的提出及在城市景观设计中的具体运用是生态城市建设的重要里程碑。建设海绵城市作为一项国策，彰显中国水资源管理进入一个新的历史时期。水是城市的血液，也是城市的命脉。海绵城市的打造是以"雨洪是资源"为目标，以提高蓄水功能，控制面源污染，保障水质为核心的水资源管理和水生态治理的理念。海绵城市生态理念产生的背景源于当代城市化进程中所产生的城市"沙漠化"现象。由于长期以来人们对于雨、洪的局限性认识，使得在城市建设中对于大气降水简单地采用了"泄"的处理手法，忽视了城市生态的整体性，城市地下水得不到有效补充，导致城市"沙漠化"，严重破坏城市周边的生态环境。新的理念认为，雨、洪是资源，蓄为先，一个城市或者一个区域要有足够的地表水面积与湿地面积来蓄存常雨量，减少地表径流，促使雨水就地下渗，补充地下水；要考虑最大一次连续降水下城市雨洪的系统管理，实现蓄洪水面、湿地、绿地、雨水花园和公园等空间的最大化，雨洪就地下渗的最大化，地表径流、城市排水管道分散化与系统化，以及城市流域水系与汇水空间格局的合理化。因此海绵城市的理念在于从根本上改变防洪防涝的管理模式，减少洪灾、旱灾的威胁，是水安全的重要保障。海绵城市设计与该城市的景观绿地规划密切相关，海绵城市设计的一个挑战就是，如何确定一个城市或者一个区域适当的水域与湿地面积与陆地总面积的比例关系，这个比例跟年降水总量、最大连续降水量、地形地势、土壤类别、植被类型、城市空间格局和地表径流强度等要素相关，虽然各城市或各区域之间的差异很大，但海绵城市设计的基本原理是一致的，那就是必须以流域为整体，以产业与城市空间格局为抓手，以防洪防旱和水质保障为宗旨，综合考虑水安全、水资源、水生态、水经济和水景观的总体设计。因此海绵城市设计是一定意义上的系统设计或者说是生态设计。

第一节　海绵城市的概念

住房和城乡建设部2014年10月在《海绵城市建设技术指南——低影响开发雨水系统构建》中给出海绵城市定义。"顾名思义，海绵城市是指城市能够像海绵一样，在适应环境变化和应对自然灾害等方面有良好的'弹性'，下雨时吸水、蓄水、渗水、净水，需要时将蓄存的水'释放'并加以利用。"海绵城市建设应遵循生态优先等原则，将自然途径与人工措施相结合，在确保城市排水防涝安全的前提下，最大限度地实现雨水在城市区域的积存、渗透和净化，促进雨水资源的利用和生态环境保护。在海绵城市建设过程中，应统筹自然降水、地表水和地下水的系统性，协调给水、排水等水循环利用各环节，并考虑其复杂性和长期性。

一、海绵城市概述

《海绵城市的内涵、途径与展望》一文中提出，"海绵城市的本质是解决城镇化与资源环境的协调和谐。传统城市开发方式改变了原有的水生态，海绵城市则保护原有的水生态；传统城市的建设模式是粗放式、破坏式的，海绵城市对周边水生态环境则是低影响的；传统城市建成后，地表径流量大幅增加，海绵城市建成后地表径流量能尽量保持不变。因此，海绵城市建设又被称为低影响设计和低影响开发"（图49）。

二、海绵城市建设

海绵城市的建设途径主要有以下几个方面。一是对城市原有生态系统的保护。最大限度地保护原有的河流、湖泊、湿地、坑塘、沟渠等水生态敏感区，留有足够涵养水源、应对较大强度降水的林地、草地、湖泊、湿地，维持城市开发前的自然水文特征，这是海绵城市建设的基本要求；二是生态恢复与修复。对传统粗放式城市建设模式下，已经受到破坏的水体和其他自然环境，运用生态的手段进行恢复和修复，并维持一定比例的生态空间；三是低影响开发。按照对城市生态环境影响最低的开发建设理念，合理控制开发强度，在城市中保留足够的生态用地，控制城市不透水面积比例，最大限度地减少对城市原有水生态环境的破坏，同时，根据需求适当开挖河湖沟渠，增大水域面积，促进雨水的积存、渗透和净化。

首先，海绵城市建设视雨洪为资源，重视生态环境。海绵城市建设的出发点是顺应自然环境，尊重自然环境。城市的发展应该给雨洪储蓄留有足够的空间，根据地形、地势，保留规划更多的湿地、湖泊，并尽可能避免在生态规划区内搞建设，使之成为最大雨洪的蓄洪区、湿地公园、农业用地等，以减少城市内涝。与此同时，也保证了水资源的安全。

其次，海绵城市建设的目标就是要减少地表径流与减少面源污染。要量化年径流量控制率，综合径流系数、湿地面积率、水面积面积率、下凹式绿地等指标，指导城市生态基础设施建设，因此在某种意义上讲，海绵城市设计，就是要最大限度地争取雨水的就地下渗。

但是，我国所打造的海绵城市，在不同尺度下的含义是不同的。海绵城市在小尺度的小社区与小区域的建设，是目前所提倡的海绵城市建设的理念、技术、设计，这也是当今美国所提倡的低影响开发的理念、技术、设计。在中国，所面临的许多城市内涝、防洪防旱、水资源安全、水生态安全，仅在小区、城区范围的海绵城市建设是很难奏效的，必须在流域的尺度上、在水系整体打造的尺度上进行海绵城市建设，这些问题才能得以解决。

（一）降水是可再生的宝贵资源

雨洪是指一定地域范围内的降水瞬时聚集或者流经本范围的过境洪水，雨洪资源化利用是把作为重要水资源的雨水，运用工程与非工程的措施，分散实施、就地拦蓄，使其就地下渗，补充地下水，或利用这种设施积蓄起来再利用，如冲刷厕所、喷洒道路、洗车、绿化浇水、景观用水等。

雨洪资源化利用是综合性的、系统性的技术方案，不只是狭义上的雨水收集利用与雨水资源节约，还囊括了城市建设区补充地下水、缓解洪涝、控制水径流污染以及改善提升城市生态环境等诸多方面内容。

为什么说雨洪是资源？一般认为，洪水是灾害，造成的损失可能是巨大的，因此，对付雨洪的方法就是排洪、泄洪。为了迅速排洪，城市河流被改造成泄洪渠道，堤坝高筑，防洪标准也越来越高，同时洪峰、洪量、洪水的危害也越来越大，究其原因在于原本是湖泊的区域被城市建设占用，原本是与河流水系相连的湿地和河漫滩，也被城市建设所占据，河堤把水系与低洼的城区隔离开来，城区的雨水由于地势低洼排洪不畅成为内涝，因此可以认为，是城市发展占据了本该属于湖泊、湿地、洪泛的区域。更严重的问题是，当人们采取一切工程手段排洪、泄洪时，同时又面临越来越严重的旱灾，许多城市的相关气象水文资料表明，近50年来，年降水并没有太大的变化，但降水强度与降水频率变了；一次连续降水，很可能就占全年降水量的30%~70%，如果人们把这30%~70%的雨洪全排泄掉了，旱灾缺水则无法避免。以此，雨洪是资源不仅是解决水资源的问题，也是人们从根本上改变对防洪防旱的理念、工程、技术、设计问题，更是城市发展与城市安全的战略问题。

1. 降水下渗与城市沙漠化

城市的发展使雨洪具有利害两重性。一方面，城市的发展改变了城市的土地性质与气候条件，使城市雨洪的产汇流特征发生显著改变，增加了城市雨洪排水系统压力，从而使城市雨洪的灾害性更为明显；另一方面，雨洪对城市发展又有其潜在的、重要的水资源价值，雨洪是城市水资源的主要来源之一，科学合理地利用雨洪资源，可以有效解决城市水资源短缺，改善城市环境，保持城市的水循环系统及生态平衡，促进城市的可持续发展，具有极高的社会、经济与生态效益。

大气降水落到地面后，会有以下三种情况。一部分蒸发变成水蒸气返回大气（约占降水量的40%），一部分下渗到土壤补充地下水（在自然植被区，约占降水量的50%），其余的降水随地形、地势形成地表径流（在自然植被区，约占降水量的10%），注入河流，汇入海洋。但是在城市发展的进程中，伴随着城市地表的硬质化，地表径流可以从10%增加到60%，下渗补充的地下水可能急剧减少，甚至为零。通过海绵城市的定义可以看到，一个具有良好的雨水收集利用能力的城市，应该在降水时就地或者就近吸收、存蓄、净化雨水，补充地下水，调节水循环。因此减少地表径流，提高就地下渗率是打造海绵城市的重点。

雨水就地下渗的重要性表现为以下三点。一是把原来被排走的雨水就地蓄滞起来，作为城市水资源的重要来源；二是减低地下排水渠道的排涝压力，减轻城市洪水灾害的威胁；三是回补地下水，保持地下水资源，缓解地面沉降以及海水入侵；四是减少面源污染，改善水环境，修复被破坏的生态环境等。

城市雨水就地下渗对于城市建设是一个挑战，它除了要增加湿地、湖泊、水系面积，增加下沉式绿地、公园、植被面积，都市农业面积的保护、城市生态廊道的建设也是就地下渗的重要基础设施，这些都是大尺度海绵城市建设的重要因素。至于雨水花园、透水铺砖、空隙砖停车场、透水沥青公路、透水水泥铺装等都是小尺度海绵城市建设的具体技术、工程、设计。这两个尺度上的海绵城市建设的终极目标，就是让雨水最大限度地就地下渗，或者最大可能地实现对地下水的补充。

2.生态修复与生物多样性保护

海绵城市除解决城市水环境问题外，还可以带来综合生态效益与社会效益。例如，城市的绿地、湿地、水面，减少城市的热岛效应，改善城市人居环境。同时，也可以为更多的生物提供栖息地，提高城市生物多样性的水平。从生态学角度理解，生物多样性即种群与群落以及所处自然环境的多样性与连续性。而城市生物多样性的建立是指在满足城市安全、生产、生活等需求的前提下丰富生物种类，形成生态系统，其重要条件就是城市的生态廊道。而生态廊道包括水系蓝带与绿地绿带，其空间格局和连续性被称为生态廊道，是海绵城市建设的重要指标。

（1）生态廊道与生物多样性的关系。在城市建设中，人类活动割裂了自然原本的地表形态，使城市景观"高度破碎化"，即由原本整体和连续的自然景观趋向于异质和不连续的混合斑块镶嵌体，这种割裂状态阻断了生物交流和物质交流，破坏或摒弃了许多当地原有的生物群落，另外，人为引进一些外来的生物并形成了新的生物群落可能会对当地原本的生物群落造成威胁。

简而言之，城市景观破碎化对城市发展带来阻碍，由于很大程度上割裂自然生境，改变了城市之间、城市与自然的能流、物流循环的过程，导致城市生态系统的服务功能无法正常发挥。然而，生态廊道可以提高城市景观的异质性，提高生物多样性。以植物为例，城市绿地绿化运用多种植物的不同搭配组合，不仅能够体现当地特色，美化城市景观，还可以为多种生物提供栖息地。

（2）景观破碎与生境廊道。景观破碎化在城市建设与发展过程中对生物多样性造成直接威胁，而海绵城市可以在这两者之间形成一层缓冲带，即在海绵城市生物多样性方面，生境廊道可作为动植物栖息地和迁移的通道。廊道是有着重要联系功能的景观结构，那么依靠生境廊道重新连接破碎的生境斑块是解决景观破碎化的主要办法和有效手段。

功能城市公园的建立。在海绵城市建设中，人们可以运用空间规划的方法，结合当代景观设计手法，规划设计兼具水体净化与雨水调蓄、生物多样性保育和教育启智等多种生态服务功能的综合型城市公园。例如，2010年新建上海世博后滩湿地公园，就是把景观作为城市生物多样性的生命系统进行规划设计的。

城市空间上的生物多样性保护规划。如何构建具有生物多样性保护的景观安全格局？人们可以通过选择指标物种，进行地形适宜性分析，判别该物种的现状栖息地，合理推断其潜在栖息地位置，以此规划出景观网络，这便是一个对生物多样性保护具有关键意义的景观安全格局。在海绵城市中，基于不同的生物保护安全水平，构建不同层次的生物多样性保护景观安全格局，特别是在一些市政基础设施与生态网络相互交叉或重叠的地方，则需要特别的景观设计，如建立穿越高速道路的动物绿色通道。

（3）绿化建设由传统规划向低碳规划转变。低碳规划与传统规划的绿化建设相比，更加符合生物圈的自然规律，它考虑了城市自然生境的问题，以生物多样性作为城市自我净化功能的基础，在满足城市安全、生产、生活等需求的前提下丰富生物种类。这样一方面为更多生物提供栖息地，提高城市生物多样性水平，另一方面改善人居环境，发展了一种低碳愿景下可持续发展城市规划理念。除此之外，在海绵城市建设中，可以结合高科技技术建立生物基因库来保护城市中的濒危物种。

（二）城市设计中的"低影响开发"

海绵城市是通过低影响开发的技术得以实现的。低影响开发是在开发过程的设计、施工、管理中，追求对环境影响的最小化，特别是对雨洪资源和分布格局影响的最小化。

在某种意义上，低影响开发与海绵城市建设可以认为是"同义词"。其狭义是雨洪管理的资源化和低影响化，广义则包括城市生态基础设施建设和生态城市建设的目标体系。它包括流域治理、清水入库、截污治污、水生态治理、滞流沟、沉积坑塘、跌水堰、植被缓冲带、雨洪资源化、水系的空间格局、水系的三道防线、生态驳岸、水系自动净化系统、水生态系统、湿地、湖泊、河流、水岸线、生态廊道、城市绿地、城市空间、雨水花园、下沉式绿地、透水铺砖、透水公路与屋顶雨水收集系统等具体技术与设计，就目前国家战略的考量，海绵城市大多集中在一个重要的议题：雨洪管理质量和水污染的生态治理与设计。

海绵城市设计应遵循生态学基本原理。生态学虽体系庞大、包罗万象，但其原则主要包含三个关键点，即承载力、关系与可持续性。首先，任何生态系统都有一定的承载力，事物在承载力范围内良性发展，超出承载范围则发生失衡。海绵城市的设计中，应保证水资源的承载力、水环境承载力、水生态承载力与土壤承载力等系统的平衡；其次，生态系统内各事物之间相互关联，直接影响了事物的形成与发展。海绵城市设计中，应正确处理好水与土壤的关系、水与植被的关系、水与陆地的关系以及空间格局的关系等，最后实现系统的可持续性。海绵城市设计成功与否的一个重要标准就是可持续性，一个科学合理的设计必然是环保的、生态的以及可持续的，不可持续必然不生态。一个可持续的海绵城市设计，必须符合以下生态学原则。

（1）生态优先原则。在海绵城市规划时应该将生态系统的保护放在首位，当生态利益与其他的社会利益与经济利益发生冲突时，应该首先要考虑生态安全的需求，满足生态利益。首先对区域生态系统和当地生态系统本底进行调查，在不破坏当地生态系统的前提下，确定优先保护对象。海绵城市应强调生态系统的整体功能，在城市中生态系统具有多种功能，但是生态系统的社会功能、经济功能、供给功能、支持功能及景观功能均应以生态功能为基础，形成生态优先、社会—经济—自然的复合生态系统。

（2）保护城市原有的生态系统原则。最大限度地保护原有的河流、湖泊、湿地、坑塘及沟渠等水生态基础设施，尽可能地减少城市建设对原有自然环境的影响，这是海绵城市建设的基本要求。采取生态化、分散的及小规模的源头控制措施，降低城市开发对自然生态环境的冲击与破坏，最大限度保留原有绿地与湿地。城市开发建设应当保护水生态敏感区，优先利用自然排水系统的自我修复能力，维持城市开发前的自然水文特征，维护城市良好的生态功能。划定城市蓝线，将河流、湖泊等水生态敏感区纳入城市规划区中的非建设用地范围，并与城市雨水灌渠系统相连接。

（3）多级布置及相对分散原则。多级布置与相对分散是指在海绵城市规划过程中，要重视社区与邻里等小尺度生态用地的作用，根据自身性质形成多种体量的绿色斑块，降低建设成本，并达到分解径流压力，从源头管理雨水的目的。要将绿地与湿地分为城市、片区及邻里等多重级别，通过分散与生态的低影响开发措施实现径流总量控制、峰值控制、污染控制及雨水资源化利用等目标，防止城镇化区域的河道侵蚀、水土流失及水体污染等。保持城市水系统结构的完整性，优化城市河湖水系布局，实现自然、有序排放与调蓄。

（4）因地制宜原则。应根据当地的水资源状况、地理条件、水文特点、水环境保护状况及当地内涝防治要求等，合理确定开发目标，科学规划和布局。合理选用下沉式绿地、雨水花园、植草沟、透水铺装与多功能调蓄等低影响开发设施。另外，在物种选择上，应选择乡土植物与耐淹植物，避免植物长时间浸水而影响植物的正常生长，影响净化效果。

（5）系统整合原则。基于海绵城市的理念，系统整合不仅包括传统规划中生态系统与其他系统（道路交通、建筑群及市政）的整合，更强调了生态系统内部各组成部分之间的关系整合。要将天然水体、人工水体与渗透技术等生态基础设施统筹考虑，再结合城市排水管网设计，将参与雨水管理的各部分整合起来，使其成为一个相互连通的有机整体，使雨水能够顺利地通过多种渠道入渗、蓄存、利用和排放，减小暴雨对城市造成的损害。

第二节　低影响开发与土壤地貌保护

土壤为人类提供食物、建筑材料与景观，表土层是指土壤的最上层，是人们最易获取的资源，一般厚度15～30cm，有机质丰富，含有较多的腐殖质。表土是地球表面千万年形成的财富，是地表水下渗的关键介质，是植被生长的基础。尊重表土，则要保护和利用好这样宝贵资源，防止水土流失，在土地开发中收集表土并且在土地开发后复原表土。

表土也是土壤中有机质与微生物含量最多的地方，表土是植被生长的基础，微生物活动的载体，在降水过程中表土能够渗透、储存与净化降水。表土层的特殊结构使它具有调节土壤水分、空气和温度的功能，可以缩短育苗植物的生长周期。表土回填可以促进土壤的生物多样性，提高地表水循环效率与水质安全。传统城市开发为了修建大面积的建筑群，将原始地形进行平整，场地平整过程中，珍贵的表层土被当作渣土处理或廉价售卖。

海绵城市建设应用了表层土剥离利用的流程和技术，将这些稀缺的表土资源回填到城市绿地或者公共空间，实现建设用地、景观用地与农业用地的多方优化。表层土在海绵城市中的作用主要表现在以下三个方面。

一是表土渗透降水。降水从陆地表面通过土壤空隙进入深层土壤的过程是降水的渗透。渗透进入表土中的水分，部分进入深层土壤后渗漏，其余的水分转化为土壤水停留在土壤中。表土是降水的重要载体，表土渗透水的能力直接关系到地表径流量、表土侵蚀与雨水中物质的转移等。土壤渗透性越强，减少地表径流和洪峰流量的作用越强。

二是表土储存降水。表土通过分子力、毛管力和重力将渗透进来的水储存在其中，储存在表土中的水主要有吸湿水、膜状水、毛灌水和重力水几种类型，分为固态、液态和气态三种不同的形态。其中，液态水对植物生长非常关键，其主要存在于土壤空隙中和土粒周围。

三是表土净化降水。表土净化降水的核心是通过表土—植被—微生物组成的净化系统来完成。表土净化降水过程包括土壤颗粒过滤、表面吸附、离子交换以及土壤生物和微生物的分解吸收等。

通过改变土壤质地、容量、团聚体与有机质等理化性质可以改变土壤的渗滤性和储水能力，从而减少地表径流。在特定区域，地形和土壤质地一定的情况下，在地表植物作用下，表土的渗滤性将增强。

植被根系通过增加表土的空隙度，来增加降水入渗量。随着植被根系生长，根系与土壤之间形成孔隙，根系死亡腐烂后，表土形成管状孔隙。植物的枯枝落叶腐烂后形成腐殖质，加快土壤团聚体形成，使得土壤孔隙增加，透水性增强，另外，植物的枯枝落叶为土壤生物提供食物和活动空间，土壤生物活动将改善土壤性质。同时，枯落物增加了表土的粗糙率，减缓径流流速，增强入渗，从而减少水土流失。

低影响开发中，透水铺装、渗透塘、渗井与渗管及渠等设施都能增加地表透水性。采用透水性强的材料、增加材料的孔隙率以及搭配种植植物对增加地表透水性也具有重要作用。

低影响开发要尊重地形地势。自然地形所形成的汇水格局是一个区域开发的重要因素，地形变了，汇水格局也会相应改变。低影响开发就是要研究原有地形和开发后地形的不同汇水格局及其影响。因此，以尊重地形为出发点的规划设计与土地开发，对环境的影响小，相对安全，也可以体现空间的多样性，具有自然和艺术之美。

传统的现代城市开发中，人们秉承"人定胜天，改造自然"的局限认识，肆意改变自然场地的地形地貌，挖山填湖，变山地为平地，将河道裁弯取直，自然绿地被人工硬化。流域下垫面的改变直接导致了降水产汇流模式的畸变，水文循环被破坏，城市热岛效应、雾霾加剧，洪水内涝频发，而水资源总量却日益减少。因此，城市开发必须尊重土地原始的地形地势，顺势而建，应势而为，尽量维持土地的地貌、气候及水循环，使人类融于自然，与自然和谐共生。

一、低影响开发与地表植物的保护

植被是顺应地形的产物，也是水与土壤的产物。而植被也是地形、水与土壤的"守护神"。没有植被，水土流失和面源污染则不可避免；没有植被，水质、水资源和表土都会流失，地形也会改变，而水也会失去它的资源属性，变成灾难性的洪水、干旱与水荒，成为城市发展制约的瓶颈。

（一）植被的重要作用

陆地地表分布着多样化的植物群落，植被是能量转换和物质循环的重要环节，为生物提供栖息地和食物，改善区域小气候，对水文循环起到平衡作用，防止土壤侵蚀、沉积与流失，同时也是城市的重要景观，可以削弱城市热岛效应。

城市建设应尽量保护土地原生的自然植被，保证城市的绿地率，丰富植被多样性，促使城市生态系统的正向演替。丰富的地表植被在降水初期进行雨水截留，根系吸收一些土壤中水分为未来丰水季节降水提供渗透空间。地表水补充地下水时，污染物质被植被与土壤净化吸收，对地下水质提升有积极的影响。在地形起伏的地区，植被的分布能够减少水流对地表的冲击，减少对小溪渠道的破坏，减少汇水面的水土流失，避免河床抬高，防止洪涝灾害。

植被在低影响开发中具有重要作用，低影响开发的种植区可实现坑塘与生物滞留池的排水和雨洪滞留等功能，植被种植区具有自然渗透，减小地表径流，增加雨水蒸发量，缓解市区的热岛效应，降低入河雨洪的流速与水量，降低污染系数，控制面源污染等重要作用，根据植物特性在适当区域种植最适合的植物是达到其最佳排水功能的关键因素，须根据植物的需水量、耐涝程度、根叶的降解污染物的能力来选择适当的植物。

（二）选择本土物种

种植区植物的选择应尊重自然和当地植被，由于本地物种能适应当地的气候、土壤和微生物条件，且维护成本低，水肥需求小，所以应优先选择本地物种。但由于国外低影响开发技术相对成熟，可使用与国外成熟的低影响开发植物生态习性相近的本地物种或在必要条件下慎重选择容易驯化的外地物种。

（三）植被的空间格局

1. 低地带

由于地势最低，雨水或灌溉水会最终流入这一区域，低地带应设计地漏，雨水一般不会存留超过72h。但是在雨季雨水会长时间淹没这一区域的植物，所以在这一区域应该选择根系发达的耐水植物，建议使用当地草本植物，或地被植物。

2. 中地带

这一区域是高地带和低地带的缓冲带，起到减慢雨水径流的作用，下雨时，这一区域的植物滞留雨水，同时雨水灌溉植物，在暴雨时这一区域的植物应起到保护护坡的作用，所以在选择这一区域的植物时须选择耐旱和耐周期性水淹的生长快、适应性强、耐修剪以及耐贫瘠土壤的深根性的护坡植物。

3. 高地带

这一区域是低影响开发设施的顶部，在一般降水条件下雨水不会在这个区域储存，所以这一区域的植物需具有强耐旱性，并在少数的暴雨条件下具有一定的耐涝性。

二、低影响开发与下沉式绿地建设

水利专家曾经做过估算，如果绿地能比路面低20～30cm，就可以吸收300mm的降水。我国较早提出下沉式绿地的是张铁锁与刘九川两位学者，他们认为"所谓下沉式绿地，就是绿地系统的修建，基本处在道路路面以下，可以有效地利用雨水和再生水，减少灌溉的次数，节约宝贵的水资源。"

下沉式绿地可分狭义与广义两大类别，狭义下沉式绿地指的是绿地高程低于周边硬化地面高程5～25cm，溢流口位于绿地中间或硬化地面的交界处，雨水高程则低于硬化地面且高于绿地；而广义的下沉绿地外延明显扩展，除了狭义的下沉式绿地之外，还包括雨水花园、雨水湿地、生态草沟和雨水塘等雨水调节设施。

下沉式绿地可有效减少地面径流量，减少绿地的用水量，转化和蓄存植被所需氮、磷等营养元素，是实现海绵城市功能的重要技术手段之一（图50）。

三、海绵城市设计理念在景观生态学的应用

景观生态学是生态学中重要的学科分支，也是非常实用的一门科学。它用于指导整个土地利用、土地规划、城市规划、生态系统修复及海绵城市设计等。

（一）景观生态学的主要内容

景观生态学主要有三部分内容，即空间、格局、尺度。第一，景观生态学没有改变生态学的承载力概念，没有改变可持续概念，包括城市天际线、植物与水域和全球气候变化的空间关系。第二，景观生态学突出格局关系，在自然系统中，空间关系有一定的自然格局，这些格局与系统的功能与结构相辅相成，只要研究好这个格局，在规划设计中追求自然和艺术，就能够实现空间格局关系的艺术性和可持续性。第三，尺度问题，不同尺度具有不同的关系，设计师必须掌握好不同系统与区域之间的尺度关系。不同尺度有不同的设计理念，不同的焦点和不同的生态关系，如果能掌握这一点，我们的设计就会是生态的。

景观生态学不但是景观设计师所必须掌握的科学、设计理念及设计技术，也是海绵城市设计师所必需的。因为，我们所有的设计都旨在处理空间关系，即空间格局。何谓空间格局？对于一条河流、一个城市的绿地系统、景观系统和生态廊道，什么地方该有树，什么地方该有草，什么地方该有水，以及弯曲的河道、海岸线和水岸线等，这个就叫空间的格局。

自然湿地中的空间格局，包括河床中的湿地空间格局有其自身的道理，一切回归于自然法则。为什么有些地方是芦苇，为什么有些地方是水面？这种芦苇与水面交错镶嵌的空间格局之所以能维持，是几千年来演变的过程，它是自然的，也是可持续的。同时，作为一个好的生态设计师，在不同尺度里做的应该是不同的设计，或者说，一个好的海绵城市设计，有不同的多样性，有些地方可为，有些地方不可为，这就是设计全部创意的理念。同时，海绵城市设计除要有前瞻性之外，还要考虑比设计区域更大的区域的影响，设计不能局限于所设计的区域范围。

（二）景观生态学的结构与功能

景观生态学以不同尺度的景观系统为主要研究对象，以景观格局、功能和动态等为研究重点，其中景观结构为不同类型的景观单元以及它们之间的多样性和空间关系。景观功能为景观结构与其他生态学过程之间的相互作用，或景观结构内部组成单元之间的相互作用。景观动态是指景观结构和功能随时间不断变化。景观结构、景观功能、景观动态相互依赖和相互制约，无论在哪个尺度上的景观系统中，结构和功能相互影响。在一定程度上，景观结构决定着景观功能，而景观功能又影响着景观结构。

斑块、廊道和基质是景观生态学用来解释景观结构的基本模式。斑块是指与周围环境在外貌或性质上不同，但又具有一定内部均质性的空间部分，常见的形式可以是湖泊、农田、森林、草原、居住区及工业区等。廊道为景观格局中与相邻周围环境呈现不同景观特征并且呈线性或带状的结构，常见的廊道形式为河流、防风林带、道路、冲沟及高压线路下绿带等。基质是景观中分布最广且连续性最大的背景结构，常见的基质有郊区森林基底、农田基底和城市中的城市建设用地基质等。景观中任意一个要素不是在某斑块内就是在起连接作用的廊道内或是落在基质内，三者是有机的统一体。

（三）景观生态学在海绵城市设计中的应用

景观生态学在海绵城市设计中的应用主要表现在流域层面、城市层面以及场地层面上。

1. 流域层面

地表水和地下水来源的区域就是流域。因此，人们应防止上游、支流河流的水土流失和湖泊蓄滞洪水能力下降，阻止上流水域生态服务功能退化所导致的中下游城市的洪水泛滥。要通过研究流域生态系统内各个组成要素的结构和功能，通过采取完善上游和支流格局，恢复上游湖泊调节功能，保护河流生态廊道等方法构建完整、稳定及多样的生态系统，从而达到流域防灾减灾的作用。

2. 城市层面

在城市建设过程中，不合理的规划和建设使本可以在景观生态过程中进行自然演化的基质和斑块因受到人工斑块的侵蚀而破坏乃至消失，城市景观呈现破碎化及连接度弱化的趋势；城市自然水循环过程遭受破坏，从而导致城市型水灾的发生。所以城市发展建设规划必须以水循环的生态过程为依据和基础，调整城市用地布局，完善城市水系结构，采取雨水生态补偿，恢复和保护这些重要景观要素的结构和功能，从而达到保障城市安全的目的。

3. 场地层面

场地设计中导致城市型水灾发生的主要原因之一就是不分场所的将雨水迅速排到城市雨水管网中，根据景观生态学原理，当我们进行的活动引起景观系统发生变化时，人们应该尽可能多地实现景观功能价值。所以通过积蓄利用雨水、渗透回灌地下水、综合利用雨水将场地的设计与生态环境结合起来，实现防灾减灾。

以景观生态学为原理对流域、城市与场地3个不同层面进行分析，通过在流域层面构建一个稳定、完善的生态系统，城市层面维护城市自然水循环过程，场地层面用雨水保持场地雨水渗入畅通，最终实现海绵城市的设计理念。

四、海绵城市设计与流域生态治理

（一）流域治理与海绵城市的关系

流域指由分水线所包围的河流集水区，是一个有界水文系统，在这个地区的土地内所有生物的日常活动都与其共同河道有着千丝万缕的联系。

流域是一个动态的有组织的复合系统。大气干湿沉降因素、人类日常活动以及周边大自然的新陈代谢都是影响流域系统的重要因素。伴随中国大陆城镇化的快速发展，水资源的污染问题已受到广泛的重视，水污染治理，必须统筹考虑整个流域，重点从点源污染和面源污染的防治着手，同时修复水生态自净化系统，真正做到恢复流域内的自然生境。海绵城市理念主要针对雨水管理，实现雨水资源的利用与生态环境保护，极大缓解了城市面源污染的入河风险。因此，城市的规划与建设应以环境承载力为中心，建立海绵城市系统，实现流域生态系统可持续发展。

（二）流域治理针对的问题

1. 洪涝问题

中国漫长的历史长河中，从大禹治水到四川都江堰，从未停止过与河道洪水抗争。现代化滨河城市的发展与河道周边的土地存在不可避免的竞争关系，临河而建的城市为保护城镇居民活动多在河道两侧修建人工堤坝。堤坝分割了陆地生态系统与河道生态系统的联系，无法使河道实现天然滞洪、分洪、削洪与调节水位等功能，且堤坝承受压力过大，遭遇重大洪水灾害的应对弹性低。另外，城市化进程加快，地面大量硬化，人口聚集，市政管道排涝能力滞后于城市化进程，强降水时城镇积水较为严重，逐渐形成城镇现有突出问题——内涝灾害。

2. 干旱问题

城镇为避免内涝灾害，多以雨水"快排"的方式，使雨洪流入市政管道，保证地面干燥，久之则地下水位降低，出现旱季无水可用的现象，因此，补给地下水的需求尤为急切。

3. 污染问题

流域治理要将整个流域的生态系统与人类健康安全统筹考虑。地表径流具有"汇集"的特征，地表污染物随地表径流的汇集而进入江河湖泊。另外，早期中国工业化发展及城镇化建设多以牺牲环境为代价，污水处理厂的尾水排放标准不高，且普遍存在企业为减少运营成本而偷排污水的现象。截污工程推进缓慢，河流一再污染，黑臭现象突出，使城镇居民陷入水质型缺水危机。目前现状是全国有2/3的城市缺水，约1/4严重缺水，水资源短缺已经成为制约经济社会可持续发展的重要因素之一。随着工业化进程的不断加快，水资源短缺形式将更加严峻。

因此，对于流域的总体治理应该从该城市的角度权衡，尽量减少人类生存活动对生态环境的破坏，降低人为干扰因素。建设海绵城市正是从减少人为干扰出发，从源头控制污染，合理管理利用雨洪资源，补充地下水。

第三节　低影响开发雨水系统

一、基本要求

城市建筑与小区、道路、绿地与广场、水系低影响开发雨水系统建设项目，应以相关职能主管部门、企事业单位为责任主体，落实有关低影响开发雨水系统的设计；适宜作为低影响开发雨水系统构建载体的新建、改建、扩建项目、应在园林、道路交通、排水、建筑等各专业方案中明确体现低影响开发雨水系统的设计内容，落实低影响开发控制目标（图51）。

二、设计程序

首先，低影响开发雨水系统的设计目标应满足城市总体规划、专项规划等相关规划提出的低影响开发控制目标与指标要求，并结合气候、土壤及土地利用等条件，合理选择单项或组合的以雨水渗透、储存、调节为主要功能的技术设施。

其次，低影响开发雨水系统设计的各阶段均应体现低影响开发设施的平面布局、竖向、构造及其与城市雨水管渠系统和雨水径流排放系统的衔接关系等内容。

最后，低影响开发雨水系统的设计与审查应与园林绿化、道路交通、排水、建筑等专业相协调。

三、居住小区的低影响开发雨水系统设计

建筑屋面与小区路面径流雨水应通过有组织的汇流与传输，经截污等预处理后引入绿地内的以雨水渗透、储存、调节等为主要功能的低影响开发设施；低影响开发设施的选择应因地制宜、经济有效、方便易行，如结合小区绿地与景观水体优先设计生物滞留设施、渗井、湿塘和雨水湿地等。雨水进入景观水体之前应设置前置塘、植被缓冲带等预处理设施，同时可采用植草沟传输雨水，以降低径流污染负荷。景观水体宜采用非硬质池底及生态驳岸，为水生植物提供栖息地或生长条件，并通过水生植物对水体进行净化，必要时可采取人工土壤渗滤等辅助手段对水体进行循环净化。

（一）小区道路

（1）道路横断面设计应优化道路横坡坡向、路面与道路绿化带及周边绿地的竖向关系等，便于径流雨水汇入绿地内低影响开发设施。

（2）路面排水宜采用生态排水的方式。路面雨水首先汇入道路绿化带及周边绿地内的低影响开发设施，并通过设施内的溢流排放系统与其他低影响开发设施或城市雨水管渠系统、超标雨水径流排放系统相衔接。

（3）路面宜采用透水铺装，透水铺装路面设计应满足路基路面强度和稳定性等要求。

（二）小区绿化

（1）绿地在满足改善生态环境、美化公共空间、为居民提供游憩场地等基本功能的前提下，应结合绿地规模与竖向设计，在绿地内设计可消纳屋面、路面、广场及停车场径流雨水的低影响开发设施，并通过溢流排放系统与城市雨水管渠系统和超标雨水径流排放系统有效衔接。

（2）道路径流雨水进入绿地内的低影响开发设施前，应利用沉淀池、前置塘等对进入绿地内的径流雨水进行预处理，防止径流雨水对绿地环境造成破坏。有降雪的城市还应采取措施对含融雪剂的融雪水进行弃流，弃流的融雪水宜经处理后进入市政污水管网。

（3）低影响开发设施内植物宜根据水分条件、径流雨水水质等进行选

择，宜选用耐盐、耐淹、耐污等能力较强的乡土植物。

四、城市绿地与广场

城市绿地、广场及周边区域径流雨水应通过有组织的汇流与传输，经截污等预处理后引入城市绿地内的以雨水渗透、储存、调节等为主要功能的低影响开发设施，消纳自身及周边区域径流雨水，并衔接区域内的雨水管渠系统和超标雨水径流排放系统，提高区域内涝防治能力。低影响开发设施的选择应因地制宜、经济有效、方便易行，如湿地公园和有景观水体的城市绿地与广场宜设计雨水湿地、湿塘等。

城市绿地与广场应在满足自身功能条件下（如吸热、吸尘、降噪等生态功能，为居民提供游憩场地和美化城市等功能），达到相关规划提出的低影响开发控制目标与指标要求（图52）。

城市绿地与广场宜利用透水铺装、生物滞留设施、植草沟等小型、分散式低影响开发设施消纳自身径流雨水。

城市湿地公园、城市绿地中的景观水体等宜具有雨水调蓄功能，通过雨水湿地、湿塘等集中调蓄设施，消纳自身及周边区域的径流雨水，构建多功能调蓄水体/湿地公园，并通过调蓄设施的溢流排放系统与城市雨水管渠系统和超标雨水径流排放系统相衔接。

规划承担城市排水防涝功能的城市绿地与广场，其总体布局、规模、竖向设计应与城市内涝防治系统相衔接。

城市绿地与广场内湿塘、雨水湿地等雨水调蓄设施应采取水质控制措施，利用雨水湿地、生态堤岸等设施提高水体的自净能力，有条件的可设计人工土壤渗滤等辅助设施对水体进行循环净化。

应限制地下空间的过度开发，为雨水回补地下水提供渗透路径。

周边区域径流雨水进入城市绿地与广场内的低影响开发设施前，应利用沉淀池、前置塘等对进入绿地内的径流雨水进行预处理，防止径流雨水对绿地环境造成破坏。有降雪的城市还应采取措施对含融雪剂的融雪水进行弃流，弃流的融雪水宜经处理（如沉淀等）后排入市政污水管网。

影响开发设施内植物宜根据设施水分条件、径流雨水水质等进行选择，宜选择耐盐、耐淹、耐污等能力较强的乡土植物。

城市公园绿地低影响开发雨水系统设计应满足《公园设计规范》（GB 51192—2016）中的相关要求。

五、城市水系

城市水系在城市排水、防涝、防洪及改善城市生态环境中发挥着重要作用，是城市水循环过程中的重要环节，湿塘、雨水湿地等低影响开发末端调蓄设施也是城市水系的重要组成部分，同时城市水系也是超标雨水径流排放系统的重要组成部分。城市水系设计应根据其功能定位、水体现状、岸线利用现状及滨水区现状等，进行合理保护、利用和改造，在满足雨洪行泄等功能条件下，实现相关规划提出的低影响开发控制目标及指标要求，并与城市雨水管渠系统和超标雨水径流排放系统有效衔接。

应根据城市水系的功能定位、水体水质等级与达标率、保护或改善水质的制约因素与有利条件、水系利用现状及存在问题等因素，合理确定城市水系的保护与改造方案，使其满足相关规划提出的低影响开发控制目标与指标要求。

应保护现状河流、湖泊、湿地、坑塘、沟渠等城市自然水体。

应充分利用城市自然水体设计湿塘、雨水湿地等具有雨水调蓄与净化功能的低影响开发设施，湿塘、雨水湿地的布局、调蓄水位等应与城市上游雨水管渠系统、超标雨水径流排放系统及下游水系相衔接。

规划建设新的水体或扩大现有水体的水域面积，应与低影响开发雨水系统的控制目标相协调，增加的水域宜具有雨水调蓄功能。

应充分利用城市水系滨水绿化控制线范围内的城市公共绿地，在绿地内设计湿塘、雨水湿地等设施调蓄、净化径流雨水，并与城市雨水管渠的水系入口、经过或穿越水系的城市道路的排水口相衔接。

滨水绿化控制线范围内的绿化带接纳相邻城市道路等不透水面的径流雨水时，应设计为植被缓冲带，以削减径流流速和污染负荷。

有条件的城市水系，其岸线应设计为生态驳岸，并根据调蓄水位变化选择适宜的水生及湿生植物。

地表径流雨水进入滨水绿化控制线范围内的低影响开发设施前，应利用沉淀池、前置塘等对进入绿地内的径流雨水进行预处理，防止径流雨水对绿地环境造成破坏。有降雪的城市还应采取措施对含融雪剂的融雪水进行弃流，弃流的融雪水宜经处理（如沉淀等）后排入市政污水管网。

低影响开发设施内植物宜根据水分条件、径流雨水水质等进行选择，宜选择耐盐、耐淹、耐污等能力较强的乡土植物。

城市水系低影响开发雨水系统的设计应满足《城市防洪工程规划规范》（GB 51079—2016）中的相关要求。

六、技术选择

技术类型低影响开发技术按主要功能一般可分为渗透、储存、调节、转输、截污净化等几类。通过各类技术的组合应用，可实现径流总量控制、径流峰值控制、径流污染控制、雨水资源化利用等目标。在实践中，应结合不同区域水文地质、水资源等特点及技术经济分析，按照因地制宜和经济高效的原则选择低影响开发技术及其组合系统。

单项设施各类低影响开发技术又包含若干不同形式的低影响开发设施，主要有透水铺装、绿色屋顶、下沉式绿地、生物滞留设施、渗透塘、渗井、湿塘、雨水湿地、蓄水池、雨水罐、调节塘、调节池、植草沟、渗管/渠、植被缓冲带、初期雨水弃流设施、人工土壤渗滤等。低影响开发单项设施往往具有多个功能，如生物滞留设施的功能除渗透补充地下水外，还可削减峰值流量、净化雨水，实现径流总量、径流峰值和径流污染控制等多重目标。因此应根据设计目标灵活选用低影响开发设施及其组合系统，根据主要功能按相应的方法进行设施规模计算，并对单项设施及其组合系统的设施选型和规模进行优化。

（一）透水铺装概念与构造

透水铺装按照面层材料不同可分为透水砖铺装、透水水泥混凝土铺装和透水沥青混凝土铺装，嵌草砖、园林铺装中的鹅卵石、碎石铺装等也属于渗透铺装。

（1）透水铺装对道路路基强度和稳定性的潜在风险较大时，可采用半透水铺装结构。

（2）土地透水能力有限时，应在透水铺装的透水基层内设置排水管或排水板。

（3）当透水铺装设置在地下室顶板上时，顶板覆土厚度不应小于600mm，并应设置排水层。透水砖铺装典型构造见图53。

（二）绿色屋顶

概念与构造绿色屋顶也称种植屋面、屋顶绿化等，根据种植基质深度和景观复杂程度，绿色屋顶又分为简单式和花园式，基质深度根据植物需求及屋顶荷载确定，简单式绿色屋顶的基质深度一般不大于150mm，花园式绿色屋顶在种植乔木时基质深度可超过600mm，绿色屋顶的设计可参考《种植屋面工程技术规程》（JGJ 155—2013）。绿色屋顶的典型构造见图54。

（三）下沉式绿地

概念与构造下沉式绿地具有狭义和广义之分，狭义的下沉式绿地指低于周边铺砌地面或道路在200mm以内的绿地；广义的下沉式绿地泛指具有一定的调蓄容积（在以径流总量控制为目标进行目标分解或设计计算时，不包括调节容积），且可用于调蓄和净化径流雨水的绿地，包括生物滞留设施、渗透塘、湿塘、雨水湿地、调节塘等。狭义的下沉式绿地应满足以下要求：

（1）下沉式绿地的下凹深度应根据植物耐淹性能和土壤渗透性能确定，一般为100～200mm。

（2）下沉式绿地内一般应设置溢流口（如雨水口），保证暴雨时径流的溢流排放，溢流口顶部标高一般应高于绿地50～100mm。狭义的下沉式绿地典型构造见图55。

（四）生物滞留设施

概念与构造生物滞留设施指在地势较低的区域，通过植物、土壤和微生物系统蓄渗、净化径流雨水的设施。生物滞留设施分为简易型生物滞留设施和复杂型生物滞留设施，按应用位置不同又称作雨水花园、生物滞留带、高位花坛、生态树池等。生物滞留设施应满足以下要求。

（1）对于污染严重的汇水区应选用植草沟、植被缓冲带或沉淀池等对径流雨水进行预处理，去除大颗粒的污染物并减缓流速；应采取弃流、排盐等措施防止融雪剂或石油类等高浓度污染物侵害植物。

（2）屋面径流雨水可由雨落管接入生物滞留设施，道路径流雨水可通过路缘石豁口进入，路缘石豁口尺寸和数量应根据道路纵坡等经计算确定。

（3）生物滞留设施应用于道路绿化带时，若道路纵坡大于1%，应设置挡水堰/台坎，以减缓流速并增加雨水渗透量；设施靠近路基部分应进行防渗处理，防止对道路路基稳定性造成影响。

（4）生物滞留设施内应设置溢流设施，可采用溢流竖管、盖篦溢流井或雨水口等，溢流设施顶一般应低于汇水面100mm。

（5）生物滞留设施宜分散布置且规模不宜过大，生物滞留设施面积与汇水面面积之比一般为5%～10%。

（6）复杂型生物滞留设施结构层外侧及底部应设置透水土工布，防止周围原土侵入。如经评估认为下渗会对周围建（构）筑物造成塌陷风险，或者拟将底部出水进行集蓄回用时，可在生物滞留设施底部和周边设置防渗膜。

（7）生物滞留设施的蓄水层深度应根据植物耐淹性能和土壤渗透性能来确定，一般为200～300mm，并应设100mm的超高；换土层介质类型及深度应满足出水水质要求，还应符合植物种植及园林绿化养护管理技术要求；为防止换土层介质流失，换土层底部一般设置透水土工布隔离层，也可采用厚度不小于100mm的沙层（细沙和粗沙）代替；砾石层起到排水作用，厚度一般为250～300mm，可在其底部埋置管径为100～150mm的穿孔排水管，砾石应洗净且粒径不小于穿孔管的开孔孔径；为提高生物滞留设施的调蓄作用，在穿孔管底部可增设一定厚度的砾石调蓄层。简易型和复杂型生物滞留设施典型构造见图56、图57。

（五）渗透塘

概念与构造渗透塘是一种用于雨水下渗补充地下水的洼地，具有一定的净化雨水和削减峰值流量的作用。渗透塘应满足以下要求。

（1）渗透塘前应设置沉砂池、前置塘等预处理设施，去除大颗粒的污染物并减缓流速；有降雪的城市，应采取弃流、排盐等措施防止融雪剂侵害植物。

（2）渗透塘边坡坡度（垂直：水平）一般不大于1：3，塘底至溢流水位一般不小于0.6m。

（3）渗透塘底部构造一般为200～300mm的种植土、透水土工布及300～500mm的过滤介质层。

（4）渗透塘排空时间不应大于24h。

（5）渗透塘应设溢流设施，并与城市雨水管渠系统和超标雨水径流排放系统衔接，渗透塘外围应设安全防护措施和警示牌。渗透塘典型构造见图58。

（六）渗井

渗井指通过井壁和井底进行雨水下渗的设施，为增大渗透效果，可在渗井周围设置水平渗排管，并在渗排管周围铺设砾（碎）石。渗井应满足下列要求。

（1）雨水通过渗井下渗前应通过植草沟、植被缓冲带等设施对雨水进行预处理。

（2）渗井的出水管的内底高程应高于进水管管内顶高程，但不应高于上游相邻井的出水管管内底高程。渗井调蓄容积不足时，也可在渗井周围连接水平渗排管，形成辐射渗井。辐射渗井的典型构造见图59。

（七）湿塘

湿塘指具有雨水调蓄和净化功能的景观水体，雨水同时作为其主要的补水水源。湿塘有时可结合绿地、开放空间等场地条件设计为多功能调蓄水体，即平时发挥正常的景观及休闲、娱乐功能，暴雨发生时发挥调蓄功能，实现土地资源的多功能利用。湿塘一般由进水口、前置塘、主塘、溢流出水口、护坡及驳岸、维护通道等构成。湿塘应满足以下要求。

（1）进水口和溢流出水口应设置碎石、消能坎等消能设施，防止水流冲刷和侵蚀。

（2）前置塘为湿塘的预处理设施，起到沉淀径流中大颗粒污染物的作用。池底一般为混凝土或块石结构，便于清淤；前置塘应设置清淤通道及防护设施，驳岸形式宜为生态软驳岸，边坡坡度（垂直：水平）一般为1：（2~8）；前置塘沉泥区容积应根据清淤周期和所汇入径流雨水的污染物负荷确定。

（3）主塘一般包括常水位以下的永久容积和储存容积，永久容积水深一般为0.8~2.5m；储存容积一般根据所在区域相关规划提出的"单位面积控制容积"确定；具有峰值流量削减功能的湿塘还包括调节容积，调节容积应在24~48h内排空；主塘与前置塘间宜设置水生植物种植区（雨水湿地），主塘驳岸宜为生态软驳岸，边坡坡度（垂直∶水平）不宜大于1∶6。

（4）溢流出水口包括溢流竖管和溢洪道，排水能力应根据下游雨水管渠或超标雨水径流排放系统的排水能力确定。

（5）湿塘应设置护栏、警示牌等安全防护与警示措施。湿塘的典型构造见图60。

（八）雨水湿地

概念与构造雨水湿地利用物理、水生植物及微生物等作用净化雨水，是一种高效的径流污染控制设施，雨水湿地分为雨水表流湿地和雨水潜流湿地，一般设计成防渗型以便维持雨水湿地植物所需要的水量，雨水湿地常与湿塘合建并设计一定的调蓄容积。雨水湿地与湿塘的构造相似，一般由进水口、前置塘、沼泽区、出水池、溢流出水口、护坡及驳岸、维护通道等构成。雨水湿地应满足以下要求。

（1）进水口和溢流出水口应设置碎石、消能坎等消能设施，防止水流冲刷和侵蚀。

（2）雨水湿地应设置前置塘对径流雨水进行预处理。

（3）沼泽区包括浅沼泽区和深沼泽区，是雨水湿地主要的净化区，其中浅沼泽区水深范围一般为0~0.3m，深沼泽区水深范围一般为0.3~0.5m，根据水深不同种植不同类型的水生植物。

（4）雨水湿地的调节容积应在24h内排空。

（5）出水池主要起防止沉淀物的再悬浮和降低温度的作用，水深一般为0.8~1.2m，出水池容积约为总容积（不含调节容积）的10%。雨水湿地典型构造见图61。

（九）蓄水池

蓄水池指具有雨水储存功能的集蓄利用设施，同时也具有削减峰值流量的作用，主要包括钢筋混凝土蓄水池，砖、石砌筑蓄水池及塑料蓄水模块拼装式蓄水池，用地紧张的城市大多采用地下封闭式蓄水池。蓄水池典型构造可参照国家建筑标准设计图集《雨水综合利用》（10SS705）。

（十）雨水罐

雨水罐也称雨水桶，为地上或地下封闭式的简易雨水集蓄利用设施，可用塑料、玻璃钢或金属等材料制成。

（十一）调节塘

调节塘也称干塘，以削减峰值流量功能为主，一般由进水口、调节区、出口设施、护坡及堤岸构成，也可通过合理设计使其具有渗透功能，起到一定的补充地下水和净化雨水的作用。调节塘应满足以下要求。

（1）进水口应设置碎石、消能坎等消能设施，防止水流冲刷和侵蚀。

（2）应设置前置塘对径流雨水进行预处理。

（3）调节区深度一般为0.6～3m，塘中可以种植水生植物以减小流速、增强雨水净化效果。塘底设计成可渗透式，塘底部渗透面距离季节性最高地下水位或岩石层不应小于1m，距离建筑物基础不应小于3m（水平距离）。

（4）调节塘出水设施一般设计成多级出水口形式，以控制调节塘水位，增加雨水水力停留时间（一般不超过24h），控制外排流量。

（5）调节塘应设置护栏、警示牌等安全防护与警示措施。调节塘典型构造见图62。

（十二）调节池

调节池为调节设施的一种，主要用于削减雨水管渠峰值流量，一般常用溢流堰式或底部流槽式，可以是地上敞口式调节池或地下封闭式调节池，其典型构造可参见《给水排水设计手册（第5册）》。

（十三）植草沟

植草沟指种有植被的地表沟渠，可收集、输送和排放径流雨水，并具有一定的雨水净化作用，可用于衔接其他各单项设施、城市雨水管渠系统和超标雨水径流排放系统。除转输型植草沟外，还包括渗透型的干式植草沟及常有水的湿式植草沟，可分别提高径流总量和径流污染控制效果。植草沟应满足以下要求。

（1）浅沟断面形式宜采用倒抛物线形、三角形或梯形。

（2）植草沟的边坡坡度（垂直：水平）不宜大于1：3，纵坡不应大于4%。纵坡较大时宜设置为阶梯形植草沟或在中途设置消能台坎。

（3）植草沟最大流速应小于0.8m/s，曼宁系数宜为0.2～0.34，转输型植草沟内植被高度宜控制在100～200mm。转输型三角形断面植草沟的典型构造见图63。

（十四）渗管/渠

概念与构造渗管/渠指具有渗透功能的雨水管/渠，可采用穿孔塑料管、无砂混凝土管/渠和砾（碎）石等材料组合而成。渗管/渠应满足以下要求。

（1）渗管/渠应设置植草沟、沉淀（沙）池等预处理设施。

（2）渗管/渠开孔率应控制在1%~3%，无砂混凝土管的孔隙率应大于20%。

（3）渗管/渠的敷设坡度应满足排水的要求。

（4）渗管/渠四周应填充砾石或其他多孔材料，砾石层外包透水土工布，土工布搭接宽度不应少于200mm。

（5）渗管/渠设在行车路面下时覆土深度不应小于700mm。渗管/渠典型构造见图64。

（十五）植被缓冲带

植被缓冲带为坡度较缓的植被区，经植被拦截及土壤下渗作用减缓地表径流流速，并去除径流中的部分污染物，植被缓冲带坡度一般为2%~6%，宽度不宜小于2m。植被缓冲带典型构造见图65。

（十六）人工土壤渗滤

人工土壤渗滤主要作为蓄水池等雨水储存设施的配套雨水设施，以达到回用水水质指标。人工土壤渗滤设施的典型构造可参照复杂型生物滞留设施。

第八章 城市公园与滨河湿地规划

第一节 城市公园的规划设计

城市综合公园是公园绿地的"核心",是城市园林绿地景观生态系统中重要组成部分,一般面积较大,内容丰富,服务项目多,适合各种年龄与职业的城市居民进行游赏活动,它既是城市居民文化教育、娱乐、休息的场所,也是对城市面貌、环境保护、社会生活及建设生态城市起着重要的作用(图66至图73)。

一、类型

综合公园按其服务范围与在城市中的地位可划分为市级公园和区级公园两种。

(一)市级公园

为全市居民服务,一般在城市公园绿地中面积较大、内容与设施最为完善的绿地。用地面积因全市居民总人数的多少而不同。在中、小城市设1~2处,其服务半径2~3km,步行30~45min,乘坐公交工具约20min可到达;在大城市及特大城市可设5处以上,其服务半径3~5km,步行50~60min,乘车约30min可到达。

(二)区级公园

在较大城市中,为满足一个行政区内的居民休闲、娱乐活动及集合的要求而建的公园绿地,其用地属全市性公园绿地的一部分。区级公园的面积按该区居民的人数而定,功能区划不宜过多,应强化特色,园内应有较为丰富的内容与设施。一般在城市各区分别设置1~2处，其服务半径为1~1.5km，步行15~25min可到达，乘坐公交工具约10min可到达。

二、面积与位置的确定

（一）综合公园的面积

根据综合公园的性质与任务要求，综合公园应包含较多的活动内容和设施，故用地面积较大，一般不少于10km²，在节假日游人的容纳量为服务范围居民人数的15%~20%，每个游人在公园中的活动面积为10~50m²。在50万人口以上的城市中，全市性综合公园至少容纳全市居民中10%的人同时游园。

综合公园的面积还应结合城市规模、性质、用地条件、气候、绿化状况、公园在城市中的位置与作用等因素全面考虑。

（二）综合公园位置的选择

综合公园在城市中的位置应结合城市总体规划与城市绿地系统规划来确定。

（1）综合公园的服务半径应方便生活居住用地内的居民使用，并与城市主要道路有密切的联系，有便利的公共交通工具供居民乘坐。

（2）利用不易于工程建设及农业生产的复杂破碎的地形与起伏变化较大的坡地建园，充分利用地形，避免大动土方，因地制宜地创造景观。

（3）选择具有水面及河湖沿岸景色优美的地段建园，使城市园林绿地与河湖系统与海绵城市系统建设结合起来，并可利用水面开展各项水上活动。

（4）可选择在现有树木较多与有古树的地段建园，在森林、丛林、花圃等原有种植的基础上加以改造建设公园。

（5）可选择在有历史遗址与名胜古迹的地方建园。

（6）公园规划应考虑近期与远期相结合。在公园规划时既要尊重现实，又要着眼未来，尤其是对综合公园的活动内容，人们会提出更多的项目与设施要求，作为设计师在规划时应考虑一定面积的发展用地的规划。

总之在进行综合公园的规划时其面积与位置的确定应遵循服从城市总体规划的需要，布局合理、因地制宜、均衡分布、立足当下、着眼未来的原则。

（三）项目与活动内容

1.综合公园项目、内容的确定

（1）观赏游览。观赏风景、山石、水体、名胜古迹、文物、花草树木、雕塑、动物等。

（2）安静活动。品茶、垂钓、棋艺、散步、健身、读书等。

（3）儿童活动。学前儿童与学龄儿童的游戏娱乐、体育运动、集会及各类兴趣小组、科普及教育活动、阅览室、气象站等。

（4）文娱活动。露天剧场、游艺室、俱乐部、戏水、浴场及电影观赏、音乐、舞蹈、戏剧及公众的团体文娱活动等。

（5）服务设施。餐厅、茶室、休息处、小卖部、租借处、问询处、物品寄存处、导游图、导视牌、照明造型、公厕、垃圾箱等。

（6）园务管理。办公室、民警值班室、苗圃、温室、变电站、水泵房、广播室、工具间、工作人员休息室、杂院等。

规划综合性公园，应根据公园面积、位置、城市总体规划要求以及周边环境综合考虑，可以考虑设置上列各种内容或部分内容。如果只以某一项内容为主，则为专类公园，综合性公园规划时应注重特色的创造，减少内容与项目的重复，使一个城市中的每个综合性公园都有鲜明的特色。

2.影响综合性公园项目内容设置的因素

（1）当地人们的习惯爱好。公园内可考虑按本地人所喜爱的活动、风俗、生活习惯等地方特点来设置项目内容，使公园具有明显的地方性与独特的风格，这是创造公园特色的基本因素。

（2）公园在城市中的地位。在整个城市的规划布局中，城市园林绿地系统对该公园的要求是确定公园项目内容的决定因素。位置处于城市中心地区的公园，一般游人较多，人流量大，规划这类公园时要求内容丰富，景物富于变化，设施完善；而位于城郊地区的公园则较有条件考虑安静观赏的内容，规划时以自然景观或以自然资源为娱乐对象构成公园的主要内容。

（3）公园附近的城市文化娱乐设置情况。公园附近如已有大型文娱设施，公园内不应重复设置，以便减少投资，降低工程造价与维护费用。

（4）公园面积的大小。大面积的公园设置项目多，规模大，游人在园内的停留时间一般较长，对服务与游乐设施有更多的要求。

（四）规划设计原则

（1）贯彻地方政府在园林绿化建设方面的方针政策。

（2）继承与创新本民族造园艺术的传统，吸收国外的相关先进经验，创造与时代相适合的新园林景观。

（3）应表现地方特色和风格，每个公园都要有其特色，避免景观的重复建设。

（4）依据城市园林绿地系统规划的要求，尽可能满足游览活动的需求，设置人们喜爱乐见的各种内容。

（5）充分利用现状及自然地形，有机地组织公园各个部分。

（6）规划设计应切合实际，便于分期建设及日常的经营管理。

（7）应注意与周边环境相配合，与临近的建筑群、道路网、绿地等取得密切的联系，使公园自然地融合在城市之中，成为城市园林绿地系统的有机组成部分。

第二节　城市综合公园设计

一、城市综合公园设计的内容与程序

综合公园的规划是一项综合性较强的工作，它需要在掌握大量立地资料的基础上进行，并且应按照一定的工作程序进行，其步骤及内容详见本书"规划区景观绿地的设计内容、步骤与方法"的步骤与内容。公园的规划设计步骤可依据项目的实际情况如公园面积的大小、工程的复杂程度进行增减。

二、城市综合公园规划设计

（一）条件分析

任何规划方案的产生不是无中生有、凭空生成的，它必须是在现实的各种制约条件下形成的，因此，设计师必须对相关制约条件进行分析，从而产生方案构思及其合理的规划布局与内容。条件的分析主要包括任务书、区位、周边用地现状、自然环境、社会条件、人文环境、经济技术、利用者需求等各个方面的内容，根据公园规划设计实际项目的各自情况，条件分析的具体内容应有不同方面的侧重，调查分析的主要内容包括以下几点。

（1）公园规划设计的任务要求，建园的审批文件，征收用地情况及投资额。

（2）公园所在城市、所在地域的历史沿革，人文资源等资料的分析调查。

（3）公园用地在城市规划中的地位及与其他用地的关系。

（4）公园周边的环境关系，周围的城市景观、建筑形式、建筑体量色彩、周围交通联系、人流集散方向、周围居民类型与社会结构。

（5）该地段的市政情况，如供电、给水、排水、排污、通信等。

（6）规划用地的水文、地质、地形、土壤、植被等自然资料。

（7）日照长度、年平均气温、小气候、地下水位、年月降水量、年最高最低温度的分布、年季风风向、最大风力、风速及冰冻线深度等。

（8）公园所在地区内原有的植物种类、生态、群落组成，当地生长良好的树种。

（9）建园所需主要材料的来源与施工情况，如苗木、景石、建材等。

（二）方案构思及定位

构思及定位与任务书以及基地现状的分析紧密相关，有时构思的灵感也是在这一分析的过程中产生。一般而言，基地的现状情况、当地的历史文化、项目本身的特点、项目特殊的现实要求等等因素都可能是构思与定位产生的主要来源，在构思过程中，设计师与公园使用者、设计委托方及设计团队成员之间的交流都可能产生设计灵感。

（三）出入口的确定

1. 位置选择

公园出入口一般分为主要出入口（1个）、次要出入口（1个或多个）、专用出入口（1~2个），确定出入口的位置应考虑到游人是否能够方便地进出公园，是否有利于城市街道景观面貌，是否符合城市道路交通要求；出入口的位置影响公园内部的规划结构、功能分区与活动设施的布置。

主入口应与城市主要交通干道、游人主要来源方位以及公园用地的自然条件等诸因素协调后确定；主要入口应设在城市的主要道路与有公共交通的地方，同时要有足够的人流集散地，与园内道路联系方便，城市居民可方便快捷地到达公园内。

次要入口是辅助性的，主要为附近居民或城市次干道的人流服务，以免公园周围居民绕道才能入园；同时也为主要出入口分担人流量。次要出入口一般设在公园内有大量集中人流集散的设施附近，如园内的表演厅、露天剧场、展览馆等场所附近。

专用出入口是根据公园管理工作的需要而设置的，为方便管理与生产的需要，多选择在公园管理区附近或较偏僻不妨碍园景不易被人发现处，专用出入口不供游人使用。

2. 出入口的规划设计

公园出入口设计应充分考虑到对城市街道景观的美化作用以及对公园景观的影响；出入口作为游人进入公园的第一个视线焦点，给游人第一印象，其平面布局、立面造型、整体风格塑造应根据公园的性质与内容来具体确定，一般公园大门造型都与其周围的城市建筑有较明显的区别，以突出其特色。

公园出入口所包括的建筑物、构筑物有：公园内、外集散广场，公园大门、停车场、存车处、售收票处、小卖部、休息廊等，根据出入口的景观要求及其用地面积大小、服务功能要求，可以设丰富出入口景观的园林小品，如花坛、水池、喷泉、雕塑、花架、导游图与服务办公设施等。出入口的布局方式多种多样，一般与总体布局相适应。

3. 公园出入口宽度

符合住房和城乡建设部《公园设计规范》（GB 51192—2016）要求。

（四）公园分区规划

1. 综合公园的功能分区

为了合理地组织游人开展各项活动，避免相互干扰，并便于管理，在公园内划分出一定的区域把各种性质相似的活动内容组织到一起，形成具有一定使用功能与特色的区域，称为功能分区。

根据综合性公园的内容与功能需要，一般可将其分为文化娱乐区、观赏游览区、休息区、儿童活动区、老人活动区、体育活动区、公园管理区等。

（1）文化娱乐区。文化娱乐区是公园中人流最集中的活动区域，在该区内开展较多的是比较热闹、参与人数较多的文化、娱乐等活动。区内的主要设施包括俱乐部、游戏广场、技艺表演场、露天剧场等，以上各设施应根据公园的规模大小、内容要求因地制宜地进行布局设置。

为达到活动舒适，开展活动方便的要求，文化娱乐区用地在人均30m²较为适宜，以避免不必要的拥挤。文化娱乐区的规划，尽可能利用地形特点，创造出景观优美、环境舒适、投资少、效果好的景点和活动区域。

（2）观赏游览区。本区以观赏、游览、参观为主，在区内主要进行相对安静的活动，是游人比较喜欢的区域，为达到良好的观赏游览效果，要求游人在区内分布的密度相对较小，以人均游览面积100m²左右较为合适，所以本区在公园中占地面积较大，是公园的重要组成部分。观赏游览区往往选择现状用地地形、植被等比较优越的地段设计布置园林景观。

在观赏游览区中如何设计合理的参观路线，形成较为合理的风景展开序列是一个非常重要的课题，通常人们在设计时应特别注重选择合理的道路平、竖曲线，铺装材料、纹样，宽度变化，使其能够适应于景观展示，动态观赏的要求。

（3）安静休息区。安静休息区主要供游人进行休息、交往等。该区的位置一般选择在具有一定起伏地形的区域，如山地、谷地、溪边、瀑布等环境最为理想，且要求树木茂盛、草皮绿植较好。

安静休息区的面积视公园面积与规划布置，只要条件合适可选择多处，创造类型不同的空间环境，满足不同类型活动的要求。安静休息区一般选择在离主入口较远处，并与文化娱乐区、儿童活动区、体育活动区有一定隔离，但与老人活动区可以靠近，必要时可考虑将老人活动区布置在安静休息区内。

（4）儿童活动区。儿童活动区主要供学龄前儿童和学龄儿童开展各种儿童活动。在儿童活动区域内可根据不同年龄的少年儿童进行分区，一般可分为学龄前儿童区与学龄儿童区。主要活动内容和设施有游戏场、戏水池、运动场、障碍游戏、少年宫、少年阅览室科技馆等。用地最好能达到人均50m²并按照用地面积的大小确定所设置内容的多少。

儿童活动区规划设计应注意以下几点。①该区的位置一般靠近公园主入口，便于儿童进园后能尽快开展自己喜爱的活动。②儿童区的建筑、设施要考虑到少年儿童的尺度，造型新颖、富有教育意义，区内道路易辨认。③植物种植应选择无毒、无伤害、具有安全性的花草，不宜用有伤害性的物品做护栏。④儿童活动区场地应考虑遮阴树木，能提供宽阔的草坪，以便开展集体活动。⑤儿童活动区还应适当考虑成人休息、等候的场所。

（5）老年人活动区。老人活动区在公园规划中应考虑设在观赏游览区或安静休息区附近，要求环境幽雅、风景宜人。具体可以从以下几个方面进行考虑。①注意动静分区。在老年人活动区内可以再分为动态活动区与静态活动区；动态活动区以健身活动为主，静态活动区主要供老人们日浴、下棋、聊天等，场地的布置应有林荫、廊、花架等，冬季有充足的阳光，动、静活动区应当有适当的距离，并以能相互观望为好。②设置必需的服务建筑与必备的活动设施，还应考虑无障碍通行，以便乘坐轮椅的老人使用。③注意安全防护要求。由于老人的生理机能下降，所以在老人活动区应充分考虑到相关问题，道路广场注意平整、防滑，供老人使用的道路不宜太窄，道路上不宜用汀步。

（6）体育活动区。体育活动区是公园内以集中开展体育活动为主的区域，其规模、内容、设施应根据公园及其周边环境的状况而定。体育活动区常常位于公园的一侧，并设置有专用的出入口，以便大量观众的迅速疏散，体育活动区作为公园的一部分，需与整个公园的绿地景观相协调。

（7）园务管理区。该区是为公园经营管理的需要而设置的专用区域。一般设置有办公室、值班室、广播及水、电、采暖、通信等管线工程建筑物与构筑物、管理人员宿舍等。按功能可分为管理办公部分、仓库部分、花圃苗木部分、生活服务部分等。

园务管理区一般设在既便于公园管理，又便于城市联系的地方，管理区四周要与游人有所隔离，对园内园外均要有专用的出入口。由于园务管理区属于公园内部专用区，规划布局要考虑适当隐蔽，不宜过于突出影响景观视线。

在较大的公园中，可设有1～2个服务中心点为全园游人服务，服务中心应设在游人集中、停留时间较长、地点适中的地方。

2. 综合公园的景色分区

公园按规划设计意图，根据游览需要，组成一定范围的各种景观地段，形成各种风景环境和艺术境界，以此划分成不同的景区，称为景区划分。

景区划分通常以景观分区为主，每个景区都可以成为一个独立的景观空间体。景区内的各组成要素都是相关的，都有一定的协调统一的关系，或在建筑风格方面，或在植物景观配置方面。

公园景观分区应使公园的风景与功能使用要求相配合，增强功能要求的效果；但景区不一定与功能分区的范围完全一致，有时需要交错布置，常常是一个功能区中包括一个或多个景区，形成一个功能区中有不同的景色，使景观能有所变化，以不同的景观效果、景观内涵给游人以不同情趣的艺术感受，激发游人审美情感。景观分区的形式一般有以下几类。

（1）按游人对景区环境的感受效果不同划分景区。①开朗的景区。宽广的水面、大面积的草坪、宽阔的铺装广场，往往形成开朗的景观，给人以心胸开阔、畅怡的感觉，是游人较为集中的区域。②雄伟的景区。利用挺拔的植物、陡峭的山形、耸立的建筑等形成雄伟庄严的氛围。③清静的景区。利用四周封闭而中间空旷的环境，形成安静的休息条件，如林间隙地、山林空谷等，在有一定规模的公园中常常进行设置，使游人能够安静地欣赏景观或进行较为安静的活动。④幽深的景区。利用地形的变化、植物的隐蔽、道路的曲折、山石建筑的障隔与联系，形成曲折多变的空间，达到幽雅深邃、"曲径通幽"的境界，这种景区的空间变化比较丰富，景观内容较多。

（2）按复合的空间组织景区。这种景区在公园中有相对独立性，形成自己的特有空间，一般都是在较大的园林空间中开辟出相对小一些的空间，如园中之园、水中之水、岛中之岛，形成园林景观空间的层次上的复合性，增加景区空间的变化与韵律，是比较受欢迎的景区空间类型。

（3）按不同季节季相组织景区。景区的组织主要以植物的四季变化为特色进行布局规划，一般根据春花、夏荫、秋叶、冬干的植物四季特色分为春景区、夏景区、秋景区、冬景区，每景区内都选取有代表特色的植物作为主景观，结合其他植物品种进行规划布局，四季景观特色明显，是经常用的一种方法。

（4）按不同的造园材料与地形为主体构成景区。①假山园。以人工叠石为主，突出假山造型艺术，配以植物、建筑水体。在东方古典园林中较多见，如苏州狮子林的湖石假山等。②水景园。利用自然的或模仿自然的河、湖、溪、瀑等人工构筑的各种形式的水池、喷泉、跌水等水体构成的风景。③岩石园。以岩石及岩生植物为主，结合地形选择适当的沼泽、水生植物，展示高山草甸、牧场、碎石陡坡、峰峦溪流岩石等自然景观，全园景观别致，极富野趣，是较为受欢迎的一种景观。

还有其他一些有特色的景园，如山水园、沼泽园、花卉园、树木园等，这些都可结合整体公园的布局立意进行适宜设置。在我国古典园林中常常利用意境的处理方法来形成景区特色，一个景区围绕一定的中心思想内容展开，包括景区内的地形布置、建筑布局、建筑造型、水体规划、山石点缀、植物配置、匾额对联的处理等，现代一些景园的设计同样也借鉴了其中的一些手法，结合较强的实用功能进行景区的规划布局。

（五）交通系统

公园中的交通包括陆路、水路两种，一般只有较大水面的大型综合公园才会同时具有水、陆两种交通方式，多数的公园以陆路交通为主。园林道路交通是园林的组成部分，起着组织空间、引导游览、交通联系并提供散步、休息场所的作用。园林道路蜿蜒起伏的曲线、丰富的寓意、精美的图案，都给人以美的享受。园路布局应从园林的使用功能出发，根据地形、地貌、景点的分布、园务管理活动的需要综合考虑，统一规划，园路须因地制宜、主次分明，有明确的方向性。

1. 园路的功能与类型

园路联系公园内不同的分区，组织交通，引导游览，同时也是公园景观、骨架、脉络、景点纽带、构景的要素。园路类型有主干道、次干道、专用道、游步道。

（1）主干道。主干道是全园的主要道路，连接公园各功能分区、主要建筑设施、风景点，要求方便游人集散。路宽4~6m，纵坡占8%以下，横坡占1%~4%。

（2）次干道。次干道是公园各区内的主道，引导游人到各景点、专类园，自成体系，组织景观，对主路起辅助作用。

（3）专用道。多为园务管理使用，在园内与游览路线分开，应减少交叉，以避免干扰游览。

（4）游步道。为游人散步使用，宽1.2~2m。

2. 园路的布局形式

（1）园路的回环性。园林中的路多为环形路，游人从任何一点出发都能游遍全园。

（2）疏密适度。园路的疏密度同园林的规模、性质有关，在公园内道路大体占总面积的10%～12%，在动物园或小游园内，密度可稍大，但不宜超过25%。

（3）因景筑路。将园路与景的布置结合起来，从而达到因景筑路因路得景的效果。

（4）曲折性。园路随地形与景物而曲折起伏，造成"山重水复疑无路，柳暗花明又一村"的景趣，活跃空间氛围。

3. 园路线型设计

园路线型设计应与地形、水体、植物、建筑物、铺装场地及其他设施结合，形成完整的风景构图，创造连续展示园林景观的空间或欣赏前方景物的透视线。线型设计主要包括平面线型设计与纵断面设计。

（1）平面线型设计。主要考虑不同类型道路的宽度要求。大型景区游览主道路一般不超过6m；公园主干道3.5m，游步道1～2.5m。道路转弯半径满足造景需要与汽车的安全行驶最小半径。弯道内侧的路面适当加宽，外侧高，内侧低。

（2）纵断面设计。因地制宜，随地形的变化而变化以减少土方量。主路纵坡宜小于8%。横坡宜小于3%，纵坡、横坡不得同时无坡度。

4. 园路交叉口处理

两条主干道相交时，交叉口应做扩大处理，做正交方式，形成小广场，以方便行人、行车。小路应斜交，但不应交叉过多，两个交叉口不宜太近，要主次分明，相交角度不宜太小。"丁"字形交叉口是视线的焦点，可点缀风景。上山路与主干道交叉要自然，藏而不显，又要吸引游人入山。纪念性园林路可正交叉。

5. 园路与建筑的关系

园路通往大建筑时，为了避免路上游人干扰建筑内部活动，可在建筑面前设置集散广场，使园路由广场过渡再与建筑联系；园路通往一般建筑时，可在建筑面前适当加宽路面，或形成分支，以利游人分流。园路一般不穿过建筑物，从四周绕过。

6. 地形设计

公园总体规划在出入口确定、功能分区规划的基础上，必须进行整个公园的地形设计。无论规则式或自然式、混合式园林，都存在着地形设计问题。地形设计涉及公园的艺术形象、山水骨架、种植设计的合理性、土方工程等问题。从公园的总体规划角度，地形设计最主要的是要解决公园为造景的需要所要进行的地形处理。

规则式园林的地形设计，主要是应用直线与折线，创造不同高程平面的布局。规则式园林中水体主要以长方形、正方形、圆形或椭圆形为主要造型的水渠、水池，一般渠底、池底也为平面，在满足排水要求的基础上，标高基本相等。由于规则式园林的直线与折线体系的控制，高标高平面所构成的平台，又继续了规则平面图案的布置。近年来，欧美国家下沉式广场应用普遍，起到良好的景观与生态及使用效果，如在地形高差变化大的地带，利用底层开展各种演出活动，周围结合地形情况而设计不同形式的台阶，围合而成下沉式露天演出广场。

自然式园林的地形设计，一般有以下几种情况。原有水面或低洼沼泽地，或为城市中间河网地，或是起伏不平的山林地，或为平坦的农田、菜地、果园等。无论上述何种地形，基本的设计手法都可借鉴、采用《园冶》中的"高方欲就亭台，低凹可开池沼"的"挖湖堆山"之法。

公园中地形设计应与全园的植物种植规划紧密结合。公园中的块状绿地（如密林与草坪）应在地形设计中结合山地、缓坡进行规划，水面应考虑水生植物及湿生、沼生植物等不同的生物学特征创造地形。山林地坡度应小于33%，草坪坡度不应大于25%。

地形设计还应结合各分区规划的要求，如安静休息区、老人活动区等要求一定山林地、溪流蜿蜒的水面，或利用山水组合成空间形成局部幽径环境；而文娱活动区域地形变化不宜过于强烈，以便开展大量游人短期集散的活动；儿童活动区域不宜选择、设计过于陡峭、险峻地形，以保证儿童活动安全。

公园地形设计中，竖向控制应包括山顶标高、最高水位、常水位、最低水位标高、水底标高、驳岸标高等。为保证公园内游园安全，水体深度一般控制在1.5～1.8m，硬底人工水体的近岸2.0m范围内的水深不得大于0.7m，超过者设置护栏；无护栏的木桥、汀步附近2.0m范围以内，水深不得大于0.5m。竖向控制还包括园路主要转折点、交叉点、变坡点，主要建筑物的底层、室外地坪、各出入口内外地面，地下工程管线及地下构筑物的埋深等。

（六）水景规划设计

中国古典园林的山与水是相辅相成、密不可分的关系，掇山必须顾及理水，"水随山转，山因水活"。山水相依别有情调，能使园林产生很多生动活泼的景观；从园林艺术上讲，水体与山体还形成了方向与虚实的对比，构成了开朗的空间与较长的风景透视线。不同形式的水体设计方法有以下几种。

1. 河流

在园林中组织河流，平面不宜过分弯曲，但河床应有宽有窄，以形成空间上开合的变化，河岸随山势、地形应有缓有陡，使河岸景致丰富。

2. 溪涧

自然界中，水流平缓者为溪，湍急者为涧，园林中可在山坡地适当之处设置溪涧，溪涧的平面应蜿蜒曲折，有分有合，有收有放，构成大小不同的水面或宽窄各异的水流。多变的水形及落差配合山石的设置，可使水流忽急忽缓，形成各种不同的水声，给游人以不同的景观感受。

3. 瀑布

瀑布是优美的动态水景。大的风景区中，常有天然瀑布可以利用，人工景园可以仿效天然瀑布的意境，创造人工小瀑布。通常的做法是将山石叠高，山水设池做水源，池边开设落水口，水从落水口流出形成人工瀑布。

4. 喷泉

地下水向地面上涌出谓泉，泉流速大，涌出时高于地面或水面。城市景园绿地中的喷泉以人工为主，一般布置在城市广场上、大型建筑物前、入口处、道路交叉口等处的场地中，与水池、雕塑、花坛、景观照明等组合成景。作为局部的构图中心，为使喷泉线条清晰，可以深色景物为背景，另外喷泉喷头的形式不同也会产生不同的喷射效果。

5. 岛、半岛

四面环水的陆地称岛。岛可以划分水面空间，增加水中观赏内容及水面层次，抑制视线，避免湖岸风光一览无余。还可引发游人的探求兴趣，吸引游人游览。岛又是一个眺望湖周边景色的重要地点。岛可分为山岛、平岛、池岛。山岛突出水面，与水形成方向上的对比，在岛上适当建设景观建筑、植树，常成为全园的主景或眺望点。平岛似天然的沙洲，岸线平缓地深入水中，给人以舒适及与水亲近之感，还可在周边配置芦苇之类的水生植物，形成生动而具野趣的自然景色。池岛即湖中有岛，岛中有湖，在面积上壮大了声势，在景色上丰富了变化，具有独特效果，但最好用在大水面中。

6. 驳岸

园林中的水面应有稳定的湖岸线即驳岸，以防水岸被冲刷，维持地面与水面的固定关系；同时驳岸也是风景的组成部分，须与周边的景观相协调。一般驳岸有土石基草坪护坡、自然山石驳岸、条石驳岸、钢筋混凝土驳岸、木桩护岸等。

7. 闸坝

闸、坝是控制水流出入某段水体的工程构筑物，主要作用为蓄水与泄水，设于水体的进水口和出水口。景园中的闸、坝多于建筑、园桥、假山等组合成景。水闸按功能可分为进水闸、节制水闸、分水闸、排洪闸等。水坝有土坝、石坝、橡皮坝。

（七）植物配置

综合性公园的植物配置是进行综合性公园规划设计时较为重要的一项内容，其对公园整体绿地景观的形成、良好的生态环境与游憩环境的创造起着极为重要的作用。

（1）全面规划，突出重点，远期与近期相结合。公园的植物配置规划，必须从公园的功能要求出发来考虑，结合植物造景要求、游人活动需求、全园景观布局要求来进行布置安排。

应充分利用公园用地内原有树木尽快形成整个公园的绿地植物骨架，在重要地区如主入口、主要景观建筑附近、重点景观区、主干道的行道树，宜选用移植大苗来进行植物配置，其他地区则可用合格的出圃小苗，使快生与慢生的植物品种相结合种植，以尽快形成绿色景观效果。

（2）突出公园的植物特色，注重植物品种搭配。每个公园在植物配置上应有自己的特色，突出某一种或几种植物景观，形成公园的绿地植物特色。全园的常绿树与阔叶树应有一定的比例，一般在华北地区常绿树占30%～40%，落叶树占60%～70%；华中地区常绿树占50%～60%，落叶树占40%～50%；

华南地区常绿树占70%~80%，落叶树占20%~30%，这样可做到四季景观各异，保证四季常青。

（3）公园植物规划注意植物基调及各景区的主配调的规划。全园在树种选择上，应该有1个或2个树种作为全园的基调，分布于整个公园中，在数量上与分布上占优势；全园还应视不同的景区突出不同的主调树种，形成不同景区的不同植物主题，使各景区在植物配置上各有特色而不相类同。

除有主调外，还应有配调。以起到相得益彰的陪衬作用，全园的植物布局，既要达到各景区各有特色，相互之间又要统一协调，达到多样统一的效果。

（4）植物规划应充分满足使用功能要求。根据人们对公园绿地游览观赏的要求，除了用建筑材料铺装的道路与广场外，整个公园应全部由绿色植物覆盖起来；地被植物一般选用多年生花卉和草坪，某些地被可以用匍匐性小灌木或藤本植物。

从改善小气候方面来考虑，冬季有寒风侵袭的地方，要考虑防风林带的种植，主要建筑物和活动广场在进行植物景观配置时也要考虑到营造良好小气候的要求。全园中的主要道路，应利用树冠开展、树形较美的乔木作为行道树，自然式的道路，多采用自然种植的形式形成自然景观。在儿童游戏场、游人活动较多的铺装广场，应栽植株距较大、树冠开展的遮阴树种。

疏林草地是很受人们欢迎的配置类型，在耐荫性较强的草坪上，栽植株距较大的速生落叶乔木，这种疏林草地，既有遮阴，又有草坪，适于开展多种活动。在游憩亭榭、茶室、餐厅、阅览室、展览馆的建筑物西侧，应配置高大的遮阴乔木，以抵挡夏季西晒。

（5）四季景观与专类园的设计是植物造景的突出点。"借景所藉，切要四时"，春、夏、秋、冬四季植物景观的创作是比较容易出效果的，植物在四季的不同表现，游人可尽赏其各种风采，春观花、夏纳凉、秋观叶品果、冬赏干观枝。因地制宜地结合地形、建筑、空间变化将四季植物搭配在一起便可形成特色植物景观。以不同植物种类组成专类园，在公园的总体规划中是不可缺少的内容，尤其花繁叶茂、花色绚丽的专类花园更是游人乐于游赏的地方。

（6）注意植物的生态条件，创造适宜的生长环境。按生态条件，植物可分为陆生、水生、沼生、耐寒、喜高温及喜光耐阴、耐水湿、耐干旱、耐贫瘠等类型，那么选择合适的植物使之在不同的环境条件下种植达到良好的生态状态是很必要的。

（八）建筑物及构筑物

景园建筑作为园林的重要组成部分，是一种独具特点的建筑，具有使用与观赏的双重作用，并且往往是园林景观和空间的焦点。

1. 景园建筑的作用

（1）满足功能要求。景园建筑可作为人们休息、游览、文化、娱乐活动的场所，同时本身也成为被观赏的对象，点缀景园景色，伴随园林活动的内容日益丰富，园林类型的增加，出现了众多的建筑类型，满足各种活动的需求。

（2）园林景观要求。①点景。即点缀风景，景园建筑与山水、植物相结合，构成美丽的风景画面，建筑常形成构图中心，具有"画龙点睛"的作用，为园林景观增色生辉。②赏景。即观赏风景，以建筑作为观赏园内或园外景物的场所，可静观园景，也可动观园景，建筑的位置、朝向、大小等都要考虑到赏景的要求。③引导游览路线。建筑常作为视线的主要目标，以道路结合建筑创造一种步移景移、具有导向性的游动观赏效果。④组织园林空间。利用建筑围合成的各种形状的庭院及游廊、花墙、园洞等，或者以建筑为主，辅以山石花木来组织、划分园林空间。

2. 按使用功能分类

（1）园林建筑小品。主要指景园中体量小巧、数量多、分布广、功能简明、造型别致，具有较强的装饰性，富有情趣的精美设施，如园灯、导视牌、园椅、围墙栏杆等。

（2）游憩性建筑。主要给游人提供游览、休息、赏析的场所，其本身也是景点或成为景观的构图中心。

（3）服务性建筑。主要指为游人在游览途中提供生活服务的建筑，如各类小卖部、茶室、小吃部、餐厅、接待室、小型旅馆等。

（4）公共性建筑。主要包括电话通信、停车场、存车处、供电及照明、标志物及公共厕所等。

（5）管理性建筑。主要指公园、风景区的管理设施，公园大门、办公楼、食堂、垃圾污水处理设施等。

3.景园建筑设计的一般原则

（1）立意。就是设计师根据功能需求、艺术要求、环境条件等因素，经过综合考虑所产生出来的总的设计意图，我国传统造园的特色中立意着重艺术意境的创造，寓情于景，触景生情，情景交融。

（2）布局。景园建筑在布局上要因地制宜，巧于因借。应善于利用地形，结合自然环境，与山石、水体和植物，互相配合，相互渗透。借助地形、环境的特点，与自然融为一体。同时建筑位置与朝向应与周边景物构成巧妙的借景、对比的关系。

（3）空间处理。应力求曲折变化，参差错落，空间布局应灵活，忌呆板，追求空间流动，虚实穿插；通过空间的划分，形成大小空间的对比，增加空间层次，扩大空间感。

（4）造型。更注重美观的诉求，建筑形体、轮廓要有表现力，应能增加景园画面的美。建筑体量的大小、建筑体态的轻巧或持重，都应与园林景观协调统一。

（5）比例尺度的推敲。景园建筑的尺度不仅要符合建筑自身的要求，还应考虑与建筑空间环境之间的尺度关系。

（6）色彩与质感的处理。利用色彩与质感组织各种构图的变化，可增加景园空间的艺术感染力，获得良好的艺术效果。

第三节　专项公园规划设计

一、植物园

（一）植物园的任务、类型

1.植物园的任务

植物园是从事植物物种资源的收集、培育、保存等科学研究的机构，植物园的主要任务可分为4个方面。

（1）科学研究。人类至今已经栽培利用的植物约为500余种，自然界的高等植物约有30万种。如何转化野生植物为栽培植物，如何转化外来植物为当地植物是植物园责无旁贷的科研任务。

（2）观光游览。结合植物科学的丰富内容，以公园的形式，创造最优美的环境，让植物世界形形色色的奇花、异草、茂林、秀木组合成绚丽多彩的自然景观。

（3）科学普及。植物园通过露地展览区、温室、陈列室、博物馆等室内外植物素材的展览，让广大群众在休息、游览中，参观学习，寓教于游。

2.植物园的类型

植物园按其性质分为下面两种。

（1）综合性植物园。综合性植物园指兼备多种功能，即科研、游览、科普及生产的规模较大的植物园。

（2）专业性植物园。专业性植物园指根据一定的学科、专业内容布置的植物标本园、树木园、药圃等。

（二）植物园景观的规划设计

植物园的规划应反映现代植物科学的最新成就与发展趋势，把产、学、研三者之间的科学内容体现出来，同时结合植物科学的要求，应用园林艺术手法，处理好植物园的地形、建筑布局、景观等问题。

1.选址

植物园选址的要求有以下几点。

（1）应有充足的水源。水是植物园内生产、生活、科研、游览等各项工作与活动的物质基础；另一方面，又要求有较好的排水条件，良好的水质，以保证各类植物的良好生长。

（2）地形地貌。复杂多样的地貌，有利于创造不同的生态环境与生活因子，更能为不同种类植物的生长提供理想的生存条件，也为引导驯化工作创造有利的环境，应根据不同的海拔高度、坡向、地势选择适合的植物。

（3）土壤条件。地形变化越复杂，地势差异越大，植物园内的土壤种类相应的也多，可根据植物适应土壤的酸碱度不同将其分成酸性土植物、中性土植物、碱性土植物。

酸性土植物：在酸性土壤上生长的植物，如杜鹃、山茶、松树等。

中性土植物：大多数的花草树木。

碱性土植物：在碱性土壤上生长的植物，如白蜡、杠柳等。

（4）小气候条件。由于温度、湿度、风向、坡向、植被等综合作用的结果，使生境地产生和出现不同的小气候，以满足不同植物的生境条件，利于引种驯化工作，逐步改造外来植物的遗传性，提高适应性。

（5）原有植物的丰富性。园址原有植物种类丰富，直接指示了该用地的综合自然条件；反之，说明用地的自然条件综合因子不利于植物生长。

（6）城市的区位与环境条件。植物园从区位和周围环境的要求应考虑到以下几方面的具体条件。①植物园的用地应位于城市活水的上流和城市主要风向的上游方向。②远离工业区。③交通方便，以普通交通工具1h左右能到达较好。④市政工程设施满足植物园的要求。

2.设计要点

（1）首先明确建园目的、性质与任务。

（2）决定植物园的分区（参照综合性公园）与用地面积，一般展览区用地面积较大，可占全园总面积的40%～60%，苗圃及试验区用地占25%～35%，其他用地占15%～25%。

（3）展览区面向群众开放，宜选用地形富于变化、交通联系方便、游人易到的区域；另一类偏重科研或游人量较少的展览区，宜布置在稍远的地点。

（4）苗圃试验区，是进行科研与生产的场所，不对游人开放，应与展览区隔离，但是要与城市交通线有方便联系，并设有专门出入口。

（5）确定建筑数量与位置，植物园建筑有展览建筑、科研建筑及服务性建筑三类。

（6）道路系统与广场的布局与综合性公园有众多相似之处，一般分为主干道、次干道、游步道三级。

（7）植物种植设计。除与一般综合性公园种植设计相同外，还要特别突出其科学性、系统性。由于植物的种类丰富，完全有条件满足按生态习性要求进行混合，为充分发挥园林构图艺术提供丰富的物质基础。

植物园铺设草坪既可供游人活动休息，又能为将来增添植物预留地，同时也丰富了园林自然景观。草坪面积一般占总种植面积的20%～30%为宜。

（8）植物的排灌工程。植物园的排灌系统规划一般利用地形起伏的自然坡度或暗沟，将雨水排入附近的水体中为主，但是在距离水体较远或者排水不畅的地段，必须铺设雨水管辅助排水，做到旱可浇、涝可排。

二、动物园

（一）动物园景观设计概述、类型、任务

1. 概述

动物园是人类社会经济文化、科学教育、人民生活水平、城市建设发展到一定程度的产物。动物园是以动物展出为主要内容，目的是宣传、普及有关动物的科学知识，对游人进行科普教育；对野生动物的习性、珍稀动物的繁育进行科学研究，同时，为游人提供休息、活动的专类公园。

2. 类型

依据动物园位置、规模、展出方式等不同，将动物园划分为四种类型。

（1）城市动物园。一般位于大城市近郊区，面积大于20hm²，动物展出比较集中，品种丰富，常收集数百种至上千种动物。

（2）人工自然动物园。一般位于大城市远郊区，面积较大，多上百公顷。动物展出的种类不多，通常为几十种。以群养、敞放为主，富于自然情趣与真实感。

（3）专类动物园。多位于城市近郊，面积较小，一般为5～20hm²。动物展出的品种较少，通常为富有地方特色的种类。

（4）自然动物园。一般多位于自然环境优美、野生动物资源丰富的森林、风景区及自然保护区。此类面积大，动物以自然状态生存，游人通过确定的路线、方式，在自然状态下观赏野生动物。

3. 动物园的任务

动物园是集中饲养、展览与科研种类较多的野生动物或附有少数优良品种家禽、家畜的公园绿地。首先应满足游人游览观赏的需要，同时要以生动的方式普及动物科学知识和配合有关部门进行科学研究。

（1）普及动物科学知识，包括珍稀动物以及动物与人的生态关系、经济价值等。

（2）作为中小学生的直观教材与动物专业学生的实习基地，丰富动物

学知识，掌握动物生态学、形态学、分类学、生理学、饲养学等。

（3）研究动物的驯化与繁殖，病理与治疗方法，习性与饲养学，并进一步揭示动物变异进化的规律，创造新品种，使动物为人类社会发展服务。

（二）动物园景观的规划设计

1. 选址

动物园的用地应考虑公园的适当分工，依据城市绿地系统来确定。

在地形方面，由于动物种类繁多，且来自不同的生态环境，故地形宜高低起伏，要有山冈、平地、水面、良好的绿化基础与自然风景条件。

在卫生方面，动物园最好与居民区有适当的距离，并且位于下游、下风地带。园内水面应防止污染城市水源，该地带内不应有住宅、畜牧场、动物埋葬地等。此外，动物园还应有良好的通风条件，以减少疾病的发生。

交通方面，动物园客流较集中，货物运输也较多，停车场应与公园入口广场隔开。

工程方面，应有充分的水源和良好的地基，地下无流沙现象，便于建设动物笼舍与开挖隔离沟或水池，并有经济而安全的供应水电的条件。

为满足上述要求，通常大、中型动物园一般选择在城市郊区或风景区内。

2. 分区

（1）宣传教育、科学研究部分。这是全园科普科研中心，主要由动物科普馆组成，一般布置在出入口地段，交通方便，场地开阔。

（2）动物展览部分。由各种动物笼舍组成，占有最大的用地面积。

（3）服务休息部分。包括休息廊亭、接待室、饭馆、小卖部、服务站等。此部分不能过分集中，应较均匀地分布于全园，便于游人使用，因而往往与动物展览部分混合毗邻。

（4）经营管理部分。包括饲料站、兽医站、检疫站、行政办公等，宜设在隐蔽偏僻处，并要有绿化隔离，但要与动物展览区、动物科普馆等有方便的联系。有专用出入口，以便运输和对外联系。有的动物园将兽医站、检疫站设在园外。

（5）职工生活区。为了避免干扰与卫生防疫，一般在动物园附近另设一区。

（6）隔离过渡部分。规划一定宽度的隔离林带，一方面可以提高公园的绿化覆盖率，形成过渡空间，另一方面可以减少疾病的传播。

（7）动物园规划处考虑上述分区外，起决定作用的是动物展览顺序的确定。我国绝大多数动物园规划都突出动物的进化顺序，由低等动物到高等动物依次展出，即无脊椎动物—鱼类—两栖类—爬行类—鸟类—哺乳类，在这个前提下，根据具体情况调整，同时。在规划布局中还要争取有利的地形安排笼舍，形成既有联系又有绿化隔离的动物展览区。

3. 设计要点

为了使规划全面合理，在制定动物园总体规划时，应由景观规划人员、动物学家、饲养管理人员共同讨论，确定切实可行的总体规划方案。

（1）陈列布局方式。动物园动物展出的陈列布局方式主要有3种类型。①按动物进化系统布局。此种陈列方式的优点是具有科学性，按进化顺序布局能使游人具有较清晰的动物进化概念。②按动物原产地布局。按照动物原产地的不同，结合原产地的自然风景、人文建筑风格来布置陈列动物。③按动物的食性、种类布局。这种陈列布局方式的优点是在动物饲养管理上非常方便经济。

（2）用地比例。动物园除展示动物外，应具有良好的园林景观外貌，为游人创造理想的游憩场所，相关标准参见《公园设计规范》（GB 51192—2016）要求。

（3）设施内容。①文化教育性设施。露天及室内演讲教室、学术报告厅、展览厅等。②服务性设施。出入口、园路广场、停车场、存物处、餐厅等。③休息性设施。休息性建筑亭廊、花架、园椅、喷泉、雕塑、游船、码头等。④管理性设施。行政办公楼、兽医院、动物科研工作室及其他日常工作所需的建筑。⑤陈列性设施。陈列动物的笼舍、建筑及控制园界及范围的设施。

（4）出入口及园路。动物园的出入口应设在城市人流的主要来向，应有一定面积的广场便于人流的集散，出入口附近应设停车场及其他附属设施。动物园道路的布置方式，除在出入口及主要建筑可采用规则式外，一般应以自然式为宜，自然式的道路布局应考虑动物园的特殊性，便于游人到达不同的动物展览区。

（5）绿化种植。动物园的规划布局中，绿化种植起着主导作用，不仅创造了动物的生存环境，同时为各种动物创造接近自然的景观，为建筑及动物展出创造出优美的背景烘托；同时，为游人创造良好的游憩环境，统一园内景观。①动物园的绿化种植应服从动物陈列展出的需求，配合动物的特点与分区，通过绿化种植形成各个展区的景观特色。②动物园的园路可布置成林荫道的形式。陈列区应有布置完善的休息林地、草坪作间隔，便于游人参观陈列动物后休息；建筑、广场、道路应充分发挥花坛、花境、花架及观赏性强的乔灌木的风景装饰作用。③一般在动物园的周围应设防护林带。在当地主道风向处，宽度可加大，并可利用园内与主导风向垂直的道路增设次要防护林带。在陈列区与管理区之间，也应设有隔离防护林带。④动物园种植材料的选择。应选择叶、花、果无毒的树种，树干、树枝无刺的树种，以避免动物与游人受到伤害。最好也不种植动物喜欢吃的树种。

三、儿童公园

（一）类型

根据儿童公园的规模、内容，我国城市建设的具体情况，一般儿童公园及儿童游戏场主要分为4种类型。

1. 综合性儿童公园

此种类型的儿童公园为全市少年儿童服务，一般宜设于城市中心部位，交通方便地段，面积较大。综合性儿童公园的范围与面积可在市级公园与区级公园之间，内容可包括文化普及、科普宣传等。其中必要的建筑物和设施包括科学宫、演讲报告厅、体育场、游泳池等。

2. 特色性儿童公园

强化或突出某项活动内容，并组成较完整的系统，形成某一特色。这类特色儿童公园考虑到儿童年龄特点，给他们介绍世界上的植物与动物群体，使他们热爱自然、自觉保护生态环境，加强他们对这些领域中专业知识的兴趣。

3. 一般性儿童公园

此类儿童公园主要为区域少年儿童服务，活动内容可以不求全面。在规划过程中，可以因地制宜，依据具体条件而有所侧重，但其主要内容仍然是体育、娱乐方面。这类儿童公园在其服务半径范围内，将具有大小酌情、便于服务、投资随意、可繁可简、管理简单等特点。

4. 儿童乐园

一般在城市综合性的公园内，为儿童开辟专区，占地不大，设施简易，规模较小，成为城市公园规划的组成部分，一般称为儿童活动区。

（二）儿童公园景观规划设计

1. 选址

在城市规划中，如何考虑提供儿童开展休息娱乐的场地，如何布局城市儿童公园系统都是具有战略意义的重要问题。

从选址上考虑，首先应考虑保护儿童公园不受城市水体与气体的污染及城市噪声的干扰，以保证儿童公园的设施与教育功能有良好的生态环境和活动空间。选址同时应考虑交通条件，使家长与儿童能便捷抵达，从合理布点考虑，较完备的儿童公园不宜选择在已有儿童活动场所的综合性公园附近。

2. 功能分区

由于儿童公园的服务对象主要为幼儿、学龄儿童、青少年以及陪游的家长，作为主要游人的幼儿、学龄儿童与青少年，由于年龄段不同，所以在生理、心理、体力上各有特点，儿童公园在功能分区规划时，必须根据他们的情况划分为不同的活动区域。

（1）幼儿游戏场。此类游戏场的设施有供游戏使用的小房子及休息亭廊、凉亭等供家长休息使用。幼儿游戏场周围常用绿篱或彩色矮墙围起，一般活动场地成口袋形，出入口尽量少些，该区的活动器材须光滑、简洁、圆角，以避免碰伤。

（2）学龄儿童活动区。该区的服务对象主要为小学一二年级儿童。一般的设施包括螺旋滑梯、秋千、攀登架等；此外，还应提供开展集体活动的场地与水上活动的涉水池、障碍活动小区，有条件的地方可同时设置室内活动的少年之家、科普展览室等内容。

（3）青少年活动区。小学四五年级及初中低年级学生，在体力与知识方面都要求在设施的设置上更有思想性，活动的难度更大些。开设少年宫、少年科技、文艺培训中心，培育学习音乐、绘画、文学、书法、科技等方面的基础知识，将对他们的未来学习、生活起重要作用。

（4）体育活动区。青少年儿童正值成长发育阶段，所以儿童公园中体育活动区是十分重要的活动内容。体育活动项目包括健身房、运动场、各类球场、射击场，有条件的还可以设自行车赛场等。

（5）文化、娱乐、科学活动区。文化娱乐活动区主要培养儿童的集体主义情感，扩大知识领域，增强求知欲和对书籍的爱好。同时结合电影厅、演讲厅、音乐厅、游艺厅的节目安排，达到寓教于乐的效果。

（6）自然景观区。满足儿童亲近自然的心理，可考虑设置部分自然景观区。

（7）办公管理区。为搞好儿童公园的服务工作，必须考虑完善的办公管理系统，管理工作包括园内卫生、服务、急救、保安工作。

3. 规划设计要点

由于儿童公园专为青少年儿童开放，所以在设计过程中，应考虑到儿童的特点，注意以下设计要点。

（1）儿童公园的用地应选择日照、通风、排水良好的地段。

（2）儿童公园的用地应选择或经人工设计后具有良好的自然环境，绿地一般要求占60%以上，绿化覆盖率宜占全园的70%以上。

（3）儿童公园的道路规划要求主次路系统明确，尤其主路能起到辨别方向、寻找活动场所的作用，最好在道路交叉处设图牌标注。

（4）健康、安全是儿童公园设计成功的最基本指导思想。少年儿童正处在成长时期，在儿童公园中能够得到美的享受，智的熏陶，体的锻炼。

（5）儿童公园的建筑、雕塑、设施、景园小品、园路要形象生动、色彩鲜明。

（6）儿童公园的地形、水体的创造十分重要。地形设计，要求造景与游戏内容相结合，使功能和游园活动相协调。

（7）创造庇荫环境，供儿童与陪游家长休息与守候。一般儿童公园内的游戏与活动广场多建在开阔的地段上。

（8）儿童公园的色彩运用，大多采用暖色调、鲜艳色彩可创造热烈、激动、明朗、振作、向上的氛围。

4.植物配置

儿童公园的种植设计是规划工作的重要组成部分，也是创造良好自然环境的重要措施之一。

（1）密林与草地。密林与草地将提供良好遮阴与集体活动的环境，创造森林模拟景观、森林小屋、森林游憩等内容，从已建成的儿童公园建设经验中得到肯定。

（2）花坛、花地与生物角。在长江以南的地区一般尽可能做到四季鲜花不断，在草坪中栽植成片的花地、花丛、花坛，都要做到鲜花盛开、绿草如茵。有条件的儿童公园可规划出一块植物角，可以设计成以观赏植物的花、叶或以香味为主要内容的观花、观叶植物。

（3）儿童公园种植设计忌用植物。有刺激性、有异味或引起过敏性反映的植物，以及有毒植物、给人体呼吸带来不良作用的植物、生病虫害及结浆果的植物。总之，上述各种具有对儿童的身体造成威胁或有害的植物，不得在儿童公园中使用，避免发生意外事故，保证儿童游园的绝对安全。

5.活动设施与器械

儿童活动的游戏设施和器械、场地，随着社会的发展，时代的进步，科学的发达，有不同的特点。

（1）儿童游戏场地、设施、器械与儿童身高的关系。幼儿期（1~3周岁）身高75~90cm；学龄前期（4~6周岁）身高95~105cm；学龄期（7~14周岁）身高110~145cm。根据儿童身高，考虑儿童的动作与器械的比例关系，如方格形攀爬架的格子间隔，幼儿为45cm，学龄前儿童为50~60cm，管径2cm为宜；学龄前儿童的单杠高度应为90~120cm，学龄儿童的单杠高度应为120~180cm。儿童平衡木高度应为30cm左右。

（2）儿童游戏场地与设施。

①草坪与铺地。柔软的草坪是儿童进行各种活动的良好场所，此外还应设置软塑胶铺地砖或一些用砖、素土、马赛克等材料铺设的硬地面。②沙。在幼儿游戏中，沙土是最简单最受欢迎的场地。沙坑有一定的松软感，幼儿可以开展一系列的沙嬉活动，一般沙土深度约为30cm为宜。③水。儿童公园中条件较好的除设置儿童游泳池以外，嬉水池很受儿童欢迎，一般设计成

曲线流线型为宜，水深在15～30cm。④游戏墙、迷宫。可用植物材料或砖墙，木墙设计迷宫与游戏墙。游戏墙应便于儿童的钻、爬、攀登，以锻炼儿童的识别、记忆、判断的能力。迷宫是游戏墙的一种形式，可用常绿树墙围成，也可用砖、木头、竹子等材料做成，让孩子们在路线变换中感到"迷"的乐趣。⑤隧道、假山、沟地、悬崖、峭壁。此类场地多为青少年开设，活动有一定的难度与冒险性。

四、城市广场景观规划设计

城市广场是城市空间的重要构成要素之一，是城市的"客厅"与"起居室"。伴随着城市建设的发展，城市广场已成为一个包容市民休闲活动、承载城市文脉的重要场所之一。

（一）城市广场概述

古今中外，对广场定义众说不一。凯文·林奇认为，"广场位于一些高度城市化区域的中心部位，被有意识的作为活动焦点。在通常条件下，广场通过铺装，被高密度的构筑物围合，有街道环绕或与其相通，它应具有可以吸引人群和便于聚会的要素"。而《中国大百科全书》中认为，"城市广场是城市中由建筑物、道路或绿化地带围绕而成的开敞空间，是城市公众社会生活的中心，又是集中反映城市历史文化和艺术面貌的建筑空间"。

由此可以看出，城市广场的概念要广义得多，大到形成一个城市的中心或一个公园，小到一块空地或一片绿地，是城市公共空间的一种重要空间形式，它占据着一定的时间与空间，是人文景观与物质景观的结合体；是城市中环境宜人、适合大众的公共开放空间，体现并继承、发展历史文脉。它对城市有典型意义，是城市风貌、个性的体现，并顺应市民的需求，为市民提供了室外活动与公共社交的场所。城市广场是城市外部公共空间体系的一致重要构成形态，不仅拥有一般城市开放空间的共性，而且具备独特的个性特征，主要表现在以下几个方面。

1.公共性

城市广场供公共使用，任何市民都可以用以通行或休息。

2. 开放性

任何时间都可以供公众通行或休息。

3. 综合性

城市广场不仅可作为市民休闲、娱乐的室外场所，同时可以根据其定位不同加载其他的功能，例如，可以在广场中注入一些文化、历史、宗教等元素，使它除了公共休闲之外还能承载更多的社会任务与责任。现代城市的规划与设计是一个复杂的系统工程，在城市的总统规划中对广场的布局、数量、面积、分布则取决于城市的性质、规模与广场的功能定位。按照性质、功能和用途的不同，可以将城市广场分为以下几种。

（1）市政广场。市政广场是用于集会、庆典、游行、检阅、礼仪与传统民间节目活动的广场。市政广场多毗邻城市行政中心而建，其周围建筑的性质以行政办公为主，也可能会有其他重要的公共建筑物。

（2）纪念广场。纪念广场是为了缅怀历史事件与历史人物而修建的广场。纪念广场多结合城市历史，与有重大象征意义的纪念物配套设置。纪念性广场通常突出某一主题，形成与主题相一致的环境氛围，广场内布置有各种纪念性建筑物、纪念碑、纪念雕塑等。

（3）商业广场。商业广场是用于集市贸易、展销购物、顾客休憩的广场。一般设在商业中心区域或大型商业建筑附近，可连接邻近的商场与市场，使商业活动趋于集中。现代商业广场以步行环境为主，集购物、休息、娱乐、餐饮和社会交往于一体，内外建筑空间相互渗透，广场设施齐全，建筑小品尺度、内容应富有商业氛围与人情味。

（4）文化广场。文化广场是用于进行文化娱乐活动的广场，常与城市的文化中心或有价值的文物古迹结合设置，其周围安排有文化、教育、体育和娱乐性的公共建筑。

（5）游憩广场。游憩广场是供市民休憩、交往与观光的场所，周围一般是商业、文化、居住和办公建筑。游憩广场是城市居民进行城市生活的重要行为场所，与城市居住区联系密切，并常与公共绿地结合设置，它既是城市中富有生气的场所，也是最为普遍的广场类型。

此外，在城市建设过程中，出现了一些交通广场，是由于城市公共绿地欠缺的条件下对交通岛进行改造而来，但是由于它对交通与市民的安全影响较大，已经逐渐消失。

（二）城市广场景观规划设计

1. 城市广场规划设计的原则

（1）人本原则。国际建筑师联合会第十四次会议宣言指出："经济规划、城市规划、城市设计和建筑设计的共同目标应当是探索并满足人的各种需求。"满足人类生存与发展的需求，不仅是城市发展的最终目标，也是人类社会进步的根本动力。今天对人文主义思想的追求是一种新的社会发展趋势，具体到城市空间环境的创作上，则要充分认识和确定人的主体地位与人与环境的双向互动关系，现代城市广场是人们进行交往、观赏、娱乐、休憩活动的重要城市公共空间，其规划目的是使人们更方便舒适地进行多样性活动。因此现代城市广场设计要贯彻以人为本的人文原则，应特别注重对人在休闲广场上的环境心理与行为特征进行研究，创作出不同性质、不同功能、不同规模、各具特色的城市广场空间，人本原则涉及与人相关的环境心理学，行为心理学，这些理论在城市休闲广场设计中占有重要地位。

（2）整体性原则。城市广场作为城市空间的"节点"，是城市空间环境的有机组成部分，好的城市广场往往是城市的标志。但在城市公共空间体系中，城市广场有功能、性质与规模的区别，每个广场只有正确定位自己的区域和性质，恰如其分地表达与实现其功能，才能共同形成城市广场空间的有机整体。因此，必须对城市广场在城市空间环境体系中的系统分布进行全面的分析与把握。设计初期的广场定位极为重要。

（3）传承与创新原则。城市是人类文明的结晶，随着城市的产生、建设与发展，人类在不断建造适应自身生活的建筑环境的同时，社会文化价值观念也随之更新变化。一部分有价值的历史文化、建筑文化得以保留，并延续着融入人类文化感情的历史文脉；与此同时，随着信息社会的到来，知识文化产业在城市中有着越来越重要的地位，这种变化正在加速城市文化的蜕变，形成与传统全然不同的文化形态。城市空间环境，特别是城市广场，作为人类文化在物质空间结构上的投影，其设计须尊重历史、延续历史、继承文脉，又必须站在当前的历史定位，反映历史长河中目前的特征，有所创新、发展，因此继承与创新有机结合的文化原则在城市广场设计中应得到充分重视。

（4）生态原则。在人类创造有史以来与日俱增的最为丰富的物质生活的同时，城市化进程的加快，资源的过度消耗，导致城市生态环境日趋恶化，人们已经深刻意识到不能片面追求经济效益，而忽视生态环境的保护，认识到人类应与自然和谐共处，为后代提供一个良好的生态发展空间。在城市广场设计中就是要转变过去那种只重视硬质环境而忽视软质环境设计，转移到两者的结合上来，一方面应用景园设计的方法，通过融入、嵌入、美化与象征等手段，在点、线、面等不同层次的空间领域中引入自然；另一方面强调其生态小气候的合理性，在气温、声、日照等方面做到以人为本。

（5）公众参与原则。参与是指人以各种行为方式，参与事件活动之中，与客体发生直接或间接的关系。在广场空间环境中首先应引导公众积极投入"活动参与"与"决策参与"中，发挥主客体的直接交换的互动作用；调动市民的参与性，使更多的人从更多方面参与城市广场的建设活动。其次为人们留有多种选择的自由性、多层次性，诱发市民的积极活动。最后作为活动的空间载体，应富有较大的文化内涵，使广场具有永久生命力。

参与性不仅表现为市民对广场活动的参与，也体现在设计师在广场初步设计过程中充分了解市民的意愿、意见并发挥市民的群体智慧，使广场设计更具有其设计合理性。对于设计师而言，应该注重公众参与政策、方案制定的全过程，让公众了解规划的全部内容，使公众的自身利益得到设计的保护，让公众真正成为广场的主人。

2. 城市广场规划设计的要求

从城市规划的工作阶段上看，广场规划设计属于修建性详细规划阶段。但是由于城市广场与其他城市空间相比，在建设上的要求有所不同，其规划设计在内容与深度上既有修建性详细规划的共性，又有自身的特殊性。城市广场规划设计的主要任务是以广场规划研究为依据，详细规定建设用地的空间布局与各种设施，用以指导广场的施工图设计与施工。

广场规划设计内容除了《城市规划编制办法实施细则》要求的修建性详细规划的内容外，还应包括以下几个方面。

（1）提出广场地区的建筑布置与控制要求，形成良好的空间围合界面。

（2）进行广场地区的道路交通规划设计，确定各类静态交通设施的位置与规模。

（3）环境艺术工程意向设计。①地上标志物（雕塑、景墙）与小品建筑建设要求。②各类水体用地范围、形式及喷泉高度与造型要求。③夜间照明设计及装饰照明设计要求。④广场地面铺砌设计要求。⑤广场色彩设计要求。

（4）提出植物配置、植物造型与植物色彩要求，广场规划设计成果形式分为规划说明书与规划图纸两部分。①规划说明书。包括现状条件分析、规划原则与总体构思、用地布置与景观组织、广场空间组织与广场地区建筑空间围合、交通组织与人流车流分析、绿化布置与种植要求、广场配建设施建议、工程管网综合与竖向设计、环境艺术工程设计意向、主要经济技术指标与工程量及投资估算。②景观规划设计图纸。广场区位图，比例尺为1：（1 000～5 000），表明广场在城市中的位置，包含周围城市道路红线，规划用地范围，反映出规划用地与周围地区的关系。广场现状图，比例尺为1：（500～1 000），标明自然地形、地貌、道路、绿化、工程管线及各类用地与建筑的范围、性质、层数、质量等。规划总平面图，比例尺为1：（300～800），图上应标明各种不同铺砌的硬地、草地、花卉种植地、树林、水体用地、通道、停车场地，以及地上标志物（雕塑、景墙等）、建筑小品、配建设施及环境艺术小品的布置。绿化规划图，比例尺为1：（300～800），绿化规划图以规划总平面为依据，反映出各类绿地的布局，表示出植物的配置、树种的选择及栽培方式、株距等，以及园林建筑和园林小品的轮廓尺寸、铺地大样等。定位设计与竖向设计，比例尺为1：（300～800），将总平面的内容进行定位，图上应标明主要设施与场地的定位坐标与高程，各类场地的纵坡与地面水排出方向，标出步行道、台阶、挡土墙位置和墙顶标高等。工程管网综合规划图，比例尺为1：（300～800），图上应标明各类市政公用设施与管线的平面位置间距、管径尺寸、埋设深度以及有关设施和构筑物位置。广场主要设施分布图，比例尺为1：（300～800），图上应标明广场主要设施的类型、位置、数量。表达规划设计意图的模型与鸟瞰图为满足广场规划设计的方案比较与审查，还可提供若干表达规划设计意图的分析图。

3.城市广场硬质景观设计

从形态上分析，广场由点、线、面及空间实体构成，作为实体环境的具体要素则主要指可视形象。单个或多个环境要素的组合可以隐含人的空间行为、感情要素及文化内涵等。广场硬质实体环境的具体要素一般包括建筑、铺地、雕塑、小品、照明等。

（1）建筑。建筑是人类为了居住、生活、生产及某种特殊需要而建造的围护结构。建造是在人类社会之中的，不应把建筑仅仅理解为一栋建筑物、一个建筑群、一个建筑体系，它包含着人与人之间的各种关系，反映政治、经济、文化、社会、艺术、民俗等的需要，以及反映它们之间的关系。

广场中的建筑对广场的围合作用与墙、地面有所不同。首先，它的内部有人存在，具有内外的引力关系，当人从建筑内出来或从广场进入建筑时，它事实上使广场得以延续，内外空间关系的强化使整个广场空间有了一个扩大与深入；另外人在建筑内和在广场中的感觉是不一样的，建筑内部空间部分地归入广场空间，建筑对于广场就有了双重意义，其外墙的色彩、装饰、高度等是直接形成广场空间的要素，其内部又成为广场空间的从属空间，在这种情形之下，人的流动也会在两个空间之间相互穿插。

（2）铺地。铺地是广场设计的一个重点，因为广场的基础是以硬质景观为主，其最基本的功能是保证城市居民的户外活动，铺装场地正是以其简单的方式而表现出较大的宽容性，可以适应市民多种多样的活动需要。铺地可划分为复合功能场地与专用场地两种类型，复合功能场地没有特殊的设计要求，不需要配置专门的设施，是广场铺地的主要组成部分，专用场地在设计或设施配置上具有一定的要求。从工程与选材上，铺地应当具有防滑、耐磨、防水排水性能良好的功能要求。

（3）环境小品。城市广场是市民的"起居室"，市民休闲、交往有赖于城市广场舒适的环境，舒适的环境主要包括休憩设施及环境设施两个方面。①休憩设施。现代城市广场必须为市民提供足够的休憩设施，这是体现以人为本设计原则的最基本需求。北京天安门广场面积约为40hm^2，但无休憩设施，因此它是城市的"客厅"，而非城市的"起居室"。美国学者威廉·怀特通过对曼哈顿广场的调研，提出关于广场座位的参数值，每2.5m^{2}的广场应提供1.3m长度的座位。该数值提供了一个提高广场可坐率的定量参考值，但需综合考虑广场人流量、地理区位及服务半径等内容。鉴于此，城市广场的设计应充分利用花坛边缘、树池、台阶以增加休息场所，提高可坐率。②环境设施。包括照明、背景音响、电话亭、导视牌、果皮箱等，它们不仅仅是市民休闲功能上的需求，也是视觉上的需要。环境设施作为广场中的重要元素，既要支持广场空间，又要表现一定的个性，在实用、便利的前提下，注重整体性、识别性与艺术性。

（4）广场的可达性。城市广场的可达性是城市结构上的需求，也是广场自身活力发展的需要。现代广场与古代广场的主要区别在于日益复杂的城市交通对城市广场规划设计的影响。城市广场的可达性是指从城市空间中任意一点到该广场的相对难易程度，其相关指标有距离、时间等。可达性是创造以人为本的城市广场的最基本、最原始的衡量指标之一，保障市民以最简捷的路线安全进入广场是城市广场区位设计的根本，另外市民是否能够便捷、平等地享用广场自然空间的服务是城市广场可达性的重要指标，即所谓的资源享用的公平性与社会平等性，这其中最重要的内容是无障碍通行设计。关心残疾人是现代文明的标志之一，在城市广场规划设计中应充分考虑到残疾人的要求。

4.城市广场软质景观设计

人与自然的结合一直是城市空间的追寻目的，城市广场中的自然空间，不仅在生态上与自然环境相平衡，而且在形态上呈有机的联系。城市广场的自然景观是吸引市民的动因之一，它包括植物、水体、动物等内容。

（1）植物。植物是城市广场构成要素中唯一具有生命力的元素。作为自养生物与城市生态系统的生产者，植物在其生命活动中通过物质循环和能量交换改善城市生态环境，具有净化空气、保持水土、调节气温等生态功能；它还具有空间构造、美学等功能，是建造有生命力的城市广场空间必不可少的要素。

植物的视觉功能。植物绿化给人的直觉感受包括视觉、听觉、嗅觉、触觉，视觉一般占主导地位。植物的视觉观赏特性包括植物的大小、色彩、形态、质理、季相变化与组合方式，丰富的特性与植物本身的可塑性为城市广场的植物设计创造了有利条件。城市广场的植物设计多以草坪、地被为基调，乔、灌木复层组团布置，花卉、色叶植物大色块栽植，同时将植物模纹图案及造型巧妙点缀其中，并重视乡土树种的运用，融合地方植物文化，以求自然、敞朗、明快、个性鲜明、富于立体效果的广场绿色视觉空间。

同时，城市广场的绿化量也是影响广场植物给人的视觉感受的重要因素，以往的研究多以绿地率为评判标准，但市民休闲时不可能从空中感受广场，日本学者大野隆造从人的评判角度提出了"环境绿视量"的概念。环境绿视量是指从各个不同人的视角来评价视觉环境构成的绿觉率。相关研究表明，在设计中应在保证广场硬地空间的情况下，尽量提高环境绿视量，而提高环境绿视量最为有效的办法是种植乔木，而从视觉角度分析，由于草地与人是垂直状态而树木与人处于平行状态，具有相同投影面积的草地的成像要小于树木在人眼中的成像。

植物的构造功能有以下几点。

一是空间分隔。植物的空间分隔包括广场与道路分隔以及广场内部分隔。利用植物将广场与街道相隔，可以使广场的活动不受外界的干扰，而植物在广场内部的分隔是基于广场空间二次围合的考虑。这种简单的分隔使广场由一个空旷、冷漠的空间生成两个文雅、亲切的空间，广场的可坐率提高，环境绿视量增加，并产生两个积极的活动，这种分隔是植物在广场构造功能中最有意义的功能之一。

二是软化。植物同时被称为软质景观，它可以调整街道的呆板景色，可以对广场内硬质景观所产生的生硬感起缓和作用。研究表明，随着绿化量的增加，广场周边高层建筑给人的压迫感会减少，特别对于板式高层建筑，建筑下部50%～60%的部位如被绿化遮挡，绿化对压迫感的缓和作用就显得更加明显。

三是遮阴。良好的植物遮阴不仅改善广场的小环境状况，提高夏季广场的使用率，而且具备三维空间构造功能，交织的树冠形成所谓"场"的庇护空间是构成广场次空间的重要元素之一。城市广场应重视遮阴问题，体现对人的关怀，设计时应遵循以下原则。因地制宜，尽量保留原有场地的乔木，在保证广场空间整体性的同时，尽量在次空间及边缘种植遮阴乔木，广场高大遮阴树种北方应以落叶乔木为主，以兼顾冬季市民对阳光的需求。

综上所述，城市广场的设计应充分利用植物的各种特性、功能，提高环境绿视量，以营造市民所向往的自然空间。

（2）水。水是自然景观中"最典型的元素"。人类对水有特殊的感情，在城市广场中布置水体，不论从人的感受和环境改善角度及空间构成上都具有很大作用。宋郭熙在《林泉高致》中指出，"水活物也，其形欲深静，欲柔软，欲汪洋，欲回环，欲肥腻，欲喷薄"，水的多种情态为城市广场的水体设计提供了丰富素材。城市广场的水体设计宜以小型为主，可自然，可规整。人们通过声、形体验自然，涟漪微起，给人以意境遐想。

5.城市广场人文景观设计

（1）广场作为一种文化是和其他文化一同产生，相互作用，共同发展的。一个成功的真正具有独特文化内涵的广场，应该是城市中多种文化活动的载体，包含有各种特定文化内涵的场所。诸如建筑文化、休闲文化、地域民俗、宗教文化等，通过这些文化元素将发展目标、风土人情、自然地理、历史传统、价值观念等地域文化特征有机融入广场之中。就休闲文化而言，休闲文化是指人们在工作之余，在空闲时间内所进行的一系列闲暇活动，对于城市日常休闲的市民们，广场历来是空闲时休息娱乐的最佳场所，现代社会快速发展的经济节奏使得人们的身心很易疲劳，以休闲为主的文化形式正成为市民追求的文化主流。在繁忙的工作之余，人们渴望一个尺度宜人，风格高雅，情趣盎然的休闲场所，也正是广场中人们的休闲活动构成了广场的活动与魅力。

（2）城市广场文化表现手法有以下几点。

一是民族、传统、地域特色与现代风格相结合。民族文化、传统文化、地域文化在其形成过程中，已建立和具备社会所认可的形象和含义，借助于这些形式与内容寻找新的含义或形成新的视觉形象，可以使设计的内容与民族、传统、地域文化联系起来，结合当代人的审美趣味，使设计具有现代感。对于民族文化、传统文化、地域文化与现代风格之间的关系有两种不同的处理方式。一种为传统的符号、现代精神。这是将传统与现代相结合最常见的一种方式，即将传统园林、建筑、艺术中的各种特征构件、造型、色彩等提炼出来，进行简化或构成处理后，作为一种符号插入现代广场设计中，使其成为一种特色装饰。这种处理手法使现代广场与历史隐隐约约地联系起来，让人感受到传统的"痕迹"。例如，采用一些传统的或地域性符号、图案作为广场铺装纹理；或者将传统广场上的牌坊、照壁、望柱等形式加以提炼、改进，作为广场上的小品等，使广场的整体设计风格仍是现代的。另一种为现代的外壳、古典的精神。此种处理方式保留了传统文化精髓与意境，或在整体上仍沿袭传统布局，在材料处理方式与形式上呈现一定的现代感。或保留传统园林中的造园素材，使用现代的布置手法，此种处理方式上比直接引用传统符号要深入复杂，要求设计师既要对传统文化有较深刻的理解与感悟，也要熟悉现代设计中的各种设计手法，这是一种理性的处理方式，其目的是在浮躁的现代社会再现古典的意境与思想精髓。

二是在细节上体现人文关怀与对地方的尊重。一些细节上能体现人文关怀，也能丰富广场文化内涵，例如设计师铍得·沃克在设计日本埼玉县新都广场时，充分尊重当地市民喜爱榉树的习惯，运用了256棵榉树，充分满足了当地人的情结。

总之，城市广场是具有独特的环境特征的城市空间。这种特征包括客观事物（空间、植物、水体、人的活动等），也包含难以触知的人文联系与历史环境氛围，以历史作为原动力，唤起设计对历史的回忆与联想，延续城市文脉，体现城市特色，并使市民产生认同感与亲切感，场所只有为时代特征化、为历史文化容纳，才能被大众接受（图74至图78）。

五、市政道路绿地与街旁绿地的景观规划设计

伴随着城市化进程的加速与城市建设的发展，城市环境日益受到城市居民的关注与重视，在美化与改善城市环境的过程中，作为城市公共绿地的"道路绿地"成为城市绿地系统的重要组成部分。市政道路绿地与街旁绿地是城市中量大面广的一种公共绿地，它与城市居民的日常出行和生活密切相关，在美化城市与保护生态环境中也同时发挥着重要作用。

（一）市政行道绿地景观设计概述

1.道路绿地的功能

道路绿地是城市园林绿化系统的重要组成部分，在改善城市环境、净化空气、防减噪声、调节气候、提升城市形象等方面具有重要作用。

（1）组织交通。道路的绿化带、交通岛、停车场等都可有效组织交通，保证行车速度与交通安全。另外，道路上的绿色植物使人感觉柔和舒适，能起到防眩光、缓解驾车视觉疲劳等作用，减少交通事故的发生。

（2）卫生防护。道路绿地可以吸收街道上机动车排放的有毒气体，净化空气，减少扬尘。此外，街道也是产生噪声的主要场所，具有一定宽度的绿化带可以明显减弱噪声，道路绿地还可以降低风速，增大空气湿度，减少

日光辐射，降低路面温度，延长道路的使用寿命。

（3）美化环境。优美的道路景观是城市的一道亮丽的风景线，美化了城市环境。有的道路在进行规划设计时，还结合了当地的自然条件、人文历史、风土人情等因素，综合考虑、统筹布局，具有浓厚的地域特色，凸显了城市品位，提升了城市形象。

2. 道路绿地的类型及构成

（1）道路的类型。根据道路在城市中的地位、交通特性与功能，有不同的分类和等级。城市对内交通道路是指城市建成区范围内的各种道路，它是城市的骨架，与城市基础设施的设置关系密切，对城市内居民的影响很大。

第一，城市对内交通道路。城市道路是指在城市范围内，供车辆及行人通行的，具有一定技术条件和设施的道路。城市道路是城市组织生产、生活、物质流通所必需的交通设施。按照道路在道路网中的地位、交通功能以及对沿线建筑物服务功能的不同，我国《城市综合交通体系规划标准》（GB/T 51328—2018）将城市道路分为四大类即快速路、主干路、次干路、支路。

快速路（道）为城市中大量的、长距离的快速交通服务。快速路对向车行道之间应设中间分车带，其进出口应采用全控制或部分控制。快速路两侧不应设置吸引大量车流、人流的公共建筑物的进出口，两侧一般建筑物的进出口应加以控制。

主干路（道）为连接城市各主要分区的干路。作为城市主要客货运输路线，是城市道路系统的骨架，为城市中交通枢纽，为企业与全市性的公共场所之间提供畅通的交通联系，是城市各用地分区之间的常规中速交通道路。

次干路（道）是用于联系主干道之间的辅助交通道路，与主干路结合组成道路网，起集散交通的作用，兼有服务功能。

支路为次干路与街坊路的连接线，解决局部地区交通，以服务功能为主。

第二，城市对外交通道路。城市对外交通道路主要是指通向外界的公路和铁路等。公路主要分为高速公路、公路、国道、省道、县道、乡道。城市对外交通道路不是本书论述重点因此在此不做详细介绍。

另外，根据城市街道的景观特征并结合道路周边用地的性质又可把城市道路划分为城市交通性街道、城市生活性街道（包括巷道与胡同等）、城市游览性道路、城市步行商业街等。

（2）道路绿地的构成。进行道路绿地设计前，首先必须掌握城市道路绿地设计专用语，它是与道路相关的专门术语。

红线。在城市规划图纸上划分出的建筑用地与道路用地的界限，常以红色线条表示，故称红线。红线是街面或建筑范围的法定分界线，是道路划分的重要依据。

道路分级。道路分级的主要依据是道路的位置、作用与性质，是决定道路宽度与线型设计的主要指标，目前我国城市道路大都按三级划分：主干道、次干道、支路。

道路总宽度。也称路幅宽度，即规划建筑线之间的宽度，是道路用地范围，包括横断面各组成部分用地的总称。

分车带。车行道上纵向分隔行驶车辆的设施，用以限定行车速度与车辆分行。常高出路面10cm以上。也有在路面上涂纵向白色标线，分隔行驶车辆，称为"分车线"。三块板道断面有两条分车带，两块板道断面有一条分车带。

道路绿地率。道路红线范围内各种绿带宽度之和占宽度的比例。

园林景观路。在城市重点路段，强调沿线绿化景观，体现城市风貌、绿化特色的道路。

装饰绿地。以装点、美化街景观赏为主，一般不对行人开放的绿地。

开放式绿地。绿地中间铺设游步道、设置坐凳等，供行人进入游览休息的绿地。

通透式配置。绿地上配置的树木在距离机动车道路面高度0.9～3.0m，其树冠不遮挡驾驶员视线的配置方式。

道路绿地。指道路及广场范围内可进行绿化的用地，有道路绿带、交通岛绿地、广场绿地与停车场绿地组成。

道路绿带。道路绿带指道路红线范围内的带状绿地；道路绿带分为车绿带、行道树绿带和停车场绿地组成。

分车绿带。车行道之间可以绿化的分隔带，位于上下机动车道之间的为中间分车绿带，位于机动车道与非机动车道之间或为同方向机动车道之间的为两侧分车绿带。

行道树绿带。在人行道与车行道之间，以种植行道树为主的绿带。

路侧绿带。在道路侧方，布设在人行道边缘至道路红线之间的绿带。

交通岛绿地。指可绿化的交通岛用地，可分为中心岛绿地、导向岛绿地、交叉路口与立体交叉绿岛。

中心岛绿地。位于交叉路口上可绿化的中心岛用地。

导向岛绿地。位于交叉路口上可绿化的导向岛用地。

交叉路口与立体交叉绿岛。互通式立体交叉干道与匝道围合的绿化用地。

道路绿地的断面布置形式。道路绿地的断面布置形式取决于城市道路的断面形式，我国城市中现有道路可分为一板式、两板式、三板式等，道路绿地相应的出现了一板两带式、两板三带式、三板四带式、四板五带式等形式。

一板两带式。这是道路绿化中最常用的一种形式，是不同方向的车辆在同一套车行道上双向行驶。在车行道两侧人行道上种植行道树，其优点是简单整体，用地比较经济，管理方便。但在车行道过宽时行道树的遮阴效果较差，同时机动车辆与非机动车辆混合行驶，不利于组织交通。

两板三带式。道路中央绿带把车行道分成上、下行驶的两条车行道，同向的机动车与非机动车仍混合行驶，并在道路两侧布置行道树，构成两板三带式。此种形式适于宽阔道路，绿带数量较多，生态效益显著，对城市面貌有较好的效果，同时车辆分为上、下行，减少了行车事故发生，但由于同向的机动车与非机动车不能分开行驶，还不能完全解决互相干扰的矛盾。

三板四带式。用两条分隔带把车行道分成三块，中间为机动车道，两侧为非机动车道，连同车道两侧的行道树共为四条绿带，故称为三板四带式。此种形式虽然占地面积较大，却是城市道路绿化比较理想的形式。其绿化量大，夏季遮阴效果较好，组织交通方便、安全，解决了机动车与非机动车混合行驶互相干扰的矛盾，尤其在非机动车辆多的情况下比较适合。

四板五带式。利用三条分隔带将车道分成四条，加上两侧的行道树绿带共有五条绿化带，这种道路分割可以使机动车与非机动车均分成上、下行，互不干扰，保证了行车速度与行车安全，但用地面积较大，其中绿带可考虑用栏杆代替，以节约城市用地。

其他形式。根据现状与地形的限制，按道路所处地理位置、环境条件特点，因地制宜地设置绿带，形成不规则不对称的断面形式。如山坡旁道路、水边道路的绿化等。

（二）市政行道绿地景观规划设计

道路绿地的规划设计的方法有一定的特殊性，不仅要考虑绿地本身功能上的要求，而且要注重和行车安全的结合，以及在现代交通条件下的视觉特点，必须综合多方面的因素进行协调。

1. 道路绿地规划设计的基本原则

（1）道路绿地应保证行车安全。道路绿地的设计必须满足交通行车安全的功能，道路上的汽车、自行车与行人可以安全地使用道路，具体要求如下。①行车视线要求。第一，在道路交叉口视距三角形范围内与弯道内侧的规定范围内的植被不应影响驾驶员的视线通透，保证行车视距；第二，在弯道外侧的灌木沿边缘应整体连续栽植，预告道路线形变化，诱导驾驶员行车视线。②行车净空要求。道路设计规定在各种道路的一定高度与宽度范围内为车辆运行的空间，植被不得进入该空间，具体范围应依据道路设计部门提供的数据确定。

（2）道路绿地植被的选择应适地适树。道路绿地植物，尤其是行道树的选择，涉及道路绿化的成败、绿化效果的快慢与绿化效应能否充分发挥等诸多问题，应依据本地区气候、栽植地的小气候和地下环境条件，掌握各树种的生物学特征，选择适于在该地生长，并且适应道路环境条件、生长稳定、观赏价值高、抗性强、耐修剪、易管理的植物，以保持稳定的绿化效果。

（3）道路绿地应与城市道路的性质和功能相适应。现代化的城市道路交通是一个复杂的系统。在城市总体规划中，确定了道路的性质，在专项城市绿地系统规划中，确定了道路的景观特征。每条道路都有其不同的特征，因此，道路绿地景观元素要求也不尽相同，街旁建筑、绿地、小品以及道路自身设计都必须符合不同道路的特征。

市区交通干道的绿化，应该以提高车速，保证行车安全为主。重要的园林景观道路绿化应集中体现城市绿化的特点，体现城市的风貌与特色；商业街、步行街的绿化，应突出商业繁华的特点，在道路绿地中选择合适的位置为人们提供休息与活动的场所；居住区级道路，与交通干道相比，由于功能不同，道路尺度也不同，主要为居民创造优美、安静、舒适的生活环境。

（4）道路绿地要与其他街景元素结合。街景是由多种景观元素构成，有道路铺装、公交站台、街灯、导视标志、雕塑小品、道路两侧建筑物等硬质景观，有植物、水体等软质景观，有道路周边的山地、河湖、丘陵、森林等自然景观，有道路本身所蕴含的历史人文等文化景观。在道路绿地景观规划设计中，要充分结合、利用多种街景元素，创作有特色的城市道路景观。

（5）道路绿地设计要符合使用者的行为规律与视觉特征。道路上活动的人群由于各自的交通目的和交通手段的不同，会产生不同的行为规律与视觉特征。观赏速度的变化带来人们对于城市景观要素尺度感的变化。在步行的条件下，观赏者的观赏速度较慢，在绿化植物的选择与造型上，道路小品的形态与色彩上应该精心设计；在车行的条件下，运动速度与观赏速度较快，观赏者对于沿路景观的认识只能是整体面貌与轮廓，景观设计主要强调整体性、大尺度的气势。因此，道路绿地景观的设计需要考虑现代交通条件下不同速度的道路使用者的视觉特性，选择主导的道路使用者的行为规律与视觉特性作为道路绿地设计的考虑重点。

（6）道路绿地应与市政公用设施相结合。道路沿线有许多市政附属设施与管理设施，如道路的照明、地下管线、停车场、加油站等。对沿街的公厕、报刊亭等给予方便合理的位置。另外，道路绿地的设计与人行过街天桥、地下通道出入口、电线杆、路灯、各类通风口、垃圾出入口等地上与地下管线、地下构筑物及地下沟道等相互结合。

2.道路绿地规划设计的调研

与其他类型的绿地占地形式相比较，道路绿地呈线形贯穿城市，沿路情况复杂，并且与交通关系密切，因此调研的内容有一定的特殊性。

（1）在接到设计任务后，应搜集相关基础资料，包括气象、土壤、水体、地形、植被等方面自然条件的资料；该条道路上市政设施与地下管网、地下建筑物的分布情况；道路本身的历史人文资料；从城市规划与城市绿地系统规划上了解该道路的性质、景观特色定位；相关的道路设计规范、城市法规等设计规范资料。

（2）在现场调研时，结合现状地形图进行标注，重点调查道路的现状结构、交通状况，道路绿地与交通的关系，道路沿线周边用地性质、建筑类型与风格、沿途景观的优劣等。以便在随后进行该道路绿地设计时，设计师能有效地结合周边环境，使绿地在保证交通安全的前提下，合理考虑其功能与形式，并且充分利用道路沿线的优美景观。

（3）对以上相关资料进行整理，分析出基地现状的优势与不足及发展潜力，并结合设计委托方的意见，提出规划设计的目标及指导思想，为下一步设计定位与布局工作及方案的深化提供科学合理的依据。

3. 道路绿地规划设计的风格定位

道路绿地景观的风格定位是指确定此条道路的景观性质，需要体现的景观风格与特色，应该具有的功能与形式。只有明确道路的风格定位，才能更好地结合现状、合理布局，进行方案深化。

影响道路绿地景观设计风格定位的因素很多，有城市的性质、道路性质、历史文脉、生活习俗等诸多方面因素。进行道路绿地景观定位时，首先应分析该条道路的现状、周边环境，提出合理的评价与规划思想。同时，要结合城市总体规划和城市绿地系统规划统筹考虑。一般来讲，在城市总体规划阶段，会进行专项城市道路系统规划，明确城市各条道路的性质；在城市绿地系统规划中，主要明确城市各道路的景观特征。某些城市还会同时做城市道路绿地系统专项规划，更加清楚系统地为每条道路定性，是城市综合性景观路、绿化景观路还是一般林荫路。对城市综合景观起重要作用的城市主干道及重要次干道规划为综合景观路，将城市对外交通主干道及城市快速路规划为绿化景观路，其余道路规划为林荫路，这些都为道路绿地景观的进一步准确详细的定位提供了参考依据。

4. 道路绿化规划设计布局

在了解道路现状，明确道路景观的风格定位后，下一步考虑的重点为如何进行方案布局。

城市道路绿地一般随着道路走向呈线状分布，其中，在道路的交叉口、景观视线交融处、交通路线上的变化点等处会出现一些"点"状的绿地。而道路旁的各类公园、大面积的绿地等周围的景观则呈现出"面"状景观，作为点状、线状景观的重要背景。因此道路绿地的布局就形成了点、线、面结合的景观序列，重在合理安排景观序列的表达，选择合适的点状绿地作为道路节点景观，从而达到"点"状绿地作为连续景观的变化点；"线"状绿地表达景观的序列变化；"面"状绿地作为道路景观的背景环境，以线串点，以线带面，形成景观、生态、文脉的合理布局。

5.城市道路绿地规划设计

（1）道路绿地各组成部分设计要点。道路绿地由道路绿带、交通岛绿地、广场绿地与停车场绿地等组成。

道路绿带的设计包括分车绿带的设计、行道树绿带的设计、路侧绿带的设计。

分车绿带的设计。在分车带上进行绿化称为分车绿带，也称隔离绿带。有道路中央分车绿带与两侧分车绿带两种形式。分车绿带起组织交通、防护与美化的作用。分车绿带的宽度因道路而异，设计的目的是将人流与车流有效分离，机动车与非机动车分开，保证不同速度的车辆能全速前行，安全行驶。并合理处理好建筑、交通与绿化之间的关系，使街景统一而富于变化。分车绿带的设计要点如下。第一，分车绿带的植物配置应形式简约，树形整齐，排列一致。一般分车带上种植乔木时，要求分车带的宽度不小于1.5m。乔木要选择分枝点高的品种，以免影响行车，树干中心至机动车道路缘石外侧距离不宜小于0.75m。第二，中间分车绿带在距离道路面高度0.6～1.5m，必须合理配置枝繁叶茂的常绿灌木植物，以阻挡对面车辆夜间行驶的眩光。第三，两侧分车带宽度大于或等于1.5m时，应以种植乔木为主，并且宜采用乔木、灌木、地被植物相组合的方式。分车绿带宽度小于1.5m时，应以种植灌木为主，并且宜采用灌木、地被植物相结合的方式。两侧分车绿带绿化要考虑到路边的街道景观。在道路两侧没有重要的建筑物或景观不佳地段，分车带上可种植较密的乔、灌木，形成绿墙，充分发挥隔离作用。当交通量较大，道路两侧分布大型建筑且街景较佳时，应考虑在局部地段适当隔离的同时保持视线通透。第四，分车绿带端部应采取通透式栽植，在路口及转角地应预留出一定范围不种遮挡视线的植物，使司机与行人能有较好的视线，保证交通安全。

行道树绿带的设计。行道树绿带是位于人行道与车行道之间，以种植行道树为主的绿带，植物以乔木为主，可配置灌木与地被植物，主要为行人及非机动车庇荫。行道树种植方式有多种，常用的有树带式、树池式两种。

树带式，在人行道与车行道之间留出一条宽度不小于1.5m的种植带，种植的宽度视具体情况而定，可种植乔灌木，同绿篱、草坪搭配，留出铺装过道，以便人流通行或汽车停站。树池式，通常在交通量大，行人多而人行道又窄的路段。树池的形状有正方形、长方形、圆形，行道树的栽植点为其几何中心。为了减少土壤裸露，通常采取在树池内种植草坪、地被等植物，或者加盖镂空的格栅，放置鹅卵石等方式。行道树绿带设计有以下要点。第一，行道树树种的选择。行道树应选择深根性、分支点高、冠大荫浓，生长健壮、抗性强、无飞絮、适应道路环境条件，且落果不会对行人造成危害的树种。灌木与草坪应选萌芽力强、耐修剪、病虫害少和易于管理的种类。第二，行道树的株距与定杆高度要求。行道树定株距，应以其树种壮年期冠幅为准，最小株距以不小于4m为宜，树干中心至路缘石外侧距离不小于0.75m，保证行道树树冠有一定的分布空间，能正常生长，同时便于消防、急救、抢险等车辆在必要时穿行。行道树定干高度须依据其功能要求、交通状况、道路性质、宽度以及行道树与车行道的距离、树木分枝角度而定。苗木胸径在12～15cm为宜，分枝角度大者，干高就不得小于3.5m，分枝角度较小者，也不能小于2m，否则影响交通。第三，当行道树绿带只能种植行道树时，行道树之间宜采用透气性的路面材料铺装，利于渗水透气，改善土壤条件，保证行道树生长，方便行人行走。第四，在行道树交叉口视距三角形范围内，行道树绿带应采用通透式配置，利于交通安全。

路侧绿带的设计。路侧绿带是布置在人行道边缘至道路红线之间的绿带，是道路绿化的重要组成部分。路侧绿带常见有三种。第一种是因建筑线与道路红线重合，路侧绿带毗邻建筑布设；第二种是建筑退让红线后留出人行道，路侧绿带位于两条人行道之间；第三种是建筑退让红线后在道路红线外侧留出绿地，路侧绿带与道路红线外侧绿地相结合。路侧绿带设计要点如下。第一，路侧绿带应依据相邻用地性质、防护与景观要求进行设计，并应保持在路段内的连续与完整的景观效果。第二，当路侧绿带宽度在8m以上时，内部铺设游步道后，仍能留有一定宽度的绿化用地，而不影响绿带的绿化效果，可以设计成开放式绿地，方便行人进入游览休息，提高绿地的功能作用。第三，路侧绿带与沿路的用地性质或建筑物关系密切，有些建筑要求绿化衬托，有些建筑要求绿化防护，有些建筑需要在绿化带中留出入口，因此，路侧绿带设计要兼顾街景与沿街建筑需要，应在整体上保持绿带连续、完整、景观统一。第四，濒临江、河、湖、海等水体的路侧绿地，应结合水面与岸线地形设计成滨水绿带。第五，道路护坡绿化应结合工程措施栽植地被植物或攀岩植物，形成垂直绿化效果。

交通岛绿地的设计。交通岛绿地分为中心岛绿地、导向岛绿地、交叉路口与立体交叉绿地。通常在几条道路的相交处，起着引导行车方向、渠化交通的作用。交通岛的绿化应结合上述功能，通过在交通岛周边的合理种植，可以起到强化交通岛外缘的线形，有利于引导驾驶员的行车视线，特别在雪天、雾天、阴雨天可弥补交通标线、标志的不足。

交叉路口。主要指几条道路平交的路口处。为了保证行车安全，在进入道路的交叉路口时，必须在路转角空出一定的距离，使司机在这段距离内能看到对面开来的车辆，并有充分的刹车与停车的时间而不致发生撞车。这种从发觉对方来车，并立即刹车而刚够停车的距离，就称为"安全视距"。视距的大小，随着道路允许的行驶速度、道路坡度、路面质量而定，一般为30～35m。根据两相交道路所用停车视距，可在交叉口平面上形成一个三角形，称为"视距三角形"，在此三角形内不能有建筑物、构筑物、树木等遮挡司机视线的地面物。布置植物时高度不得超过70cm。宜选用低矮灌木、花草绿植。

中心岛绿地。中心岛绿地位于交叉路口的中心位置，多呈圆形，主要为组织环形交通，凡是驶入交叉口的车辆一律绕道作逆时针单向行驶。中心岛的半径，必须保证车辆能按一定速度以交织方式行驶。中心岛绿化是道路绿化的一种特殊形式，由于其周边汇集了多处路口，原则上只具有观赏作用，不许游人进入。中心岛内不宜过密种植乔木，应多选用地被植物栽植，保证各路口之间行车视线通透；绿化通常以草坪、花卉、低矮花灌木组成图案，同时，考虑到中心岛是视线的焦点，也可在其中放置雕塑、标志性小品、灯柱等成为构图中心，但应组织好体量与中心岛的尺度关系。

导向岛绿地。导向岛是用以指引行车方向，约束车道使车辆减速转弯，保证行车安全。导向岛绿地是指可绿化的导向岛用地，常布置成绿地、花坛等，绿化植物以地被植物为主，选择的植物与种植的形式可适当强调主次车道。

立体交叉绿化。立体交叉主要分为两大类，即简单立体交叉与复杂立体交叉。简单立体交叉是指纵横两条道路在交叉点相互不通，此种立体交叉一般不能形成专门的绿化地段，只作行道树的延续而已。复杂立体交叉又称互通式立体交叉，两个不同平面的车流可以通过匝道连通。

互通式立体交叉一般由主干道、次干道与匝道组成，绿化布置应使司机有足够的安全视距，在立交进出口、准备会车地段，立交匝道内侧有平曲线的地段不宜种植遮挡视线的树木，种植绿篱与灌木时，其高度不能超过司机视高；在弯道外侧，最好种植成行的乔木，视线封闭，并能预示道路方向和曲率，以便诱导司机行车方向，有利于行车安全。

绿岛是立体交叉中面积比较大的绿化地段。绿岛常有一定的坡度，可自然式配置树丛、花灌木等，形成疏朗开阔的效果，也可用宿根花卉、地被植物等组成模纹图案。考虑到视觉观赏速度较快，构图宜简洁大方。立体交叉外围绿化树种的选择与种植方式，应与道路延伸方向、周边建筑物、道路、路灯、地下设施密切配合，方能取得较好的绿化效果。另外，还应注意立体交叉道桥形成的阴影部分的处理，种植耐阴的植物。

广场绿地的设计。此处广场绿地与公园绿地中街旁广场绿地不同，是指位于道路红线范围内的广场用地内的绿地，有的结合交通组织形成交通广场，有的与道路红线外的绿地一起构成城市广场绿地景观。广场绿地的植物配置应与广场的功能相结合，营造良好的街道景观。

停车场绿地设计。停车场是指城市中集中露天停放车辆的场所，按车辆性质可分为机动车与非机动车停车场；按使用对象可分为专用与公用停车场；按设置地点可分为路外与路上停车场。城市公共停车场是指在道路外独立地段为社会机动车与非机动车设置的露天场地。国家公安部、住建部有《停车场规划设计规范》相关设计依据，制定了具体的设计尺寸与规范。

停车场的绿化可分为3种形式，即周边式、树林式、建筑前的绿化兼停车场。在停车间隔带种植乔木可以更好地为停车场遮阴，树种要求具有深根性、分枝点高、冠大荫浓等特点，适合停车场栽植环境，树下高度应符合停车位净高度的规定，小型汽车为2.5m，中型汽车为3.5m，载货汽车为4.5m。停车场的铺装应依据国家海绵城市建设的指导意见并兼顾机动车载重。较小的停车场适用于周边式，这种形式是四周种植落叶乔木、常绿乔木、花灌木、草地、绿篱或围以栏杆。

（2）步行街道路绿地。在市中心地区公共建筑、商业与文化生活服务设施集中的重要地段，设置专供人行、禁止或限制车辆通行的道路，称为步行街。其利用形式基本可以分为两类，一种只对部分车辆实行限制，允许公交车辆通行，或是平时作为普通街道，假期中作为步行街，被称为过渡性步行街或不完全步行街；另一种是完全禁止一切车辆的进入，称完全式步行街，可使人的活动更为自由与放松，可进行装饰类与休憩类小品的布置，用花坛、喷泉、水池、椅凳、雕塑等要素予以装点。步行街包括以下3种类型。①商业步行街。这是目前最为常见的步行街类型，设置在城市中心或商业、文化较为集中的路段，由于避免了人车混杂现象，从而消除了人们对发生交通事故的担心，使行人的活动更为自由和放松，正是由于步行街所具有的安全性与舒适感，可以凝聚人气，对于促进商业活动具有积极的意义。②历史街区步行街。为了保护某些街区的历史文化风貌，将交通限制的范围扩大到一定区域，成为步行专用区，随着城市的发展，方便出行通常是人们普遍关心的问题之一，我国许多城市是具有相当长的历史古城，解决交通问题的主要方法是拆除沿街建筑以拓宽道路，其结果势必改变甚至破坏原有的城市结构与风貌，如果改为限制、禁止车辆进入，既可以在一定程度上缓解人车混杂的矛盾，同时也能避免损害城市的旧有格局，达到保护历史环境的目的。当然，与步行专用区相配套的是在其周边需要有方便、快捷的现代交通体系。③居住区步行街。在城市居民活动频繁的居住区也可以设置步行街，称之为居住区专用步道。居住区需要有一个整洁、宁静、安全的环境，而禁止机动车的通行就能最大限度地保证居住区的这种环境。但是在居住区设置步行街除了舒适、安全的目的之外还应考虑便利性与利用率的问题，所以当机动车流量不是太大时，是否有必要完全或分时段禁止车辆通行应依据实际情况予以考虑。

步行街两侧集中商业与服务性行业建筑，不仅是人们购物的活动场所，而且也是人们交往、娱乐的空间，设计在空间尺度与环境氛围上应亲切、和谐，可通过控制街道宽度与两侧建筑物高度及采取建筑物逐层后退的形式等，改变空间尺度与创造亲切宜人的街道环境；借助灯光的亮化设计可以突出建筑、雕塑、喷泉、花木以及各种小品的艺术形象，从而为夜景增加氛围。与游憩林荫道不同，步行街需要更多地显现景观街道两侧的建筑形象，尤其是设置在商业、文化中心区域的步行街还需将各种店面橱窗展示在游人的面前，所以步行街绿地种植应精心规划设计，与环境、建筑协调一致，使其功能性与艺术性呈现出较好的效果。绿化植物的选择上，步行街与普通街道一样，应首先考虑植物的适应性，当地的适生性品种应占较大比重。同时，步行街的地面可铺设装饰性铺装，通过材质的变化与细节的处理增加街景的趣味性与特色性，以及布置可供人们休息的座椅、凉亭等。总之，步行街绿化设计既要充分满足其功能需求，又要经过精心地规划设计以达到较高的景观效果（图79至图83）。

（三）街旁绿地的景观规划设计

1. 街旁绿地概述

（1）街旁绿地的定义。"街旁绿地"是一种习惯提法，《城市绿地分类标准》（CJJ/T 85—2017）中将城市街旁绿地定义为"位于城市道路用地之外，相对独立成片的绿地，包括街道广场绿地、小型沿街绿化用地等。"街旁绿地是多以绿化为主的公共游憩场所，通常分布于街头、历史保护区、旧城改建区，绿化占地比例不小于65%，散布于城市中的中小型开放式绿地，是城市中量大面广的一种公园绿地类型。

（2）街旁绿地的类型。①街道广场绿地。《城市绿地分类标准》中指出，街道广场绿地是我国绿地建设中一种新的类型，是美化城市景观，降低城市建筑密度，提供市民活动、交通和避难场所的开放性空间。街道广场绿地在空间位置、尺度、设计方法与景观效果上不同于小型沿街绿化用地，也不同于一般城市游憩集会广场、交通广场与社会停车场用地。街道广场绿地也不同于道路绿地中的广场绿地，街道广场绿地多位于道路红线之外。②沿街绿地。此类绿地主要以单纯的植物造景为主，面积较小，一般不设置硬质铺装等游憩设施。这类绿地分布面积广而散，往往也是最不引起重视的街旁绿地类型，常被城市其他建设用地挤占。③街旁小游园。是指紧邻城市道路、呈点状分布、面积较小的绿地。可以安排简单的户外活动、休息设施，为周边居民与路人提供一处休憩与停留的场所。④建筑前庭绿地。指位于临街建筑前的小型绿地，主要由建筑的业主投资修建与管理，起到衬托主体建筑的作用，同时对市民开放。

2. 街旁绿地的功能、特征

（1）街旁绿地的功能。①改善人居环境。城市绿地具有释放氧气、吸收二氧化碳、杀菌减噪、减轻风沙污染、净化城市空气、缓解"热岛效应"、保持水土、涵养水源等生态作用。街旁绿地不仅能有效改善城市生态环境，同时也能给予被硬质景观包围的市民一个接触自然的机会，把自然因素引入城市街头，满足了城市居民与自然环境接触的心理需求，使现代城市生活变得更健康、更有活力、丰富多彩。②提供休憩活动场所。街旁绿地为城市居民提供日常休憩的活动场所。城市化进程中的诸多问题使得人们日益躲入狭窄的个人空间，缺乏交流，对人们的日常生活方式与心理带来极大负面影响，并以种种"城市病"的形式表现出来。而街旁绿地可以把人们吸引到户外生活中来，促进人与人之间的交流及人与自然之间的交流。绿地内有良好的环境与休憩设施，是人们锻炼身体、恢复精力的好场所，同时促进人与人的聚集、接触、交流，从而引导市民继承与发展具有地方特色的城市文化，形成健康的生活方式。③防灾避灾。当城市遭到如地震、火灾等自然灾害时，城市街旁绿地能够成为城市居民紧急疏散与救灾的最及时有效的通道，其中的开敞空间还能作为居民的临时居住点。同时大量的绿地能有效地降低建筑密度，减少灾害的破坏程度，并能对火灾等起到一定的隔离作用。街旁绿地作为公共绿地的有机组成部分其防灾避灾的功能不容忽视。

（2）城市街旁绿地的特征。不同类型的绿地景观在服务对象、适合的功能形式等方面有一定差异，通常街旁绿地具有以下特征。①公共性。街旁绿地是城市公共开放空间的一部分，人们可以自由出入，贴近居民生活，它是城市居民休闲娱乐、接近自然的重要场所，是现代城市生活中不可或缺的部分，街旁绿地同时也是对城市街道空间在功能与景观上的补充，是城市的有机组成部分。②多样性。街旁绿地可以有多变的类型，丰富的主题，同时能够将艺术与自然结合形成色彩纷呈的形态。在自然景观上，植物带来绿色的基底，更带来丰富的季相变化，给城市人工环境带来变化的自然气息。③时代性。随着人民生活方式、审美习惯的改变，街旁绿地的功能与形式也发生相应的变化，甚至进行改建。但相对于城市建筑等硬质景观，街旁绿地的范围、形式有一定的稳定性，能够在城市变迁中留下一些印记与历史记忆。

3.街旁绿地的规划设计

（1）街旁绿地硬质环境设计。街旁绿地的硬质景观规划设计受其自身条件的限制，设计者更多地关注街旁绿地的各种设施设计，体现了以人为本的设计理念。

道路设施。街旁绿地中的道路设施主要包括供游人通行的园路、集散小广场、坡道、台阶等，它是街旁绿地的重要组成部分。

道路系统可达性。对于街旁绿地的道路系统而言，良好的可达性十分重要，在一些绿地中经常能够看到行人"修"出的穿越绿地的小路，这就体现出道路系统设计中可达性的不足，所以在进行绿地通道设计时，应充分考虑到行人的行走习惯，使行人能够便捷的到达目的地；如果不是人行穿越区域，要采取有效的阻隔手段，如遮挡视线或加高、加密绿篱等，避免由于行人的穿越对绿地造成破坏。对于绿地的道路而言，系统性应该是设计师注意的问题，道路的设置不应该仅考虑到平面构图的需要，更重要的是在于其合理性。

铺装材料的人性化。地面硬质铺装也是道路系统的重要组成部分，它的设计主要在平面内进行，色彩、构成与材料表面肌理的处理是它的主要组成要素，除了具有美化环境的基本功能之外，还具有划分场地、警示、诱导与指示等功能作用。

室外铺装一般不要大量使用表面过于光滑的材料，雨水与冰雪极易使人滑倒；一些地面铺装的表面纹理如过于粗糙或空洞太多，走在上面脚底会感觉不适，所以道路铺装设计应采用色彩自然、材质合适、使人产生安全感的"人性化"设计方案。另外，"人性化"设计的一个重要方面就是道路的无障碍设计。供轮椅通过的道路宽度至少在1.2m以上，纵向断面坡度为1/25以下，铺地应采取防滑材料，平坦没有凹凸的地坪，不宜设石子路，在一些需要设置台阶而又无法设置坡道的区域，可以使用供轮椅上下的专用设备。

休息设施。休息设施包括坐凳、座椅、休息亭廊及能够让游人休息的各种设施。街旁绿地的主要功能是为城市居民提供优美舒适的户外休憩空间，所以休憩设施质量与设计的优劣将直接影响城市街旁绿地使用率与设计效果。

休憩设施的类型。城市街旁绿地中凡是能够提供游人休憩小坐的设施都属于休憩设施的范畴，因此，一般讲休憩设施分为两种。一种是基本单位。基本单位也是我们常见的坐凳、座椅、休息亭廊等，它们是绿地中休憩设施的主要形式，应该满足人们的基本要求，有充裕的基本座位，并安放到精心设计、选定、章法无误的位置，能为使用者提供尽可能多的有利条件。另一种是辅助座位。辅助座位包括台阶、矮墙、栏杆、花坛、树池等各种能够暂时为人们提供休憩条件的设施。这些辅助座位常常能够成为人们停留的场所。辅助座位的另一重要功能就是能够对座位的数量起到调节作用。

设计符合人体工学的休憩设施。座位与辅助座位的尺寸，根据普通成年人休息坐姿的尺寸测量，应符合相关人体工学的要求。一般尺度比较接近人体坐姿尺度的相关设施，如花坛边、台阶、矮墙等，都是人们小坐休憩的设施，特别在人流量波动比较大的街旁绿地，应该有意识地将这些设施的尺度设计成更加接近人体坐姿的尺度，为人流高峰期座位紧张的情况下提供更多的休息场所。

座椅的用材与质感。座椅的制作材料十分丰富，有木材、石材、混凝土、铸铁、钢材、塑料等，相关材料在质感与肌理上都有较大的差别。在不少公园或街边常见的多为防腐木材料制作的坐凳，防腐木材料一般为强度较高的硬质合成纤维，触感与质感都较好，易于加工，原材料来源广泛，符合可持续发展的设计要求。不锈钢、铁艺等金属、石材也是户外休息设施经常使用的材料，但是热传导性强，受环境温度影响较大，在夏季炎热、冬季寒冷的地区推广应用受到限制。

游乐健身设施规划。户外游乐健身器材是非常受城市居民青睐的设施，人们在绿色空间中锻炼身体的同时，可以与其他参加锻炼的人交流聊天，同时健身游乐场地也为人们提供可以遮阴的场地，方便人们锻炼与休息；设置儿童游乐设施的场地地面应该注意无伤害设计，地面应该比较柔软，可以使用沙子或橡胶地面。场地与周边环境应有适当的绿化隔离，特别是在靠近马路的城市街旁绿地中，既可以减少活动人群与城市交通之间的相互干扰，又可在一定程度上减少汽车排放废气对活动人群的不良影响。

景观构筑与小品。城市街旁绿地中的景观构筑常常能够成为某栋建筑、地区甚至整个城市的标志性景观。城市中的每个区域都有其特殊的历史与地域文化，设计师应充分利用其地域文化中的特殊性，用现代景观的语言来营造极具地域文脉的城市景观，这也是在现代城市景观设计中避免设计效果雷同的有效手段；景观构筑的形式与体量应该与周边环境相协调，一些局部的小品与装饰常常也是渲染整个街旁绿地的"点睛之笔"，可以让人们在细节上更加深刻地体会地域文化的特征，从多个层面向游人展示丰富的地方文化。

照明设施的设计。城市亮化设计是城市发展过程中面临的重要课题，城市街旁绿地的夜间照明对于绿地的使用率有较大影响，没有任何照明设施人们很难在夜间黑暗中继续正常使用街旁绿地，所以，夜间照明设施对于延长绿地使用时间，提高景观效果与绿地使用率有十分重要的意义。

在室外亮化照明设计时，应注意以下几个方面。第一，配置光源时，应避免使光源直接进入视野范围，同时，为避免产生侧面眩光，可选择可控制眩光灯具，或挑选合理的布光角度。第二，为安全照明，庭院灯等照明设施设置开关、布线时，应视照明灯具具体用途与使用时间而定，灯具数量与照度则应根据照明设计与电力负荷而定。第三，自室内观赏室外庭院照明时，如室内光照强，会影响观赏效果，因此应在室外靠近窗口区域地坪上布置照明，以加强亮化效果。第四，午夜后应关闭室外照明，以使绿化苗木得到"休息"，并减低能耗，节约能源。第五，水下照明应尽量采用低压灯具，以确保安全。

服务设施规划。包括管理用房与商亭等小品设施，此类小尺度的形态在空间布置上有很大的适应性，并可以新颖的造型、鲜明的色彩及排列布置方式成为景观元素，根据服务范围适当设置，适宜成组布置于人行道附近，形成吸引逗留的因素。

卫生设施规划。指垃圾箱、公厕等。这些公共服务设施的造型也应与环境相协调，公共厕所一般兼绿地管理用房。在城市中心区域相间距离：商业街公共厕所的间距宜为300～500m；流动人口高度密集的街道公共厕所之间的间距宜小于300m；一般街道公共厕所间距以750～1 000m为宜；居民居住区公共厕所间距为100～150m。

信息系统规划。主要是指为游人提供相关信息的导视系统、标志、标识、宣传展板及警示牌等。相关设施的尺度、色彩及造型都应与周边环境协调一致，并可以与其他设施相结合，使之成为城市景观的一个元素，避免造成视觉环境破坏、空间次序混乱、视觉信息过量刺激等不良效果。

（2）街旁绿地软质景观设计。街旁绿地的空间设计，离不开与植物的搭配，因此，要使人们获得良好的观赏体验，植物景观的种植设计应该是极为重要的方面，一个生机盎然、协调统一的绿植设计，使观赏者能够在街旁绿地这个整体背景下体验与欣赏植物景观的各个组成元素。

从植物自身生理习性方面，街旁绿地的植物种植设计应注重两点生态原则。一是适地原则。各种植物的生长习性不尽相同，如果植物的立地条件与其生长习性相悖，植物的生长往往不良或死亡，更谈不上有良好的景观效果，因此种植设计时应根据街旁绿地中各个不同地段在光照、气温、水湿及风力影响、土壤酸碱度等方面的不同，合理设计，选择相应的植物，使各种不同习性的植物与立地环境相适应。二是尽量形成人工群落。进行种植设计时，应对各种大小乔木、灌木、藤本植物、草本等地被植物进行科学有机组合，尽量使各种形态不同、习性各异的植物合理搭配，形成多层复合结构的人工植物群落，这样，可以有效地增加城市绿地植物的选用量，提高绿地单位植物面积的量值，增强绿地在保护环境、改善生态等方面的功能。植物在自然界的种群关系，能比其单个植物更具有相互保护性。

植物种植设计还应遵循美学的统一原则。这一原则通过6个方面的设计原则综合运用获得保证，即简洁、多样、均衡、重点、序列、比例。而这些原则也是通过对植物材料形状、大小、质感、色彩的选择应用来创造的。①简洁。即运用简单的线条、形状来满足景观的实际功能。创造简单设计的关键在于重复，重复可以应用于形式、质感、色彩及某一种植物材料。同样，采用不同色彩不同品种的植物也可以达到简洁的效果。在景观中反复使用同一种植物材料，使之成为主调，并具有更大影响，也能形成一种统一，同时为了防止单调，须谨慎使用重复。②多样。多样性便是用来打破重复并能引发游人兴趣的另一个原则。多样性原则为充分利用植物形态、大小、色彩或质感中的一种或几种的改变。多样性原则能增加景观的丰富度并能够创造植物种植设计的不同风格，通过园林中植物的形状、大小、质感与色彩的变化，景观可以避免单调乏味，从而达到吸引游人的效果；同时，由于多样性是重复性的对立面，因此达到景观设计效果的平衡是非常重要的一个方面，太多的重复会导致景观单调乏味，太多的变化也会引起视觉混乱，正确的设施手法是多样性与重复性的对立统一。③重点。重点意味着应强调重要特征并使次要特征处于从属地位。通常使用具有不同形态、大小、色彩、质感且特点突出的植物来强调入口，从而达到这一效果，引人注目的植物周边的种植，应起到衬托主体、强调重点的作用。重点的原则需要通过多样性原则实现，成为重点的植物必须具有特别突出的特征，能够长时间吸引游人的视线。④均衡。指在植物组景中具有虚拟或真实的轴线，轴线两侧的植物可以为对称的或完全相同，也可以是不对称的不完全相同，但却在重量感上保持一致，此种重量感可以是在物质上的也可以是视觉上的，在种植设计中，均衡的作用是增强轴线的对称性。⑤序列。植物的自身可以形成自身的序列感，这种序列可以通过植物的质地、色彩与形式的渐变来实现，也可以由上述特征联合共同实现，但是，三要素不能同时改变，否则会因为变化太多而使序列感消失，为了形成序列变化，所有的形式、质感、色彩的变化都应该是渐变的。⑥比例。与人体具有良好的尺度关系的物体是被认为合乎标准的、正常的，太大的比例会使人们感到不舒服，而太小的比例则具有从属感，让人们产生俯视感。通常景观总是希望使人们感到舒适、放松，因此多数植物种植设计总是采用人们习惯的标准尺度（图84、图85）。

六、城市滨河（湖）湿地景观规划设计

（一）城市滨河（湖）湿地的概念及功能

1. 城市湿地公园的概念及功能

（1）湿地的概念。湿地是陆地与水域全年或间歇地被水淹没的土地，是陆生生态系统与水生生态系统之间的过渡带，是一个复杂的生态系统。湿地的定义应根据湿地的水文、土壤、植被等特点来定义；但由于难以确定积水湿地与水域的界线及无水湿地与陆地的界线，导致湿地边界的划分很难确定，同时湿地生物群落兼具有陆地生物与水生生物的特征，自然环境复杂，且不同地区、不同学科的学者对湿地研究的目的和重点不同，使得湿地还没有形成被学术界所广泛认可的定义。国际权威机构给湿地的定义为陆地与水域的交汇处，水位接近或处于地表面；或有浅层积水，至少有1个以下特征：①至少周期性地以水生植物为植物优势种；②底层主要为湿土；③在每年的生长季节，底层有时被水淹没。

定义还指出湖泊与湿地以低水位时水深2m处为界，被许多国家与地区的湿地研究学者所接受。1971年在伊朗签署、后修订的《湿地公约》中对湿地进行了定义。"湿地系指不问其为天然或人工、长久或暂时之沼泽地、湿原、泥炭地或水域地带，带有或静止或流动，或为淡水、半咸水或咸水水体者，包括低潮时水深不超过6m的水域。"本书所论述的湿地采用《湿地公约》中的定义，在城市中及城市周边近郊的符合此条件的湿地都可归类为城市湿地的范畴。

（2）城市湿地的概念。城市湿地是指位于城市中间及城市周边近郊的湿地，或者纳入城市规划用地范围内的以及城市周边近郊区的湿地，包括人工湿地、自然与人工复合体的湿地与自然湿地三大类型。

城市湿地的第一种类型为人工形成的湿地及我国城市古典山水园林景观中的"挖池堆山"所形成的湿地都可属于人工湿地范畴；同时由于湿地具有净化除污的功能，近年来在城市中出现了以净化城市污水为主要目的的人工湿地，此类湿地是人们根据湿地的功能模拟自然湿地的生态系统来净化水质为城市服务的，是人类利用湿地的一种典型案例。

城市中第二种类型的湿地为复合型湿地。湿地是城市选址的重要条件之一，很多城市在发展的初期阶段，规模小，周边存在众多天然湿地，随着城市面积的扩大这些湿地逐渐被纳入其中。人们对湿地进行改造与利用，使得这部分湿地不再是纯粹的天然湿地，而是带有人类活动的烙印，这部分湿地就成为一种人工与自然相互作用的半人工、半自然的复合型湿地。

城市周边近郊的湿地主要指自然湿地。由于城市的扩张暂时还没有影响这部分湿地，使其还保有自然属性。此类湿地距离城市较近，为城市发展提供重要的生态环境基础。同时湿地的综合功能也为城市发展所利用，也是城市居民郊游与游览的主要去处，因此列为城市湿地。此类湿地在城市湿地中的主要特点为其纯自然属性，但当城市的扩展把该湿地纳入城市之中时，人类活动将作用于此类湿地，其自然属性将随之改变，不再是纯自然的自然湿地，可见此种湿地是一种动态过程，随城市的发展而相应地发生改变。

（3）城市湿地公园的概念。城市生态湿地公园是一种独特的公园类型，指纳入城市绿地系统规划的、具有湿地的生态功能与典型特征的、以生态保护和科普教育及休闲游览为主要内容的公园。

（4）城市湿地公园的分类。湿地公园分为城市型湿地公园与湿地自然保护区。①城市型湿地公园。城市型湿地公园是指在城市规划的区域范围之内，在城市绿地系统的指导下，合理开发建设实施的。它在城市公园的规划范围之内，具有生态保护、科普教育及娱乐休闲等多种功能，由于基址区位于城市之中或与市区相邻，因此在开发建设中应注意与城市建设用地的平衡。②湿地自然保护区。相对于城市型湿地公园而言，湿地型自然保护区的建设目的主要是以保护自然为主，除需要合理建设观测研究设施之外，一般不建设其他功能设施。同时，由于强调湿地保护作用，人为活动也相应有所限制。

城市型湿地公园与湿地自然保护区的区别在于湿地公园既强调了利用湿地开展生态保护与科普活动的教育功能，又充分利用湿地的景观价值和文化属性丰富居民休闲娱乐活动的社会功能。湿地公园可以在不影响自然生态环境的前提下，适当进行建设，并在合理的容量范围内允许游人进入；湿地保护区则除了设立一些必要的研究观测设施外一般不进行其他建设。

（5）城市湿地公园的特征。城市湿地公园是保持区域独特的自然生态系统并使之接近自然状态，维持系统内部不同动植物物种的生态平衡与种群协调发展，在不破坏湿地生态系统的基础上建设各类附属设施，将生态保护、生态休闲与生态教育有机结合，突出主题性、自然性和生态性三大特点。①主题性。城市湿地公园有非常明确的主题，以湿地为中心的休闲观光、生态体验等活动形成其核心内容。②自然性。城市湿地公园内的湿地，无论为人工湿地、自然湿地或自然与人工复合体的湿地中的任何一种类型，其景观无一例外都是要自然的、有原生态味道的，并因此而形成其独特的吸引力，为人类接触自然提供良好的场所。③生态性。城市湿地公园不同于一般的城市公园，对游人容量控制特别严格，其目的是保持生态系统不受影响，维护生态性。

2. 城市滨河湿地项目资源调查与评价

城市湿地公园的基础资料在一般性城市公园规划设计调研内容的基础上，应着重于地形地貌、水文地质、土壤类别、气候条件、水资源总量、动植物资源等自然状况，城市经济与人口发展、土地利用、科研能力、管理水平等社会状况，以及湿地的演替、水体水质、污染物来源等环境状况方面。

（1）地形调查。收集规划区域的地形图，对照图纸明确规划范围内的地形特征。

（2）水质调查。请相关部门协助调查规划区内水系的水质状况，明确其物质的分布与特性。一般需调查的项目包括pH值、BOD（生物化学性耗氧量）、COD（化学性需氧量）、SS（悬浊物质量）等。

（3）土地利用现状调查。根据现状地形图，结合实地调查土地使用现状并进行修正。

（4）植被调查。对被调查地区的植被现状进行调查。在被调查的地区内，从植物生长环境的角度出发对其相关事项进行考察，调查的范围为被调查区域及周边1km的范围内。并根据实际调查绘制植被图，绘制由优势种构成的群落区分图，对与地形及植被相关的植物的各种生长环境进行预测后绘制；同时，还要进行典型植被群落的调查，运用植物社会学性植被调查法，对由植被图所显示的典型植被群落进行植被的高度、层次结构、出现的物种数量，物种的组成、群度、形成的地理条件等方面进行调查，在对群落进行识别、界定的同时，对群落组成表、群落特性进行调查。

（5）动物生态调查。分别对被调查地区的不同动物生态进行调查，并绘制每一种动物的清单及确认的地点，对动物生态的概要进行归纳，主要是哺乳类、鸟类、鱼类等动物。

（6）资源评估。资源评估常用的评价指标有以下几项。①生息动物的种数；②有无鸟类（猛禽类、水鸟）的生息；③有无哺乳类的生息；④有无爬行类的生息；⑤有无两栖类的生息；⑥有无树木；⑦有无重要的湿性植物。

（二）城市滨河湿地景观的设计原则与目标

全面加强城市湿地保护，维护城市湿地生态系统的生态特性与基本功能，最大限度地发挥城市湿地在改善城市生态环境、美化城市与休闲娱乐等方面所具有的生态、环境和社会效益，有效地遏制城市建设中对湿地的不合理利用现象，保证湿地资源的可持续利用，实现人与自然的和谐发展。

城市湿地公园是一种保护湿地资源、生态、环境与可持续发展的积极管理措施与模式，同时也是再塑一个完整的湿地生态系统，在景观规划中要求达到以下目标。一是迁徙水鸟栖息地的有效保护。二是湿地整体环境保护并可持续利用。三是使用者环境体验与寓教于景的作用。四是城市湿地与绿化、农田功能互补。五是保护并促进湿地管理产业化经营。六是湿地研究的重要基地或科研中心。

城市湿地公园规划设计应遵循系统保护、合理利用与协调建设相结合的原则。在系统保护城市湿地生态系统的完整性与发挥环境效益的同时，合理利用城市湿地具有的各种资源，充分发挥其经济效益、社会效益，以及在美化城市环境中的作用。

1. 系统保护的原则

（1）保护湿地的生物多样性。为各种湿地生物的生存提供最大的生息空间，营造适宜生物多样性发展的环境空间，对生境的改变应控制在最小的限度与范围内；提高城市湿地生物物种的多样性并防止外来物种的入侵造成

236

灾害。

（2）保护湿地生态系统的连贯性。保持城市湿地与周边环境的连续性，保证湿地生物生态廊道的畅通，确保动物的避难场所；避免人工设施的大范围覆盖，确保湿地的透水性，寻求有机物的良性循环。

（3）保护湿地环境的完整性。保持湿地水域环境与陆域环境的完整性，避免湿地环境的过度分隔而造成环境退化；保护湿地生态的循环体系与缓冲保护地带，避免城市发展对湿地环境的过度干扰。

（4）保持湿地资源的稳定性。保持湿地水体、生物、矿物等各种资源的平衡与稳定，避免各种资源的贫瘠化，确保城市湿地公园的可持续发展。

2. 合理利用的原则

（1）合理利用湿地动植物资源的经济价值与观赏价值。

（2）合理利用湿地提供的水资源、生物资源与矿产资源。

（3）合理利用湿地开展休闲与游览。

（4）合理利用湿地开展科研与科普活动。

3. 协调建设原则

（1）城市湿地公园的整体风貌与湿地特征相协调，体现自然与生态、野趣。

（2）建筑风格应与城市湿地公园的整体风貌相协调，体现地域特性。

（3）公园建设优先采用有利于保护湿地环境的生态化材料与工艺。

（4）严格限定湿地公园中各类管理服务设施的数量、建设规模与位置。

（三）湿地景观与游览系统规划设计

1. 功能分区

城市湿地公园一般应包括重点保护区、湿地展示区、游览活动区与管理服务区等区域。

（1）重点保护区。针对重要湿地、或湿地生态较为完整，生态多样性丰富的区域，应设置重点保护区。在重点保护区内，可以针对珍稀动植物资源的繁殖地与原产地设置禁入区，针对候鸟及繁殖期的鸟类活动区域设立临时性的禁入区。此外，考虑生物的生息空间及活动范围，应在重点保护区外围划定适当的非人工干涉圈，以充分保障生物的生息场所。重点保护区内只允许开展各项湿地科学研究、保护与观察工作，另外，本区内所有人工设施应以确保原有生态系统的完整性与最小干扰为前提。

（2）湿地展示区。在重点保护区外围建立湿地展示区，重点展示湿地生态系统、生物多样性与湿地天然景观，对于湿地生态系统与湿地形态相对缺失的区域，应加强湿地生态系统的保育与恢复工作。

（3）游览活动区。利用湿地敏感度相对较低的区域，可以规划为湿地游览活动区，开展以湿地为主体的休闲、游览活动。游览活动区内可以适当规划游览方式与活动内容，设置适度的游憩设施，避免游览活动对湿地生态环境造成破坏，同时，应加强游人的安全保护工作，防止意外发生。

（4）管理服务区。在湿地生态系统敏感度相对较低的区域设置管理服务区，尽量减少对湿地整体环境的干扰与破坏。

2.城市湿地公园景观的构成要素

（1）水。水不仅是人类生存环境构成的重要物质要素之一，而且是人类精神寓居的重要象征。水既有"有形"的一面，也有"无形"的一面。"有形"是指水体本身的物理形态与属性的客观体现，即水具有可塑性、可流动性及"色"与"影"的特性。"无形"是指水体与其他要素的结合运用往往被赋予人类的精神色彩，具有一定的文化内涵。水作为城市湿地景观特定的造景要素，自身所特有的物质属性与精神属性是景观表达的主要方面，在城市湿地景观中，着重强调水在特定功能体系下的自我修复与维持。

（2）驳岸。驳岸是水域与陆域的交界线，相对而言也是陆域的最前沿，作为到达水面的最终阶段，驳岸设计的好坏决定了滨水区能否成为吸引游人的空间；同时作为城市中的生态敏感带，驳岸的处理对于滨水区的生态有非常重要的影响。对于滨河湿地而言，驳岸的处理方式直接关系到城市防洪标准的等级，是城市防洪最为重要的因素。

（3）植物。植物要素是湿地景观的另一个重要组成部分，它具有景观与功能的双重属性。作为主要的造景因素，植物自身在具有优美形态的同时，通过不同的组合利用方式可形成景观群落，并有不同的季相美。湿地景观的植物类型主要是水生植物与湿生植物，同时，鉴于植物对不同污染物的分解作用，水生植物在净化水污染的过程中起着不可替代的作用，是湿地生态系统的重要组成要素。

（4）通道。任何景观只有加入了人的活动与参与才能有生机与活力，"以人为本"的设计理念促使景观的塑造更加强调人的参与和使用。城市景观湿地的通道主要是满足人的使用需求而纳入其中；同时作为生态系统建设的重要方面，在湿地保护区建立动物迁徙用的通道也是城市湿地通道建设的重要方面。通道包括各种材质与组合形式，在满足功能要求的前提下，应注重其形式美和与周边环境的统一协调。

（5）动物。城市湿地景观中的动物要素是指适合水生与湿生环境的各种脊椎与无脊椎动物，是一个完善的湿地生物群落的重要组成部分，对于发挥城市湿地景观的功能效益具有重要作用，同时，还因其具有活动能力，可以为景观增添一种动态美。

3. 滨水带状绿地

滨水绿地是城市中临近河流、湖沼、海岸等水体的带状绿地，具有生态效益与美化功能。滨水绿地多利用河、湖、海岸等水体的带状绿地，呈带状分布，形成城市的滨水绿带。滨水游憩绿地比邻自然环境，其绿化应区别一般的城市绿化，与自然环境相结合，展示自然风貌，因侧面邻水，环境优美，是城镇居民休憩娱乐的重要场所。

（1）滨水绿地的作用。①滨水绿地的环境作用。流动的空气经过水面往往会使能量聚集，因而在大型水体如湖泊、海洋的附近形成巨大的风力可能对人们的生活产生影响，甚至造成破坏，所以，如能在临近湖泊、大海之类大型水体的地带种植一定宽度的绿带，可以大大降低风速，减轻因大风带来的破坏。同时花草树木庞大的根系可以吸收与阻挡地下污水，从而也可以降低城市污水直接排入水体而造成水质污染，因而产生涵养水源的作用。②滨水绿地的景观作用。在观景与游憩方面，因为水的存在，其多样的形态就使景观设计发生很大的变化，从而丰富了城市面貌，同时也为居民提供了更为舒适的环境。滨水地带的固有景观构成有水体、岸线、堤坝、桥梁等水工构筑物，以及植被、鱼、鸟等自然生态，经过规划设计还可将人工植被、景园小品、道路、相邻的景观建筑、远方的山林景观等都组织到绿地景观之中。

（2）滨水绿地的类型。①临海城市中的滨海绿地。在一些滨海城市中，海岸线常常延伸到城市的中心地带，由于海岸线的沙滩、礁石海浪都具有景观价值，所以滨海地带一般会被辟为带状城市公园。此类绿地宽度较大，除了一般性的景观绿化、游憩、散步道路之外，时常同时设置与水相关的运动设施，如海滨浴场、游艇码头等。②临湖城市中的滨湖湿地。此类城市位于湖泊的一侧，甚至将整个湖泊或湖泊的一部分围入城市之中，因而城区有较长的岸线，虽然湖泊绿地有时也可达到与滨海绿地相当的规模，但由于湖泊的景致较大海更为柔媚，且相关植物生态习性不尽相同，所以绿地的设计有所区别。③临江城市中的滨江绿地。江河沿岸便利的交通条件通常是城市发展的理想之地，江河的交通、运输便利常使人想到建设港口、码头以及运输需求的工厂企业；伴随着城市的发展，许多城市已逐步将已有的工业设施迁往远郊，把紧邻城市中心的沿河地段开辟为休闲游憩的滨河绿地；因江河的景观变化不大，此类绿地往往更应关注与相邻街道、建筑的协调。

（3）滨水绿地的规划布置。滨水绿地设计须密切结合当地生态环境、河岸高度、用地宽窄与交通特点等实际情况来进行全面规划设计，一般可分为滨水绿地规划设计与滨水休闲游憩道路规划设计（图86至图90）。

滨水绿地的规划设计。一般滨水路的一侧为城市建筑，在建筑与水体之间设置绿带，如水面不十分开阔，对岸又无风景时，滨河绿地可以布置的较为简单。除车行道与人行道之外，邻水一侧可修筑步道，树木种植成行，驳岸地段可设置栏杆，树间设安全坐凳，供游人休息。一是充分利用宽阔的水面，邻水造景，运用美学原理与造园艺术手法，利用水体的优势与独特的景色，以植物造景为主，适当配置游憩设施与有独特风格的小品景观，构成富有韵律、连续性的绿地景观，使人们充分享受大自然的氛围。二是滨水游憩绿地的主要功能是为人们提供游览、休息，同时兼顾防止水土流失与城市防洪，一般滨水绿地的一侧为城市建筑，另一侧是水体，中间为绿带，绿带设计手法依自然地形、水岸线的曲折程度、所处的位置与功能要求，对于地形起伏较大，岸线曲折变化多的地段多采用自然式布置；而地势平坦，岸线整齐，又临近宽阔道路干线时应采用规则式布置，规则式布置的绿地多以草地、花坛为主，乔木多以孤植或对称种植为主。自然式布置的绿带多以树丛为主，树木种类要常绿、落叶树合理搭配，高低错落，疏密相间，体现植物品种的多样性。三是为减少车辆对绿地的干扰，靠近车行道的一侧应种植1～2行乔木或绿篱，形成绿化屏障。为了使水面上的游人与对岸的行人看到沿街的建筑，应适当留出透视线，不宜完全封闭。道路靠水一侧原则上不宜种植成排乔木，以免影响景观视线，而且树木的根系生长会对驳岸造成损坏；道路内侧绿化宜疏朗散植。树冠应有起伏变化，植物配置须注重色彩、季节变化和水中倒影，使岸上的游人看到水面的优美景色，水上的游人也能看到滨水绿带的景色与建筑，使水面景观与活动空间景观相互渗透、浑然一体。

滨水游憩道路规划设计。滨水游憩道路是指在城区内外沿江、河、湖、海、溪流等水系为方便行人而修建的散步道。滨水游憩路往往是城市中心交通繁忙、人口密集而景观要求较高的路段，滨水游憩道路的设计原则基于以下几点。一是河岸线因原有地形起伏不平，经常会遇到一些台地、斜坡等地形，可结合地形将车行道与滨水游憩道路分设在不同的高度上。在台地或坡地上设置滨水路，常分为上下两条，一条临近干线人行道，高程与交通干线一致，另一条设在常年水位线以上。滨水路宽度依地形确定，在斜坡角度较小时用绿化斜坡相连，坡度较大时用坡道或石阶相贯通。在平台上可布置座椅、栏杆、花架、雕塑、水系等景观小品。在码头或小型广场，也常设雕塑、座椅，并在适当位置留出供游人远眺的平台。一些突出河岸线的半岛地带是滨水游憩林荫路最具景观表现力与吸引游人的位置，可依据面积与设计需求设置景观设施及具特殊意义的建筑物与广场等。二是为保护江、河、湖岸免遭波浪、洪水等冲刷而坍塌造成灾害，须在重要地段修建永久性驳岸，近期所谓"自然驳岸"相关学术论述对河道治理只能作为学术研究的一部分，毕竟对城市滨水驳岸而言防洪为第一功能需求。驳岸一般多采用坚硬石材或混凝土，顶部加砌岸墙或用栏杆围起来，标准高度为80～100cm，沿河狭窄地带应在驳岸顶部用高90～100cm的栏杆，或将驳岸与花池、花镜相结合，便于游人接近水面，欣赏水景。自然式滨水路与驳岸间种植花卉苗木，在坡度1:（1～1.5）的斜坡上应铺设草坪，砌嵌草砖块，或在水下砌整形驳岸，高于水面地段布置自然山石，既美化了驳岸景观，同时可供游人休息、观景、垂钓；在设有游船码头或水上运动设施的地段，应修建坡道或设置转折式台阶直达水面。三是临近水面的散步道宽度不应小于5m，并尽可能接近水体，如滨水路绿带较宽时，最好设置成两条滨水路，一条临近干线人行道，便于行人来往，另一条布置在临近水面的地方，供游人漫步或远眺，路面宽度应依据设计要求与景观构思。水面相对较窄、对岸无景可观的状况下，滨水路可布置简单一些；在邻水布置的道路、岸边应设置栏杆、石凳等相关景观服务设施。道路内侧乔木宜种植树姿优美、观赏价值高的品种，乔灌木以自然种植为主。在水面宽阔、对岸景观优美的情况下，邻水宜设置较宽的绿化带、花坛、草坪、石凳、花架等，在可观赏对岸景点的最佳位置设置小型广场或特色平台，供游人观景或摄影；在水位较低且水位较稳定的位置，可因地势高低，设计成亲水平台，以满足人们的亲水感。在具有天然坡岸的位置，可采用自然式布置游步道与树木，凡未铺装的地面皆应种植灌木或铺栽草皮，如有顽石造景于岸边，更为上品。

一些地区的滨水绿地在规划时，还应考虑文化的引入，对相关河流本身的历史与人文故事的挖掘工作必不可少。

（4）滨水绿地的种植设计原则。①在滨水绿地种植除采用一般行道绿地树种外，还可在水边种植耐水湿的树木或花草，如垂柳、菖蒲、水仙等。②树木种植应注意林冠线的变化，不宜种得过于闭塞，留出观景透视线，做到开合有序。如果沿水岸等距离栽植同一树种，则显得单调、闭塞，既遮挡了城市景色，又妨碍观赏水景及借景。③除种植乔木外，应大量种植花灌木与草本花卉，以增加绿地的生态性与丰富景观。④在低位的河岸或一定时期水位可能上涨的水边，应特别注意选择适应水湿与耐盐碱的树种。⑤滨水路的绿化，除遮阴功能外，还应具有防浪、固堤、护坡的功用；斜坡上须种植草皮，以避免水土流失。⑥滨水地带通常有大量的水生原生植物，要注意保留原有种类与增加品种的有机结合与生态效应，改良滨水环境。⑦滨水林荫路的游步道与车行道之间应尽可能用绿化带隔离，以保证游人休息与安全。

（四）交通系统规划

1.道路系统

（1）规划建设须以不破坏原有风貌与生态系统为前提。

（2）道路交通规划不仅要考虑交通功能的满足，更要依据游览需求与游人心理，形成安全、舒适的交通环境，增加沿途旅游风光，使游人能在沿线观赏到较好的景致。

（3）尽量利用现状，形成适宜的交通体系，使对外公路及游览步行道功能明确，联系方便。

2. 游览方式

在不破坏城市湿地自然特性与自然演替的条件下，城市湿地公园可采用多种游览方式，如水上、陆地、游船、电瓶车等，对游览方式所需的工程技术措施应进行生态化处理。

（五）环境容量规划

环境容量是指在不破坏城市湿地自然特性与自然演替条件下城市湿地公园可容纳的游人数量。为确保城市湿地公园游人容量不超过生态环境的承受力，确保游人有一个安全、舒适的游览环境，避免拥挤、混乱等情况，同时为城市湿地公园的内外交通、给排水、服务供应等规划设计及建设提供一个可靠的依据，需对风景区进行游人容量进行测算。

为科学预测游人容量，规划考虑各景区的资源特点，应因地制宜地采用不同办法来测算，再将各景区的游人容量相加，得出景区总的游人预测容量。生态容量是指在一定时间内旅游地域的自然生态环境不致退化的前提下，景区所能容纳的活动量，其大小取决于旅游地自然生境净化与吸收污染物的能力，以及一定时间内每个游人所产生的污染物量，同时还与区域内生物对人类活动敏感度有关。一般包括水体环境容量、大气环境容量、固体垃圾环境容量、生物环境容量四部分。

一般而言，在水体环境容量、大气环境容量、固体垃圾环境容量、生物环境容量中，景区水体、大气与固体垃圾环境容量不会成为生态环境容量的限制因子，而主要取决于生物环境容量。生物环境容量指旅游活动对区域内鸟类、水生物不产生显著影响的条件下，所能容纳的旅游人数。

生物环境容量Q的计算可采用：

Q=水体可供游览面积×船均载客量/船均生物影响承受标准面积

第九章 居住区景观规划设计

居住区绿地是人们日常生活环境中的重要组成部分，伴随社会经济与城市化水平的发展与提高，人居环境已经成为目前城市居民共同关注的话题。据联合国的相关统计数据预测，到2025年，世界城市人口的比例将会达到全球人口数量的60%，城市人口将会首次超越农村人口，人类将进入城市时代。随着城市人口的不断增加，城市人均占有率不断下降，人们已经不再满足于基本的生活居住环境，要求增加城市绿地占有率，提高居住环境质量。

居住区是城市的重要组成部分，居住区绿地也是决定一个城市环境质量好坏的主要园林绿地类型，一般占城市总用地面积的35%左右，其绿地使用率是其他类型绿地的5~10倍，而且城市居民对居住区环境的要求越来越高，特别体现在小区植物造景方面，在居民需求的推动下，居住区绿化得到了长足发展。怎样搞好居住区绿化，使植物造景成为特色，促使小区绿化设计与研究成为景观学的的重要课题（图91至图94）。

第一节 居住区景观绿地概述

一、居住区与居住绿地概念

（一）居住区概念

根据《城市居住区规划设计规范（GB 50180—2018）》中规定，居住区按居住户数或人口规模可分为居住区、小区、组团三级。

城市居住区。一般称居住区，泛指不同居住人口规模的居住生活聚居地与特指被城市干道或自然分界所围合，并与居住人口规模（30 000~50 000人）相对应，配建有一整套较完善的、能满足该区居民物质与文化生活所需的公共服务设施的居住生活居地。

居住小区。一般称小区，指被居住区道路或自然分界线所围合，并与居住人口规模（7 000～15 000人）相对应，配建有一套能满足该区居民基本物质与文化生活所需公共服务设施的居住生活聚居地。

居住组团。一般称组团，指一般被小区道路分隔，并与居住人口（1 000～3 000人）相对应，配建有居民所需的基层公共服务设施的居住生活聚居地。

居住区用地由住宅用地、公建用地、道路用地与公共绿地等4项用地组成。

（1）住宅用地。住宅建筑基底占地及其四周合理间距内的用地（含宅间绿地与宅间园路）的总称。

（2）公共用地。又称为公共服务设施用地，与居住人口规模相对应配建、为居民服务与使用的各类设施的用地，应包括建筑基底占地及其所属场院、绿地与配建停车场等服务设施。

（3）道路用地。住区道路、小区道路、组团路及非公建配建的居民小汽车、单位通勤车等停放场地。

（4）公共绿地。满足规定的日照要求、适合安排游憩活动设施的、供居民共享的游憩绿地，应包括居住区公园、小游园与组团绿地及其他块状带状绿地等。

（二）居住区绿地概念

居住区绿地是附属于居住用地的绿化用地，在城市绿地中占有较大比重，与城市生活密切相关，是居民日常使用频率最高的绿地类型。根据《城市绿地分类标准》（CJJ/T 85—2017）规定，居住绿地是指城市居住用地内社区公园以外的绿地。相对于居住区用地的四项用地组成，居住绿地包括宅旁绿地、配套公建绿地、小区道路绿地、组团绿地等。

（1）组团绿地。供本组团居民集体使用，为组团内居民提供室外活动、邻里交往、儿童游戏、老人聚集等良好室外条件的绿地。组团绿地集中反映了小区绿地质量水平，一般要求有较高的规划设计水平与一定的艺术效果。

（2）宅旁绿地。也称宅间绿地，是居住区最基本的绿地类型，多指在行列式建筑前后两排住宅之间的绿地，其大小宽度取决于楼间距，一般包括宅前、宅后以及建筑物本身的绿化，只供居民楼居民使用，是居住区绿地内总面积最大、居民最经常使用的一种绿地形式。

（3）居住区道路绿地。居住区内道路红线以内的绿地，其连接城市干道，具有遮阴、防护、丰富道路景观的功能，一般根据道路的分级、地形、交通情况等进行布置。

（4）配套公建绿地。也称为专用绿地，是各类公共建筑与公共设施周围的绿地，其绿化布置要满足公共建筑与公共设施的功能要求，并考虑与周边环境的关系。

（5）其他绿地。包括居住区住宅建筑内外植物栽植，一般包括阳台、窗台及建筑墙面、屋顶等处。

二、居住区景观规划设计条件分析

居住区绿地规划除了应完成一般的场地分析内容外，还应重点注意以下3个方面的条件分析。

1.居住区总体规划

居住区总体规划是绿地规划设计最基本的依据。居住区绿地规划设计的内容与指标都要在总体规划规定范围内来确定，另外，总体规划建筑与道路的布局形态也决定与制约了居住绿地的布局与形态。

总体规划中的地下车库、管线及其他地下构筑物也是绿地规划设计中所必须考虑的因素；在绿地相关的规划设计中不能与这些地下物发生冲突。总体规划的消防要求在绿地设计中应加以考虑，如消防通道的通车要求，一些居住区绿地中的空地与草坪还要考虑作为消防登高面处理等。

2.居住区居民状况

居住区状况包括居民人数、年龄结构、文化素质、共同习惯等。居住区绿地规划设计还应同时考虑居民的室外活动需求，根据居民的相关需求布置适当的活动设施与内容，如儿童活动场所、健身场地、散步道、休息亭廊等。

3.居住区所在地区的地域性

不同地区的人们都具有不同的生活习俗与文化背景，居住区绿地的规划设计还应针对不同地方的地域特征进行构思与景点设置，从而设计出特色鲜明的绿地景观。

三、居住区景观规划设计构思

立意构思是设计者根据功能需要、艺术要求、环境条件等因素，经过综合考虑所产生出来的总的设计意图。布局是在经过对基底分析、设计立意、功能分区确定的条件下进行的规划，布局的内容主要包括以下几项。①大致确定功能分区；②确定主要景点位置；③根据小区道路系统进行分析布局；④深入分析小区道路与各个景点之间的关系。

第二节　居住区景观绿地规划设计

一、组团绿地

组团绿地通常结合居住建筑组织布置，服务对象是组团内居民，主要为老人与儿童活动、游憩提供活动场所。有的小区不设中心游园，而分散以各组团内的绿地、路网绿化、专用绿地等形成小区绿地系统；也可采用集中与分散相结合，点、线、面相呼应的原则，以住宅组团绿地为主，结合林荫道，防护绿带及庭院与宅旁绿化形成一个完整的绿化体系。

根据组团绿地在居住区的位置，组团绿地的布置类型可分为以下几种。

1. 庭院式

利用建筑形成的院子布置，不受道路行人与车辆的影响，比较封闭，有较强的庭院感。

2. 林荫道式

此种布置方式可以改变行列式住宅单调狭长的空间感，北方居住区常采用此种形式规划绿地。

3. 行列式

这样的绿地布置模式可以打破行列式山墙形成的狭长胡同的感觉，组团绿地与庭院绿地相互渗透，扩大绿化空间感。

4. 独立式

利用不便于布置住宅建筑的角隅空地作为绿地。

5. 结合式

绿地结合公共建筑布置，使组团绿地同专用绿地连成一片，相互渗透，扩大绿化空间。

6. 临街式

在居住建筑临街的一面布置，使绿化与建筑互相映衬，丰富街道景观。

7. 自由式

组团绿地穿插其间，组团绿地与庭院绿地相结合，扩大绿色空间，构图也自由活泼。

二、宅旁绿地

1. 宅旁绿地的概念

宅旁绿地是住宅内部空间的延续与补充，它虽不像组团绿地那样具有较强的娱乐、赏游功能，但与居民日常生活起居息息相关，结合绿地可开展各种室外活动，具有浓厚的生活气息，使现代住宅单元楼的封闭隔离感得到较大程度的缓解，以家庭为单位的私密性和以宅间绿地为纽带的社会交往活动得到满足与协调。

2. 宅旁绿地规划设计要点

（1）结合住宅类型及平面特点、建筑组合形式、宅前道路等因素进行布置，创造宅旁庭院绿地景观，区分公共与私人空间。

（2）体现住宅标准化与环境多样化的统一，依据不同的建筑布局做出宅旁及庭院的绿化设计。

（3）植物配置应依据地区土壤与气候条件，居民的喜好及景观变化要求，尽力创造特色，在居民有归属感的前提下提升设计的艺术性。

三、居住区道路绿地

根据居住区的规模与功能要求，居住区道路可分为居住区区级道路、小区级道路、组团级道路及宅前道路四级，道路绿化应与各级道路的功能相结合。

居住区道路一般分为车行道与步行道两类，在人车分行的居住区交通组织体系规划中，车行道与步行道互不干扰，车行道与步行道在居住区各自独立形成完整的道路系统，此时的步行道往往具有交通与休闲的双重功能，居住区道路分级及绿化设计有以下几个要点。

1. 居住区级道路

居住区级道路是居民区的主要道路，是联系居住区内外的通道，除人行外，车行频繁，车行道宽度一般为9m左右，行道树栽植应考虑遮阴与交通安全；在交叉口及转弯处须依据安全视角视距要求，保证车行安全，在三角形区域内不能选用体型高大的树木，只能选用不超过0.7m高度的灌木、花卉、草坪等。

2. 小区级道路

小区级道路以人行为主，是小区居民日常休憩散步区，树木配置应活泼多样，根据居住建筑的布置、道路走向以及所处位置、周边环境统筹考虑。在树种选择上，可多选小乔木及开花灌木，特别是一些开花繁密、叶色变化的树种，同时每条路可选择不同的树种，不同断面的种植形式，形成道路不同景观特色。

3. 组团级道路

组团级道路一般以通行自行车与人行为主，绿化与建筑的关系较为密切，一般路宽2～3m，绿化多采用开花灌木。

4. 宅前小路

宅前小路一般不超过2.5m，它是住宅建筑之间连接各住宅入口的道路，能把宅间绿地、公共绿地结合起来，形成一个相互关联的整体。

四、配套公建绿地

在居住区公共建筑与公用场所的绿地，由各使用机构管理，按各自的功能要求进行绿化设计。此部分绿地称为配套公建绿地，也称专用绿地，同样具有改善居住环境、调节小气候、丰富居民生活等方面的功能与作用，也是居住区绿化的组成部分。

居住区的商业中心、服务中心环境绿地是重要的配套公建绿地。居民日常生活需要就近购物、休闲、理发、就医等，因此，居住区的商业中心和各种服务中心是与居民生活息息相关的公建场所，这些公建绿地设计可以考虑以规则为主，留出足够的活动场地，便于居民来往、停留等。场地上可以摆放简洁耐用的相关服务设施如坐凳、果皮箱等。

五、屋顶绿化

屋顶绿化主要功能在于增加城市绿地面积，改善生态环境，同时使屋顶密封性得到进一步加强，能防止紫外线照射，使屋顶具有降温防火的辅助功能。因此屋顶绿化是开拓城市绿化空间、美化城市、提高城市环境质量、改善城市生态环境的重要途径之一。近年来，随着生态城市建设的加强，越来越多的城市开始重视屋顶绿化，且出台相关政策法规进行支持，一般会对屋顶相关覆土厚度及做法进行规定、指导。其绿化方式主要有以下几种。

1. 棚架式

在载重墙上种植藤本植物，如葡萄、紫藤等。在屋顶做成简易棚架，高度2m左右，藤本植物可沿棚架生长，覆盖全部棚架。

2. 地毯式

在全部屋顶或屋顶的绝大部分，种植各类地被植物或小灌木，形成一层"绿化地毯"。地被植物种植土壤覆土厚度在20cm即可正常生长发育，花灌木覆土厚度一般在50cm以上。此种绿化形式的绿化覆盖率高，特别适合高层建筑前低矮裙房屋顶上设置。

3. 自由式种植

采用有变化的自由式种植地被花卉灌木，种植植物从草本至小乔木，种植土壤覆土厚度在20～100cm，产生层次丰富、色彩斑斓的景观效果。

4. 庭院式

把地面的庭院绿化建在屋顶上，除种植各种园林植物外，还要建亭、景观小品、水系等，使屋顶空间变化成有山、有水的景园环境，同时设置自动灌溉系统。这种方式适用于有较大面积的屋顶上，此种屋顶绿化模式新加坡有不错的经典案例。

5. 自由摆放

主要用盆栽植物自由摆放在屋顶上，达到绿化的目的，此种方式灵活多变。

6. 屋顶花园植物选择要求

屋顶花园植物种植有别于地面环境，其小气候条件、土壤深度与成分、空气污染、排水状况、灌溉条件及养护管理等因素各有差异。因此，选择植物必须适合屋顶环境特点，一般要求植物生长健壮、抗性强、能抵抗极端气候。对土壤深度要求不严，须根发达，适应土层浅薄与少肥条件，耐干旱，喜光耐高热风，耐寒抗冻，抗风，抗空气污染，容易移栽成活，耐修剪，生长较慢，耐粗放管理，养护要求低等。

六、居住区景观照明

居住区景观照明以满足景观设计效果要求与城市居民夜间照明需求为主要规划设计依据，一般分为高杆灯、庭院灯、草坪灯等不同照明效果与类别，必须特别注意不要在夜间形成光污染。

第十章　单位附属绿地景观规划设计

第一节　厂区附属绿地的景观规划设计

工厂绿化可分为工厂内部环境绿化、道路绿化、厂前区绿化、周边绿化及工厂与居住区之间的防护性绿地，由各部分绿化组成工厂绿化的整体。

一、工业绿地的特点

工厂企业绿地在净化环境、改善小气候、减噪等许多方面的功能与城市园林绿地相同，但是工厂企业绿地毕竟不同于城市园林绿地，其具有一些独有的绿地特点。

一是工厂企业绿地立地条件比较复杂，环境条件较差，不利于植物的生长。

二是厂区内部用地紧凑，绿化用地面积较少，一般不会出现大面积的绿地。

三是绿化必须保证工厂安全生产与正常运作。

四是绿地景观应与厂区主要特色相结合，充分考虑工厂职工的环境要求。

二、工业、企业绿地景观规划设计

（一）厂前区绿地景观规划设计

厂前区包括主要入口、厂前建筑群、广场等，一般位于上风向，是工人进出的主要场所，一般与城市主要道路相连接，体现工厂的形象与面貌，其环境的好坏直接影响城市的环境面貌，其绿地从设计形式到植物配置、养护管理要求较高，要求有较好的景观效果。

1. 大门景观

大门是厂区的出入要道，绿地设计首先应考虑交通的方便性、引导性与标志性；其次必须与周边建筑的造型、色彩相协调，同时还要注意与场外街道绿化的衔接问题，大门附近可选用一些观赏价值较高的矮小植物或景观小品重点装饰，两侧较远处种植大型乔木，形成绿树成荫，多姿多彩的景观效果；最后，大门周边围墙墙体绿化要充分注意到卫生、防火、防污染、降噪，并且与周边景观相协调，一般采用攀岩植物进行垂直绿化。

2.厂前建筑群、广场景观

此处为厂前区的空间中心，周边环境相对较好，有利于植物景观的布置，一般采用规则式布局，同时结合花坛、雕塑、水系等。远离建筑的区域可以采用自然式的规划布局，设计草坪、花镜、树丛等。因为这些区域建筑较多，要根据不同建筑物的特点分别设计布置，既有一定的独立性，又与整个厂前区绿地环境相统一。

（二）生产区绿地景观设计

生产区周边绿地环境较为复杂，作为生产的重要场所，管线分布多，绿化空间相对较小，绿化条件较差。生产车间还要注意室内的采光与通风，对植物种类的要求较高。根据生产的性质、种类与生产特点，一般将生产区分为有污染环境的生产车间、无污染的生产车间、有特殊要求的生产车间。

1.有污染环境的生产车间

多数为化工生产车间、机械加工生产车间。化工生产车间区域污染较为严重，会产生大量有害气体、粉尘、烟尘、噪声等；机械车间污染物一般为噪声。该区域一般植物难以生长，须选用抗性强，有特殊净化与分解功能的植物品种。首先要考虑有害气体的扩散、稀释、利用耐污染植物吸附有害物质、净化空气；其次应注意土壤的污染，利用相关植物特性分解降低污染。在污染严重的车间周边绿化，植物种类是否合适是成功的关键，不同的植物对环境的适应能力与要求不尽相同，树种的抗污染能力与污染程度有重要关系，也与林相的组成有关，复层混交林的抗污能力明显强于单层疏林的抗污能力。

2.无污染的生产车间

无污染的生产车间本身对周边环境不会产生有害的污染物质，相对于有污染的生产车间，周围环境绿化较为自由，除了不影响交通与管线外，没有其他的限制性要求，在根据总体绿地规划设计的要求下，各个车间尽量体现出各自不同的特点，同时考虑职工业余时间休息的需要，适当设置座椅、水系、花架等园林小品，形成良好的休息环境。

大多数生产车间还要考虑通风、采光、防尘、防噪，北方地区要注意防风，南方地区应注意隔热等一般性要求。在不影响生产的情况下可适当设置一些立体化的绿化形式，将车间内外连成一个整体，创造一个自然的生产环境。

3. 有特殊要求的生产车间

一般为要求洁净程度较高的生产车间，如精密仪器生产、工艺品与食品、电脑生产等，此类车间周边环境质量直接影响相关产品的质量与使用寿命，对车间与厂区周边绿地环境要求非常高，要求防尘、清洁、隔热、美观、有良好的采光与通风条件，所以对绿化植物的选择有自己的特殊要求，一般应该选择抗病能力强、无飞絮、花粉、吸尘能力强的树种，同时考虑在竖向上的设计，做好乔木、灌木、草坪三者高中低的绿地景观效果。

总之，整个生产区的绿地规划设计要重点注意以下几点。

（1）注意树种的选择，特别在有污染的车间附近。

（2）注意不同性质的车间对于采光与通风要求。

（3）注意处理好绿植与各种管线位置的关系。

（4）满足生产运输、安全、维修等方面的要求。

（5）考虑职工对车间周边绿地布局形式及观赏植物的喜好与周围绿化植物四季景观效果。

（三）仓储绿地景观设计

仓储区周边的绿地规划设计应依据仓库内的储存物品、交通条件统筹考虑，以不影响其功能操作为前提，满足使用上的要求，务必使货物装卸、运输方便，同时应注意防火要求，不宜种植针叶树与油脂较多的树种，绿化以稀疏种植乔木为主，株间距以7~9m为宜，绿化布置应简洁明快；露天仓库应该在周围种植生长健壮、防火防尘效果较好的落叶阔叶树，将仓库与周围环境进行隔离；地下仓库则相对简单，考虑覆土厚度，栽植草皮、乔灌木起到装饰、隐蔽、降低温度、防止尘土的作用即可。

（四）内部休憩景观绿地设计

内部休憩绿地一般位于职工休息易于到达、环境条件较好的场地，面积一般不大，要求布局形式灵活，考虑使用者生理与心理上的需求；休憩绿地的设计应结合厂区内的自然条件，如小溪、河流、池塘、山地及现有植被条件等，对现状加以改造与利用，创造自然优美的休憩空间。设计要点主要有以下几项。

（1）结合厂前区规划布置。

（2）结合厂区内的公共设施或人防工程布置。

（3）利用现有条件，因地制宜开辟休憩绿地。

（五）工厂防护林带景观设计

工厂防护林带绿地的主要作用是隔离工人与居民对工厂有害气体、烟尘、噪声等污染物的影响，降低有害气体、尘埃与噪声的传播，以保持环境的清洁性。工厂防护林带在工厂绿化设计中占有重要地位，防护林带的宽度应根据污染危害程度、当地实际情况与绿化条件综合考虑。按国家相关规范，防护林带的宽度为5级，设置类型主要包括防污、防火、防风等林带。在工厂的上风方向通常设置二至数条防护林带，以防止风沙吹袭及邻近企业所产生排出的有害物质的污染。在下风方向设置防护林带，须根据有害物排放、降落与扩散的特点，选择适当的位置与种植类型，并确定出宽度。

防护林带因其性质、作用的不同，其结构一般分为透风式、半透风式、封闭式3种。透风式一般由乔木组成，不配置灌木，主要作用是减弱风速、阻挡污染物，在距离污染源较近处使用。半透风式也是以乔木为主，在林带两侧配置一些灌木，主要适合于防风或者远离污染源的区域使用。封闭式林带由大乔木、小乔木、灌木等多种树木组合而成，防护效果好，有利于有害气体的稀释与防护。

工业绿地的树种选择参见本书附录中绿化园林植物配置技术规定的内容。

第二节　行政办公、公共事业单位景观绿地规划设计

行政办公及公共事业单位主要指一些行政部门、公共服务、医疗卫生机构等相关公共事业的部门机构。此类机构的绿地通常都是为了美化环境，消

除外界干扰，改善工作环境，为内部人员提供休息、娱乐场所而设计。

一、行政办公机构景观绿地规划设计

由于行政部门的类别不同、大小不同，从政府机关到事业管理机构，其绿化形式与绿化投入各不相同，但是，绿地规划的设计原则基本一致。

一是绿化为主，突出重点。在普遍绿化的基础上，应突出自身单位的绿化特点与风格，注意在重点位置重点装饰，特别是入口及主要办公楼前，以突出自身绿化管理水平与特点，衬托自身形象。

二是为行政办公人员提供良好的户外休息活动环境。行政办公人员室内办公时间较长，需要适当的户外环境调节放松身体状态，此时良好的室外环境显得十分重要。

三是布局合理，体系设计。行政办公机构的绿地规划一般是本城市绿地系统规划的重要组成部分，规划设计时首先与城市绿地系统规划相符合，同时要注意点、线、面的有机结合，使其各部分绿地有机地联系在一起，提高审美与实用价值。行政办公机构的大门入口是其形象的缩影，入口处的绿地设计更是设计重点，景观设计的形式应与大门的形式、色彩等统一考虑，形成自己的特色风格。一般大门两侧种植采用规则式，树种以树冠整齐、耐修剪的常绿树木为主，最好与大门的高矮形成反差。周边的围墙尽量采用通透式，垂直绿化，使墙内外绿化与景观融为一体。

行政办公楼绿化的规划设计一般以封闭型为主，主要对办公楼起装饰与衬托，装饰性绿地底层最好以草坪或低灌木为主，上面可栽植一些珍贵的、树形舒展的开花小乔木及开花繁多的花灌木，要注意树木的种植位置不要遮挡建筑的主要立面，同时树形与建筑相互协调，衬托、美化建筑。楼前的基础种植从功能上看，能将行人与楼下办公室隔离，保证室内的安静；从环境上看楼前的基础种植是办公楼与楼前绿地的衔接与过渡，因此植物设计宜简洁、明快，多用绿篱和较整齐的花灌木，以突出建筑立面及楼前装饰性绿地，并保证室内的通风与采光（图95）。

若行政办公机构内部有较大面积的绿地，还可考虑设计一个庭院绿地，并结合其机构性质与功能进行立意构思，使庭院富有个性。因此，景观设计时要做到体现时代气息与地域特色，植物选择要做到适地适树，植物景观要错落有致、层次分明；总之，要通过绿地景观设计为行政人员提供优雅、清新、整体的工作与休息环境。

二、医疗机构景观绿地规划设计

医疗机构绿地主要为医疗机构用地中供患者、康复患者及健康人员治疗与休养的室外公共绿地，其主要功能在于满足患者或疗养人员游览、休息的需要，起着治疗、卫生与精神安慰的作用，同时可利用一些天然的疗养因子，达到预防和治疗疾病的目的，给医疗机构创造一个舒适优雅的康疗环境。

（一）医疗机构的类型及其景观规划特点

1.医疗机构的类型

（1）综合型医院。一般设施比较齐全，包括内、外科的门诊部与住院部。

（2）专科医院。主要指某个专科或几个相关医科的医院，如儿童医院、结核病医院、心脏病医院等。

（3）休、疗养院。主要指专门针对一些特殊情况患者的医疗机构，提供休养身心、疗养身体的专类医疗场所。

（4）小型卫生所。主要指一些社区、农村的小型医疗机构，医疗设施比较简单。

2.规划特点

综合型的医院与专科医院一般由多个使用功能要求不同的部分组成，在对其进行总体规划时，应严格按照各功能分区的要求进行。一般由医务区与总务区两大部分组成；医务区又可以分为门诊部、住院部等部门。住院部是医院重要组成部分，有专门区域与单独入口，要求安排在总体规划中卫生条件最好、环境最好的部位，以保证患者能安静地休养，避免外界干扰与刺激。总务区属于服务性质的区域，一般设在较为偏僻的位置，与医疗区既有联系又有隔离；行政管理部门可以单独设立，也可与门诊部相结合设置，主要针对全院业务、行政与总务管理。

休、疗养院的规划一般要求周边环境条件较好，通常会设置在风景区内，根据周围具体环境进行总体规划设计，主要为疗养人员提供良好的休养环境；小型卫生所的规划更为简单，主要针对某个范围内人群所设立，通常只有几间房屋，周边绿地设计要求相对简单。

（二）医疗单位绿地景观规划设计原则

医疗机构的景观绿地，一方面可以创造安静的休养与医疗环境，另一方面可以作为医院卫生防护隔离的地带，对改善医院周边环境、调节小气候有良好作用。一般医疗绿地面积占总用地面积的50%左右，个别特殊医疗机构的绿地面积可能更大，如疗养院、精神病医院等。

1. 门诊区

门诊区一般位于医院的出入口位置，人员流动集中，靠近街道，为医院与城市街道结合区域，需要有较大面积的缓冲场地，形成开朗的空间场所。门诊区绿地景观规划设计的主要目的是满足人流的集散、候诊、停车等多种功能，同时体现医院的风格与面貌，因此门诊区景观绿地的设计应重点装饰美化，做到与城市街景相协调。具体设计手法可设置一些花坛、花台、水系、主题性雕塑等。入口场地的周围种植整形绿篱、开阔的草坪、花灌木等，但色彩不宜过于艳丽，应以常绿素雅为宜。场地中间可稀疏种植一些高大乔木，设置坐凳，供患者休息，但应注意保持门诊室的通风与采光，一般高大乔木应距离门诊室8m以外的地段栽植；医院临近街道的围墙常采用通透式，使医疗用地绿地景观与城市街道绿地景观相融合。

2. 住院区

住院区一般设置在医院环境最好、地势较高、视野开阔的位置。住院区内的景观绿地规划设计的主要目的是：为住院患者提供良好的室外活动场地，保健与净化空气，促进患者康复，有一定的隔离作用，避免不同区域的相互影响。所以，住院区周边绿化应精心设计，可因地制宜布置小游园，为住院患者提供休息疗养的室外场所。园中道路起伏不宜太大、设置台阶踏步等，应充分考虑患者的使用方便；中间位置还可布置小型广场，点缀水池、喷泉等景园小品，同时设置廊架、坐凳，方便患者休息，并与亲属进行室外交流。住院区植物配植应有明显的季节性，常绿树与花灌木应保持一定比例，树种也可丰富多彩，可种植一些药用植物，使植物种植与药物治疗相联系，增加药用知识，减弱患者精神负担，住院楼周围不宜采用垂直绿化，以免影响室内卫生环境，整个住院区内的绿地，除铺装外，都应铺设草坪，以保持环境的清洁卫生。

另外，一般患者与传染病患者不能共同使用同一个花园，以避免接触交叉感染，因此，在住院区内应充分考虑分设不同的区域供一般患者与传染病患者分别使用，两者之间应设一定宽度的隔离地带，隔离带宜选用杀菌作用良好的植物。

3. 辅助医疗与总务区

除总务部门分开以外，辅助医疗一般与住院门诊组成医务区，不另行布置。医院相关杂物用房可用树木隔离，单独设立；医院太平间、手术室应该有专用入口，在患者视野之外有良好的隔离绿带，周边避免种植有花絮与绒毛的植物。

4. 外围绿带

医疗机构的外围绿带通常起到防止周边的烟尘与噪声对医院的影响，起到隔离外部干扰的作用，总之，医疗单位的绿化，在植物种类选择上，应多选用有杀菌能力的树种，并尽可能结合现状，在绿带中选择经济树木，在树下或花坛中种植药用植物，使医院景观绿化别具特色。

三、体育场馆景观绿地规划设计

大型公共事业单位与城市内部一般都设有体育功能区与体育健身的场馆，主要为广大青年学生、市民、教职工开展各种体育健身活动提供健身运动与交流比赛的场所。体育活动场馆外围通常用隔离绿带，将其与其他区域分隔开来，以减少相互之间的干扰。

（一）体育场馆用地组成

体育场馆的用地一般根据不同的体育运动来做相应的划分，通常包括体育建筑用地，各类球场、训练房、游泳池等，其中各种球场用地包含了足球场兼做田径场的区域与篮球场、网球场、排球场等。

（二）体育场馆景观绿地规划

体育场的景观绿地规划首先应根据体育馆的总体规划进行，形成一个有自身特色的绿地景观规划布局；其次，各分区的景观绿地规划应根据总体绿地的景观规划风格进行，但不能一味相同，应形成自身景观规划特色与风格；最后，规划中植物配置注意乔、灌、草三者之间结合使用，形成立体的景观绿地规划系统。

（三）体育场馆景观绿地设计

体育场馆的景观绿地设计一般依据各个分区的具体要求进行，通常包含各类球场的绿地设计、游泳池周边的绿地景观设计、体育建筑设施周边的绿地景观设计等。

1. 各类球场的景观绿地设计

各类球场包括篮球场、排球场、网球场、足球场等。篮球场、排球场场地周边宜栽植高大挺拔、分支点高的乔木，以利于遮阴，不宜种植带有刺激性气味、易落花落果及种毛飞扬的树种，种植距离以成年树冠不伸入球场上空为依据。树木下可设置坐凳等休闲服务设施。草坪铺设要求能耐阴、耐践踏。

足球场一般同时兼有田径场的功能，场地周边跑道外侧可种植高大乔木，如果设看台，则必须将树木种植在看台后面及左右两侧，以避免遮挡观众视线；场地内部的草坪，因使用频繁，须选用耐践踏的品种，如牙根草、结缕草等进行场地草坪的铺设。

2. 游泳池周边景观绿地的设计

游泳池周边景观绿地植物适宜选用常绿乔木为主，防止落叶影响游泳池的清洁卫生，同时也不宜选用具有落花、落果、有毒、有刺的植物，在远离水池的地方可适当种植一些落叶或者半常绿的花灌木，结合外围的隔离绿带进一步美化周边环境。

3. 体育建筑设施周边的景观绿地设计

主要指体育馆周边的绿地，在体育馆大门两侧可设置一些花坛与花台，种植色彩艳丽的花灌木以衬托气氛，绿地的地被植物可以使用麦冬、络石等或铺设草坪。各类运动场地之间可使用花灌木进行空间隔离，减少相互之间的干扰，同时应考虑相关运动给绿地带来的损坏，及时对损坏部位进行修复，使之快速恢复生长，不致影响整体环境的景观效果。在不影响体育活动的前提下，尽量提高体育场馆的绿地率。

四、展馆、图书馆景观绿地规划设计

展馆、图书馆及博物馆都属于公共场所，主要为城市居民、游人参观、学习提供场所，人流比较集中，针对性较强，其景观绿地规划设计依据不同的场地，设计形式相对有所不同。

（一）相关场馆景观绿地的构成及功能特征

展览馆、图书馆、博物馆的景观绿地构成主要为其周边的外部空间绿地，内部空间绿地相对比较少，或没有内部绿地。周边绿地功能主要为城市居民与游人创造一个相对良好的游览、学习场所，便于人员集散，并提供休息的空间环境。

（二）相关场所的景观绿地设计

展览馆比较灵活，因其展览的物品与形式经常发生变化，观赏人群也经常改变，其绿地的景观规划设计一般总体上采取以不变应万变的形式，局部可采用移动的绿化景观，如花盆、花架等，设计时还应考虑游览人员的休息空间的设置，展览馆通常开辟出一块场地，以方便展览物品的运输，可在其周边设置整形绿篱作为隔离带。

博物馆的景观绿地应注意博物馆自身的性质，也就是陈列物品的种类、时代年限等，依据馆藏类型，再结合建筑主体的风格进行设计。博物馆人员流动比较集中，大多为参观游览的人员，景观绿地设计要考虑人群的集散，一般在博物馆门前设置小型广场，周边种植乔木，并配置花草与花灌木，植物种植与选择方面还要考虑博物馆的通风与采光要求，保证游人正常观赏与物品保存。

图书馆景观绿地的设计与前两者有所不同，图书馆绿地应考虑为使用者提供一些看书、学习的场所。图书馆周边景观绿地的设计以围绕图书馆建筑四周为主，创造一个安静、优美的环境为设计目的。在周边种植高大乔木，下设坐凳，可设置花坛、廊架等。图书馆景观绿地周围应注意设计隔离带，避免外界对图书馆内部形成干扰；有条件的可以在图书馆内部设计小型庭院绿地，点缀景园小品，增加图书馆绿地的景观效果，提高图书馆的环境氛围。

第三节　教育、科研机构景观绿地规划设计

一、科研机构景观绿地规划设计

科研机构通常与行政办公、大学教育有某些相似之处，为一些从事科学研究和科技开发的单位部门，此类机构单位的景观绿地规划设计的目的一般主要为科研开发提供良好的工作环境，为科研人员提供良好的室外休息与活动场所。对于科研机构周边的景观绿地设计，主要在于提高周边环境质量，注意设置防尘净化绿带，种植树冠庞大的乔木，阻滞粉尘，减少空气含尘量，机构办公主体建筑要求自然采光良好，乔木与建筑之间保持一定距离，树种选择以无飞絮、无异味、无种毛的树种为佳。

二、教育机构景观绿地规划设计

教育机构景观绿地规划设计主要指校园景观绿地规划设计，根据使用人群的不同年龄与教育不同阶段的要求，可以把教育机构景观绿地规划划分为三个不同的部分，即幼儿园景观绿地规划、中小学景观绿地规划、高等教育院校景观绿地规划。

（一）幼儿园景观绿地规划设计

幼儿园是对3～6岁幼儿进行学龄前教育的机构，这个时期婴幼儿具有十分明显的特点。首先，可塑性大，生长发育快，模仿能力强，接受能力强，好动，但对于外界了解很少，缺乏思维能力与创造力。其次，儿童年龄越小，年龄特征变化越快，思维首先是直觉性行动，约3岁以后的儿童开始具有形象思维特征，以后慢慢发展成为简单的逻辑性思维。最后，这一阶段的孩子爱好娱乐，喜欢游戏，由于年龄较小，反应能力差，适宜静态的游戏与娱乐，5岁后逐步转向动态的游戏与娱乐。幼儿园内部规划布局的特点有以下几项。

（1）面积小。幼儿园一般建在居住小区内部，覆盖面积相对较小，生源有限，规模小。

（2）功能简单。幼儿园主要进行学前教育，教学任务简单，要求的功能也相对简单，一般设计一些小型的场地与简单的游乐场所及活动器械供幼儿们游戏即可。

（3）室外活动面积有限。幼儿园规模本身小，另外为幼儿的安全考虑主要要求他们在室内学习玩耍，室外空间只是提供少量的活动设施。

早期教育是一种启蒙教育，环境设计往往注重从形式、色彩等方面来符合孩子们的心理，以活泼、动人、美丽与色彩明快为特点，常用一些动物、卡通人物形象雕塑等；幼儿园的景观绿地规划设计一般可分为大门、建筑区、户外活动场地的景观绿地规划三个部分。

大门的景观绿地规划应该是绿地规划布局的重点之一，给儿童可爱、亲切的印象。建筑区的绿地景观规划主要结合周边建筑环境、地形与朝向以及其他部分统一安排，使建筑物与室外的环境良好地结合起来。

户外活动场地是幼儿集体活动、游戏的主要场地，更是重点景观绿化场所。在户外活动场地内通常设有沙坑、花架、涉水池、小亭以及各种幼儿活动器械。在设施附近种植树冠宽阔、遮阴效果好的落叶乔木为主，使儿童及活动器械在夏季免收阳光的灼晒，在冬季又能享受阳光的温暖。场地应开阔通畅，不宜过多种植，以免影响儿童活动。户外场地的铺装与材质色彩须结合儿童心理特点设计，适合儿童的使用。场地约40%进行硬质铺装，其余部分铺设草地，硬质铺装部分可以做出一些儿童喜欢的艺术形象，如动物形象化图案等，以形成独特的景观效果。

在整个幼儿园景观绿地规划设计中选用的花木应有严格的要求，不宜种植多飞毛、多刺、有毒、有臭味及引起过敏反应的植物。如悬铃木、夹竹桃等。必须是无毒、无刺、不会产生任何危害的种类，如白玉兰、紫玉兰、迎春、蜡梅、杜鹃花等，所以幼儿园景观绿地规划设计必须遵循以下设计要点。一是必须设各班专用的室外活动场地，同时另设公共活动场地。二是应有全园共用的室外活动场地，场地应设游戏设施、沙坑、洗手池与戏水池（水深小于15cm），并可适当布置小亭、廊架、苗圃及供儿童骑行的活动区域等。三是相关儿童活动器具周围应设置安全围护设施。四是户外活动应避免尘土飞扬并注意保护儿童活动安全。五是种植形态优美、色彩艳丽、无毒无刺、无飞毛植物，通风采光。六是学校周边注意用绿篱或乔灌木林带隔离。

（二）中小学景观绿地规划设计

中小学的景观绿地规划设计与幼儿园的景观绿地规划设计有很大区别，中小学阶段，学生们思想活跃，有一定的判断能力，可塑性强。中小学校园景观绿地的规划设计应注重突出生动活泼和带有启迪性，充分发挥环境育人的作用，要求格调明快，一目了然（图96）。这一时期学生的主要特征有以下几项。

（1）年龄段在6～16岁。

（2）好奇心大幅增强。据有关专家测定，这一年龄段是人一生中形象记忆与情绪记忆的最佳时期。

（3）在德、智、体等方面全面发展的时期，酷爱科技活动和体育锻炼。

中小学校园面积一般较小，除教室、操场外，可绿化面积小，个别校园除去教室外，几乎没有绿化面积。所以中小学校园景观绿地规划必须结合实际场地，制订切实可行的规划方案。一般中小学校园绿地的规划可划分为校园出入口绿化、主体建筑周边绿化、体育运动场绿化、校园道路景观绿化、校园周边绿化。

校园出入口至教学楼前通常是校园景观绿化的重点。在校园门口至教学楼前一半设置小广场、树池、花坛、水池、雕塑等来突出校园特色，美化校园环境；可在入口主道种植绿篱、花灌木及树姿优美的常绿乔木，增加校园景观氛围。

主体建筑周边景观绿化主要为了在教学楼周围形成一个安静、清洁、卫生的环境，为教学创造良好条件，形式布局与建筑相协调；方便师生通行，多规划成规则式布局，同时应注意教室的通风、采光需要，靠近建筑的地方不宜种植过高的乔灌木，以免影响光线与通风。

体育运动场为学生进行体育锻炼的活动场地，与教学楼主体建筑应保持一定距离，两者之间可用树木组成紧密型的树带，以免影响正常的室内教学；场地周边绿化以高大乔木为主，可利用季相变化明显的树种，使场地随季节变化呈现出不同景色，场地周围尽量少种灌木，以留出更多活动空间。

校园道路景观绿化以乔木为主，形成一定的遮阴效果，可同时点缀常青树与花灌木，同时可考虑挂牌标明树种及价值等。学校周边绿化常采用常绿与落叶相结合、乔、灌木混合栽植，形成一定绿篱，以减少噪声，创造一个安静的学习环境。

中小学景观绿地规划设计要点如下。一是校前区绿化。标志集散区，常绿占大比例，注意景观与行道树设置。二是教学科研区。安静优美，可设置花坛、草坪、雕塑小品等，要有简洁开阔的景观设计，注意四季色彩，教学楼附近景观绿地设计应注意通风采光，方便师生通行。三是运动场以高大落叶乔木为主，树种应选择形态优美、色彩艳丽的品种，注意隔音效果。四是道路绿化以遮阴为主，学校周边注意用绿篱或乔灌木林带隔离。

（三）高等院校景观绿地规划设计

高等院校是培养德、智、体全面发展的高科技人才的场所，通常有较大的面积，安静清幽的环境，丰富活泼的空间；大学生正处于青年时期，人生观、世界观正处在树立与形成期，精力旺盛，可塑性强，并掌握一定的科学知识，具有较高的文化修养。因此大学校园环境设计在满足基本的使用功能后，更应注重创意与表现主题的含蓄性，同时应特别注重学校本身所具备的特有的文化氛围与特点，并贯穿到景观环境设计中，从而创造出不同特色的校园环境。

1. 高等教育校园景观绿地规划设计的原则

（1）以种类丰富的园林植物为主。充分利用园林植物的特点，创造校园绿色空间，保护和改善校园环境。如在校园面积较大的情况下，选用一些知识型、观赏型的花木，小块绿地、专类花园。在设计中须注意做到适地适树与乡土树种的使用，提高绿化的成功率；同时考虑乔、灌、草相结合，乔木为主、灌木为辅，常绿与落叶相结合，通过不同品种花木的配置形成层次鲜明的校园景观。

（2）注意环境的实用性、可容性、围合性，争取能够创造具有依托感的校园氛围。凡是能形成一定围合、隐蔽、依托的环境，都会使人渴望滞留其中，使师生在优美的校园环境中感到轻松，得到休息，可设计一些适合小集体活动的场所，为同学提供相互沟通与交流的平台。

（3）注意点、线、面相结合，形成一个有机整体。点是景点，线是校园道路，面就是校园景观绿地。设计师应考虑三者之间的相互依托与补充，使校园景观形成一个统一的有机整体。

（4）设计层次丰富的校园空间，通过环境塑造，体现校园内的文化气息与思想内涵。

（5）设置风格独特的校园景观小品。景观小品的设置使环境更具实用性，使校园景观更具教育意义与人文特色、亲切感及时代特征。

2.各分区景观绿地规划设计

高等教育院校都有明显的分区，一般可分为校前区、教学区、行政及科研区、文体区、生活区。设计师须详细了解该区域用地周边环境与校园总体环境规划对该区的定位，校园内不同的功能区域划分对环境的要求不尽相同，设计师应使方案有章可循，紧扣主题，同时须因地制宜，传承学校风貌，各个分区景观设计应各具特色，又要与整体校园风格保持一致。

（1）校前区。校前区是学校的门户与标志，它应具有本校园明显的景观特征，该区绿化应以装饰为主，布局采用规则而开朗的手法，突出校园的宁静、美丽、庄重、大方的高等学府的氛围。

（2）教学区。教学区景观绿地规划设计一般包括教学楼周边绿地景观规划设计，实验楼周边绿地景观规划设计，图书馆周边绿地景观规划设计。该区应强调安静，体现庄严肃穆的气氛，教学区环境以教学楼为主体建筑，景观绿地规划布局与种植设计形式应与主体建筑艺术风格相协调，多采用整齐式的布局，在不妨碍楼内采光与通风的前提下，多种植落叶大乔木与花灌木，以隔绝外界噪声，为满足学生课间休息的需要，教学楼附近可留出一定数量、面积的小型活动场地。

实验楼周边景观设计，必须根据不同性质的实验室对绿地要求的特殊性进行。重点注意防火、防尘、噪声、采光、通风等方面的处理要求，选择适合的树种，合理地进行景观设计；图书馆周边的景观设计，应以装饰性为主，并有利于人流集散，可用绿篱、常用植物、色叶植物、开花灌木、花卉、草坪等进行合理配置，衬托图书馆建筑形象，周边还可规划一些校园小品，创造多种适合学生学习、活动的场地。

（3）行政、科研生产区。行政区是校园重要景观场所，不仅是行政管理人员、教师与科研人员工作的场所，也是学生集中活动的场所，也是对外交流与服务的重要窗口，因此行政办公区景观绿地规划设计，直接影响学校形象。

行政区主体建筑一般为行政办公楼或综合楼等，其景观规划设计须与主体建筑艺术相协调，一般多采用规则式布局，以创造整洁理性的环境空间，植物种植设计出了烘托主体建筑、丰富环境景观与发挥生态功能外，更要注重艺术效果，在空间规划上多开朗空间，给人以明朗、舒畅的景观感受，在靠近建筑物墙体的地方种植一些攀岩植物，进行墙面垂直绿化，也能产生良好的景观效果与生态功能。

（4）文体区。文体区景观规划设计主要包含校园活动中心景观规划设计与体育活动中心景观规划设计，在校园中占有十分重要的地位，是学生主要休闲、活动、娱乐、学习与交流的场所。

校园活动中心一般在校园景观规划的中心位置，其景观绿地的规划设计，主要结合周边大环境考虑，以交通方便、环境优美为宜，注意与学生居住区和教学区的联系，活动中心的景观设计一般设置一些校园景观小品，以提高师生学习、交流的氛围；植物配置方面，应当选用易于管理的树木、草坪品种。特别注重方案的构思与立意，往往以形表意，将积极、进取的思想融入设计方案中，实现寓教于环境的目的，从平面构思开始，方案设计就应紧扣主题，其次，小品设置与景点设置也至关重要。

体育活动中心的景观规划设计相对较为简单，要远离教学区，靠近学生生活区，其次应注意周边的隔离带规划设计与各个场地的隔离设计；体育活动中心的植物配置应以高大乔木为主，提高遮阴与防噪声效果，草坪通常以耐阴、耐践踏为主；体育馆周边的景观规划设计必须精细一些，主要入口两侧可设置花台与花坛。

（5）生活区。高等院校内为方便师生学习、工作、生活，一般设有各种服务设施，以宿舍区为主。宿舍区景观规划设计应充分考虑功能需求，周边环境要求空气清新、环境优美、舒适，花草树木品种丰富。注意选用一些树形优美的常绿乔木、花灌木，在宿舍里周边基础绿带内，以封闭式的规划种植为主，其余绿地内可适当设置铺装场地，安放相关休闲服务设施。生活区景观规划设计多采用自然绿化的手法，利用装饰性强的花木布置环境。可在生活区开辟林间空地，设置小花坛，设计一定的活动场地，要充分考虑其景观规划设计的要点，使其有鲜明的景观特色。

高等院校景观绿地规划设计要点如下。一是绿地空间丰富、集中、方便使用，创造多种适合学习、活动的景观场所。二是教学区周边绿地景观要与主体建筑相协调，提供一个安静、优美、适宜学习的绿色空间。三是校园主楼前广场景观须突出学校特点，结合教学要求进行景观规划设计。四是运动场与校园其他建筑之间要注意用绿带分隔。五是校园景观小品设置应对学生起到教育作用，寓教于景。

第十一章 景观施工图的绘制

第一节 景观施工图概述

景观施工图绘制是景观规划设计的重要组成部分，景观创意如果没有施工图就无法组织实施，也就无法落地，成为空中楼阁。进入21世纪以来，城市景观在城市建设中的地位与作用日趋重要，在生态城市、海绵城市的建设过程中，景观绿化是实现这一目标的基本要素，城市绿地以植物景观为主，也已成为共识，在城市景观规划设计中，景观施工图所占的比重越来越大，成为景观规划设计的重要环节。

一、景观施工图设计

（一）景观施工图设计的作用

景观施工图是对景观设计方案的细化，是非常具体、准确且具有可实施性的图纸文件，在整个景观项目的规划设计与施工中，起着承上启下的作用，是将景观设计变为现实的重要步骤，它直接面对施工人员，同时也是景观工程预结算、施工组织管理、监理及工程验收的依据，因此景观施工图设计要求准确、严谨，图纸表达简洁、清晰。

景观施工图设计，如果设计项目涉及的面积较小，景观绿化内容比较简单，一般扩初设计与施工图设计合二为一。景观施工图的设计、制图人员，应具有较全面的植物学、建筑构造、装饰构造等方面的知识，了解相关植物的生态习性、涉及专业构造工艺，同时须亲自现场勘查、精心设计，使景观设计施工图既能满足各种功能需求，又具有艺术性、可赏性，并反映植物季相变化，充分体现设计创意，将其准确、具体地表达出来，景观施工图是对景观设计的具体化，要解决许多在方案阶段包含不了的问题，在某种程度上是方案设计的二次设计。

（二）景观施工图设计中存在的问题

目前景观施工图的设计还没有形成统一的规范标准，相关的规范、标准多分散在各种专业规范中，所包含的内容并不全面，各设计单位根据设计需求，总结出各自的景观施工图设计标准，在重大项目分段设计、招标，多个单位共同承担设计时，由于设计图纸标准不统一，给施工组织、实施带来诸多不便。主要存在以下几种问题。

1.景观施工图设计的内容、深度不统一

（1）景观施工图设计只达到扩充深度，没有对分区、个体进行细化设计，还停留在方案阶段概括的表达，实际操作指导性差。

（2）景观施工图相关专业分类没有进行准确的放线定位。

（3）景观种植、铺装、给排水、强弱电等相关设计说明不够完整。

2.景观施工设计图纸表达不够清晰

（1）施工图种植植物图形过于复杂，植物种植点及相关景观小品设置点表达不清，影响准确定位。

（2）种植施工图植物标注不清楚，没有将相同植物的种植点用线段连接，须依据图例查找，缺乏直观性。

（3）种植点间距与植物合理生长密度不符，影响植物正常生长。

（4）图纸分幅不清，图纸之间的衔接不明确。

（三）景观施工图设计的内容及深度

景观方案设计与景观施工图的设计是景观设计的不同阶段，由于它们的目的不同，设计的内容与深度也不相同。景观方案设计是对景观的规划构思、景观设计风格的总体把握，是对植物种植层次、规划功能分区、景观设计的基本风格形式、地形地貌处理、交通干道及游园道路、给排水、强弱电等综合运用所形成的景观风貌进行论证、构思。景观方案设计对景观施工图的设计具有指导作用，是景观施工图设计的主要依据之一，但景观设计方案不能直接面对施工，需要景观施工图设计进一步完善。

景观施工图设计是对景观设计方案的深化、细化、具体化。通过景观施工图的设计，将涉及延伸到景观设计的每个细节、每株植物单体，通过多重设计手法的组合：植物配置、铺装、景观小品、园路、水系等具体的实施来体现设计构思、设计风格、设计意境，创造出符合人们审美需求且可持续发展的生态景观。因此，在景观施工图设计中，每株植物、每个单体小品都有确定的位置，植物具体的品种及与其他各种植物形体、色彩、高低错落与疏密搭配，并对所涉及的相关施工材料与苗木规格进行严格的限定，以保证景观面貌按设计构思形成。与景观方案相比，施工图更加符合实际，直接用于指导施工，具有可操作性。同时，通过施工图设计，可以发现与弥补景观方案设计的不足与缺陷，使整个设计更加完善、合理。

种植说明与建筑、装饰构造设计与说明是景观施工图设计不可缺少的组成部分，是对施工图设计的概括总结与补充。在种植说明中，要对种植施工的各主要环节提出要求，并对设计中所采用的植物苗木规格进行严格的规定，以满足植物造景的需要与不同区域功能的要求；建筑、装饰改造设计与说明要对相关地面铺装构造与施工工艺、景观小品详细尺寸与材料构造工艺、挡土墙与景观建筑的设计与构造施工做出详细的设计与说明。景观施工图可以使施工人员对相关种植施工与装饰构造的施工设计有总体的了解，为施工组织管理提供依据。

（四）景观施工图设计图纸的内容及深度

景观施工图设计对景观设计方案中所涉及的种植、景观小品、景观建筑、地面铺装、给排水、强弱电等所有专业门类都须进行定位、定做法、工艺，种植设计图纸还包括种植标注、植物名称表以及种植说明。景观施工图的深度，要达到根据图纸文件能够准确做出预算、施工组织管理方案，并将图纸内容准确地落实到地面上，从而顺利完成整个施工。

（五）景观施工图制图的基本要求

景观施工图与景观方案设计图有很大的区别，方案设计图主要表达的是构思立意，给人生动直观的总体印象，可以运用不同的图形符号、色彩来表达，可以进行适当的夸张，进一步表达设计构思。通过图形、色彩，可以直观地表达出景观创意，同时可以抽象地表现出景观季相的变化。景观施工图多以单线条来表达，没有色彩，必要时通过文字来帮助表达，它包含着各种景观施工材料、工艺的全面详细信息。图纸表达尽可能避繁就简，共性的内容可集中说明，突出重点。总体而言景观施工图有两个重点内容。

（1）通过图形、图线准确表达景观设计造型及景观规划分区、种植点的定位及种植密度。景观施工图首先要确定规划分区与确定种植点、景观小品位置的定位。通过定位来规定各景观元素的位置、范围与种植密度、种植结构、种植形式。

植物种植设计中常采用复式种植或模拟自然群落式种植，植物结构分为上、中、下三层。为了使图纸表达直观明了，可将针叶树、阔叶树、丛植灌木、花卉、地被、绿篱、水生植物等加以区分，它们在图纸中的尺寸大小由所表达的植物成年冠幅大小而定。乔木与灌木，可通过图形与文字标注进行区分；丛植灌木、花卉、地被、绿篱、水生植物等，可先绘制出种植外轮廓线，然后进行图形填充并标示出面积与名称。种植密度及种植方式在植物名录表备注中或种植说明中加以说明，这种表述方式可使上层植物符号与下层植物符号有效分离，从而使整张图纸直观、清晰。

（2）通过文字阐述图形、线条所不能表达的内容。通过文字将景观施工图中共性的内容进行概括总结，完善施工图中图形、线条所不能表达的内容。景观施工图设计中，需要以文字阐述的内容如下。①名录表。分总表、分表。每一张施工图上要有分表，施工图目录中要有总表；种植目录中要有种植总表，种植图纸中要有种植分表。②施工材料与工艺及种植说明。施工材料与工艺及种植说明是景观施工图的重要组成部分，它是对景观涉及建筑、装饰施工与植物种植施工要求的详细论述。它包括景观建筑、小品的施工工艺与施工说明，景观铺装、给排水、强弱电部分的施工设计说明；对种植设计构思的阐述，对土壤条件及地形的要求，对苗木规格、修剪、施工过程、后期管理等的具体要求，以及与本工程项目中除种植施工外其他单项施工的衔接与协调，对施工中可能发生的未尽事宜的协商解决办法等。

二、景观施工图的编制程序、内容及表现

景观规划设计类型广泛，涉及城市公园、滨河（江、湖、海）湿地公园、街头绿地、居住小区、工厂、教育、科研、机关、城市道路等，且繁简不一，其中包含内容较为全面的是公园绿地，故以公园绿地为例将景观施工

图的编制方法、内容与程序叙述如下。

（一）规划设计前的准备工作

1. 图纸资料

需要注意资料的准确性、来源、日期。

（1）地形图（现状）或总平面图（1：500、1：1 000、1：2 000）。此图包括规划设计范围（红线范围、坐标数字），规划范围内的地形、标高及现状物（建筑物、构筑物、山石、水体、道路、重要植物等）的位置（保留利用、改造、拆除的分别表示），周边环境状况等。

（2）局部放大图（1：200）。规划设计范围内需要精细设计的部分。

（3）主要建筑物的平、立面图。指要保留利用的建筑物。平面位置上应注明室内外标高；立面图应注明建筑物尺寸、颜色等。

（4）现状树木位置图（1：500、1：200）。主要标明需要保留的树木位置，并应注明树木品种、规格、生长状况及观赏价值等，有较高观赏价值的树木最好附有彩色照片。

（5）地下管线图（1：500、1：200）。最好与施工图比例相同，图内应包括需要保留的雨污水管线设施、电力、暖气沟、电信、煤气、热力等管线位置及井位等，除平面图外，必须有剖面图，并注明管径大小、标高等。

（6）水文、地质、气象资料。必须掌握地下水位高度，有无特殊元素；土壤类型、表土厚度。年降水量，集中的时间，最小降水量时间；年最高最低温度分布时间；年最高最低湿度及分布时间；年季风风向，最大风力、风速分布、冰冻线深度等。

不同规模的设计，需要准备的资料不尽相同，但（1）（4）（5）项图纸都应该具备。如果场地内没有现状树木和管线，那么只需要准备平面图。

2. 其他资料

（1）工程目的、委托方的具体要求以及该区域的历史情况等。

（2）四周环境特点、今后发展情况。如名胜古迹、人文情况，附近单位居住区、建筑年代、使用性质、主要道路的交通流量以及树木生长状况等。

（3）主要材料的来源与施工情况。如主要树木品种和规格、山石的优劣等。

（4）甲方的设计要求与投资限额。

3. 现场勘查、校对

主要核对、补充所收集到的图纸资料。如现状建筑、树木情况、水文、地质地貌等自然条件；最好将地形地貌，特别是局部重点及准备保留利用的部分在现状图上进行标注并拍摄实际照片。

4. 拟定出图步骤

将收集到的资料进行整理，经反复论证、分析，制定出规划设计原则，列出准备出图的图纸名称，并确定出图计划备案。

（二）规划设计方案

在综合、分析、研究资料后，提出全面的景观规划设计原则及初步设计，供汇报、研究，然后做以下工作。

1. 景观规划设计原则

主要包括规划设计要达到的目的，如何达到，可能性及设计内容，功能分区，主要绿化树种的确定等。

2. 主要规划设计图纸内容与方法

（1）位置图。表示该项目工程在城市或城区中的地点，示意性图纸，要求一目了然。

（2）现状分析图。根据分析后的现状资料，归纳整理，分成若干区域，用圆圈或抽象图形将其粗略地表示出来。

（3）功能分区图。根据规划设计原则、现状分析图，确定景观设计划分规划空间，每个区域空间的位置与功能，应尽量使不同空间区域反映不同的功能，使功能与形式成为一个统一整体；另外通过功能分区，检查不同空间有无重复与矛盾及各区域内部设计因素间的关系。此类图纸比较粗放性、示意性，可用圆圈或抽象图形表示。

（4）竖向规划图。根据规划设计原则及功能分区图确定需分隔的、遮挡的地方以及需通透与开敞的区域，再加上设计内容与景观需要确定出：制高点、各种微地形、坡度、小溪河湖等；同时确定总的排水方向、水源与雨水聚散地等。将主要景观建筑所在区域的高程及各区域主要景点、广场的高程加以初步确定。表示方法是用不同粗细的等高线、控制高度及不同的线条或色彩。

（5）道路系统规划图。依据景观规划设计原则、现状分析图、功能分区图及竖向规划图等，确定出主要出入口、主要广场的位置与主要环路、消防通道的位置。同时确定主干道、次干道等的位置以及各种道路路面的宽度，并确定主要道路的路面材料、铺装形式等。通过此图可检验、修改竖向规划的合理性，因此，图纸上用虚线画出等高线，再用不同粗细的线条表示不同级别的道路及广场，并将主要道路的控制高程注出。

（6）总体景观设计规划方案图。依据景观规划设计原则，除将竖向规划、道路系统规划等反映在图纸上以外，特别应将各区的设计因素，包括景观建筑、铺装、构筑物、山石、景墙、水系、防护措施、绿植等轮廓性地表示在图纸上。通过此图可检验或修改竖向规划、道路规划的合理性，检验、修改功能分区图中各设计元素间有无矛盾，各区景点之间有无重复或矛盾，以便决定取舍。表示方法为除用细线表示竖向规划外，用不同粗细的线表示道路系统规划，突出表现各景区内的主要景点。此图除平面外，各主要景点应附有彩色效果图，效果图与图纸配套后，可一并交付甲方协商构图。

（7）绿植规划。根据景观规划设计原则、总体规划图，苗木来源等，确定规划区内的基调树种及各区的侧重树种，包括常绿树、落叶树、灌木、花草等。另外还要确定不同地点的种植方式（密林、疏林、林间空地、林缘），栽植的丛植、群植、孤植，地被种植等。确定好景观位置，注意一幅图中树冠的表示方法不宜太复杂，作为某一种树的树冠表示方法应统一。

（8）管线规划图。依据景观规划设计原则，以景观总体规划方案及绿植规划图为基础，解决上水水源的引进方式、用水总量及管网的大致分布、管径大小、水压高低等，以及雨水、污水的水量，排放方式、负荷、水的去处等。可在绿植规划图的基础上用粗线示意性表示，并加以说明。

（9）强、弱电规划图。依据景观规划设计原则，以景观总体规划方案及绿植规划图为基础，解决总用电量、用电利用系数、分区供电设施、配电方式、电缆的敷设以及各区各景点的照明方式及广播通信等弱电的设置。可在绿植规划图的基础上用粗线、黑点、黑圈、黑块等示意性表示。

（10）景观建筑规划图。依据景观规划设计原则，分别画出各主要建筑物的布局、出入口、位置及三维与立面效果图，以便检查设计风格能否统一，与景区环境是否协调。

（11）景观规划设计方案总说明。景观规划设计方案总说明主要包括以下几个部分。①位置、现状、面积；②工程性质、景观规划设计原则；③景观规划设计内容（道路系统、竖向设计、水系设计等）；④功能分区与面积比例；⑤绿植设计；⑥管线电气说明；⑦管理人员编制说明。上述所列出图项目及说明内容，指较大规模的景观设计项目，平、立面图纸，彩色照片、效果图、设计说明等必须装帧成册，交付甲方沟通讨论审核。不同的设计项目，所需图纸不尽相同，一般简单的景观设计只有一张总体景观规划设计方案图及简单说明，有的须做成两份不同内容不同风格的设计方案供甲方筛选。

第二节　施工图设计

一、必备资料

已批准的景观规划设计文件，规划方案阶段所收集的相关资料，特别是地形图、地下管网图、苗木计划表等。

二、对景观施工图的总要求

首先，图纸应符合相关规范。应符合住房和城乡建设部《建筑制图标准》（GB/T 50104—2010）的相关规定。

其次，一般平面图均应明确表示设计范围，并应画出坐标网及基点，作为施工放线的依据。基点、基线的建立应以地形图上的坐标线或现状图上反映的该工地的坐标桩点或现状建筑物、构筑物、道路等为依据建立，应纵横垂直，视图面大小每10m或20m左右一条（具体大小应视工程复杂度与要求而定），形成坐标网，作为施工放线时的依据。

再次，图纸应注明图头、图例、指北针、比例尺及简单必要的说明，出图日期等。

最后，图纸必须清晰、整洁、易懂，便于准确地放线、施工。

三、主要施工图纸及表现方法

（一）施工总图（放线图）

主要表明各设计因素之间、具体的平面关系及它们的准确位置，同时应清楚地标明放线的坐标网及基点、基线的位置，除作为施工的依据外，还要作为画所有平面施工图的依据。

1. 图纸内容

（1）保留利用的地下管网、建筑物、现状树木等。

（2）设计的地形等高线、高程数字、山石、水系水体、景观建筑、构筑物位置、道路广场、照明设施、座椅、果皮箱等。

（3）放线坐标网。

2. 表示方法

（1）地下管网一般用红线表示。

（2）地形、等高线一般用细黑虚线表示。

（3）山石、水系水体一般均用最粗黑线加细线表示。

（4）景观建筑一般用粗黑线，或一粗一细黑线表示，因都是景区中的景点，要突出。

（5）其他道路、广场、灯杆、座椅等小构筑物，可图例用稍粗或细黑线表示。

（二）竖向设计（设计高程）

主要标明有关的各设计元素之间的高差关系。根据节约原则，具体确定制高点、山峰、丘陵、高地、微地形、平地及溪流、河湖岸边、池底河底等的具体高程以及各区的排水方向、雨污水的汇集点与各景区景观建筑、广场的具体高程等。一般绿地坡度不得小于0.5%，以利排水，缓坡坡度在8%～12%，陡坡在12%以上。

1. 图纸内容

（1）平面图。根据竖向规划，在施工总图的基础上要表示出现状等高线、坡坎、高程，设计等高线、坡坎、高程。设计的溪流河湖的岸边、河底线及高程；各景区景观建筑、休息广场的位置及高程，以及填挖土方范围等。

（2）剖面图（断面）。主要部位山形、丘陵地的轮廓线及高度、平面距离等，要注明剖面的起止点、编号，以便与平面图匹配。

2. 表示方法

（1）平面图。现状等高线、坡坎等一般用细红线表示，现状高程用加括弧的细红数字表示。设计等高线一般用不同粗细的黑线表示，设计高程用不加括弧的黑色数字表示，如同地点设计高程写在上面，下画一横线现状高程写在下面；排水方向用细黑箭头表示。填挖方地区，可用不同的线条来表示，并注明填方、挖方量。

（2）轮廓线一般用黑色粗线表示，高度及距离用黑色细线表示，每个剖面均要注明编号，以便与平面图配套。

（三）道路广场设计

主要标明园内各种道路广场（主要环路、主干道、次干道、小路等）的具体位置、宽度、高程、纵横坡度、排水方向，及路面做法、结构、路牙的安排，与绿地的关系及道路广场的交接、拐弯、交叉路口、不同等级道路的交接、铺装大样等。

1. 图纸内容

（1）平面图。依据道路规划，在施工总图的基础上，画出各种道路广场、台阶山路的位置，并注明每段的高程、纵坡坡度等（具体设计遵循相关设计规范要求）。

（2）剖面图。比例一般为1：20。主要表示各种路面、山路台阶的宽度及具体材料的拼摆及道路的结构层（面层、垫层、基层等）厚度做法。每个剖面必须编号，并与平面配套。

2. 表示方法

（1）平面图。可用不同粗细的线条表示不同等级路面的位置。例如，路边线稍粗一些或稍细一点，或在路边线内画不同细线等；主要道路的转弯处或地形有变化处要注明路面高程、坡向及纵坡坡度（坡向可用黑色细箭头表示）。

（2）剖面图。图纸上画路的一段平面大样，用以说明路面材料的铺设方法，须注明尺寸；在平面大样下面画道路剖面，表示道路结构成分，应注明各层的厚度、材料、做法等。

（3）路口交接示意图。首先用细黑线画出坐标网，用粗线画路边线，用一般线条画内铺装材料的拼接、摆放变化等（铺装材料大小为示意性）。

（四）种植设计图（植物配置）

主要表现树木花草的种植位置、品种、种植方式、种植距离等。

1. 图纸内容

（1）平面图。根据植物规划，在施工总图的基础上画出常绿树、落叶树、常绿灌木、开花灌木、绿篱、花卉、草地等的具体位置、品种、数量、种植方式、搭配方式等。

（2）大样图。重点的树群、树丛、林缘、绿篱、花坛花卉及专类园等，可附大样图。

2. 表示方法

（1）平面图。在施工总图的基础上按一般绿化设计图例表示。树冠的表示不宜变化太多、花卉绿篱等的表示也应统一，以便图纸清楚、整洁、一目了然。为醒目针叶树可加重突出一点，以使其更为醒目。保留的现状树与新植树木应区别表示。乔、灌木及花卉的画法是下压上，如乔木树冠下有灌木或花卉时，则突出灌木与花卉，乔木的树冠可不画全。树冠的大小一般以施工后3～5年，绿地基本成型时的状况为准。树冠画好后，在图纸上注明品种、数量。重点的树群、树丛等，也要注明株间距或品种、数量，或另附大样图。相同树种可用直线相连、不用反复注字。如果图纸小，注字困难，也可采用树木编号办法，但在图上须附有编号与树种对照表以便施工。

（2）大样图。比例要求一般为1∶100。须将组成树群或树丛的各种树木位置画准，品种数量清晰注明，并绘制出坐标网，注明树木间的距离。重点树群、树丛最好在平面大样的上部画上立面，以便施工参考选苗。

（五）水系设计图

主要标明水体的平面位置、水体的形状、大小、深浅以及工程做法。

1. 图纸内容

（1）平面位置图。依据竖向规划，以施工总图为依据，绘制出泉水、小溪、河湖等水体及水体附属物的平面位置。

（2）纵横剖面图。水体平面及高程有变化的地方必须画出剖面图，通过这些图纸表示出水体的驳岸、池底、山石、汀步及驳岸处理等的关系。

（3）进水口、溢水口、泄水口大样图。

（4）池岸、池底工程做法图。

（5）水循环管道平面图。

2. 表示方法

应按土建工程设计规范出图。

（1）平面位置图。首先绘制出坐标网，然后按水体形状绘制出各种水体的驳岸线、水底线及山石、小桥等的位置，并分段注明岸边及池底的设计高程。最后用粗线将岸边曲线画成折线，作为湖岸的施工线，同时应用粗线加深山石等，以便利施工。

（2）纵横剖面图。

（3）进水口、溢水口、泄水口大样图。

（4）驳岸、池底工程做法。

以上图纸按土建工程绘制方法出图。

（5）水系循环管网图。在水池平面位置图基础上，用粗线将循环管道走向、位置画出，并注明管径、每段长度、标高及潜水泵型号，并简单说明所选管材及防护措施等。

（六）景观建筑设计表现

各功能区景观建筑的定位及建筑本身的组合、尺寸、式样、大小、高矮、颜色及做法等。

1. 图纸内容

（1）景观建筑的平面定位（建筑与环境的关系）。

（2）建筑各层平面图、屋顶平面。

（3）建筑各方向的剖面。

（4）必要的大样图。

（5）建筑结构图。

（6）水、电、相关设备图等。

2. 制图方法

除将建筑的平面位置图以施工总图为基础制图外，其余图纸均按国家相关"建筑制图标准"规范制图。

（七）雨污水管线设计

在管线规划图的基础上，表示出上水（消防、生活、绿化用水）、下水（雨水、污水）、暖气、煤气等各种管网的位置、规格、埋深等。

图纸内容及制图方式：应按市政设计部门的具体要求正规出图，景观设计专业主要负责绿化、水池用水及雨污水排放设计等。

（1）平面图。根据管线规划图在种植设计的基础上，表示出管线及管井的具体位置、坐标，并注明每段管线的长度、管径、高程及如何接头等，每个管井都要有编号。

（2）剖面图。主要绘制出各号检查井，表示出井内管线及截面等交接情况。

（八）电气管线设计

在电气规划图的基础上，将各种电气设备、各照明灯具位置，电缆定向位置等具体绘制表示清楚。

图纸内容及表示方法：按国家相关设计规范及建筑电气安装规范正规出图。景观设计专业主要负责庭院照明及水池配电图，一般在种植设计的基础上，表示出各路电组的定向、位置及各种灯的灯位及编号以及电源接口位置等。须在图上注明各路用电量、电线选型敷设、灯具选型及颜色要求等。

（九）山石设计

最好做出山石施工模型或提供意向图片，便于施工掌握设计意图；或参照施工总图及水体设计绘制出山石平面图、立面图、剖面图，并注明高程及要求。

（十）苗木表及工程量统计

（1）苗木表包括编号、品种、数量、规格、来源、备注等。

（2）工程量包括项目、数量、规格、备注等。

第三节　景观工程概预算的编制

一、编制原则

景观工程概预算是编制建设项目投资计划，确定与控制建设项目投资的依据。概预算编制质量的好坏，关系到项目计划的严格执行与建设项目投资的有效控制的重大问题。因此，在编制设计概预算之前，必须进行认真的调查研究，广泛地收集相关资料，在编制景观设计概预算时，必须坚持以下原则。

一是严格执行国家的建设方针与经济政策。

二是符合当地职能管理部门制定的相关项目定额预算标准。

三是完整、准确地反映设计内容。

四是坚持结合拟建工程的实际，反映工程所在地区当时价格水平。

二、概预算定额

（一）工程项目概预算

一般分为直接费、间接费、不可预计费、计划利润、税金5个部分。

（1）直接费包括人工费成本与材料费成本、后期维护保养成本（景观绿化工程一般须验收完工后保养两年交付）。

（2）间接费包括种植施工前的准备，种植时的机械使用费，材料场100m以内的二次搬运。场外运输按"绿化材料场外运输"另行计算。

（3）不可预计费指施工期间所发生的相关不可预计的费用，如意外伤害等，相关指标参考当地管理部门发布数据。

（4）计划利润指施工企业通过施工计划获得的利润。

（5）税金指施工企业应交付国家的相关税金。

（6）苗木、花卉价格应按施工地区价格计算。

（7）施工前准备应包括种植、施工前清除建筑垃圾及其他障碍物，种植、施工后用地2m内的清理工作。

（二）也可按下面方式概算

1. 种植项目

（1）苗木购置费。依据设计图纸所规定的苗木规格、数量及市场单价，计算出苗木购置费用 a 表示。

（2）草皮购置费。绿植中所用草皮的购置费一般按单位面积造价计算出所需费用，用 b 表示。

（3）相关的挖掘、运输、栽植费用，一般按购置费的30%计算，施工地区有定额规定的按规定计算，用 c 表示。

（4）种植总造价 $a+b+c=d$。

2. 工程设施

（1）景观建筑、小品、附属配套设施。可依据单位面积造价或使用材料的数量计算，用 e 表示。

（2）道路广场。依据铺设面积与设计要求所使用材料造价计算，用 f 表示。

（3）水景项目。一般按水景面积计算，依据市场价格与相关配套设施的厂家所提供的报价计算，用 g 表示。

（4）景观照明。依据相关设计图纸规定的要求及附属配套设施的价格计算，用 h 表示。

（5）各项工程设施施工费用 i 表示，工程设施直接费用用 j 表示，$j=e+f+g+g+h+i$；综合管理费用 k 表示，$k=j \times 5\%$；工程设施总造价用 l 表示，$l=j+k$。

3. 其他费用

（1）景观规划设计费用 m 表示，$m=(d+l) \times (3\% \sim 6\%)$。根据国家相关规定，设计费用按整个项目投资的3%～6%的标准收取。

（2）不可预见费用用 n 表示，$n=(d+l+m) \times 5\%$。

4. 工程总造价

用 x 表示，$x=d+l+m+n$。

后 记

经过三年多的努力，《景观学概论》终于完稿，这是一部为高等艺术类院校环境艺术设计专业本科生、研究生而作且系统介绍相关专业知识的基础性学术著作，当然也可以成为相关临近专业（如风景园林学、园艺学等）的参考书籍，从事景观设计与风景园林设计专业设计师的参考书籍。每一部论著的深度，取决于作者的知识范围与所获取相关学术资料的广度，由于针对文科类专业，所以涉及审美类文献相对较多；同时因为是概论，所以所涉范围较宽，但论述深度尚浅。

就景园学专业名称而言，风景园林学这一专业名称是有争议的，虽然风景园林学成为国家一级学科有其必然性，但不同类别的院校开设相关专业所侧重的专业方向不尽相同，在同济大学中就称为"景观规划学"。就书籍名称而言，与母校山东工艺美术学院的李文华教授做过探讨与请宜，李教授认为，既然是为艺术类相关专业而作的基础读物，就理应不同于其他理科类院校相关专业的称谓；艺术类环境设计的方向毕竟以审美为主，但同时要侧重设计的落地性，否则，再好的创意也只是空想，这也是艺术类相关专业应该向理科类相关专业学习的，所以《景观学概论》这一名称比较适合。此外，在文字写作规范方面得到了母校唐家路教授的指导。

古人作著"述而不作"，每一点滴的论述都是在前辈学术基础上的前行。本书也是在大量引述与参考相关学术著作的基础上完成的，试图阐明景观学这一观点于21世纪初在中国大陆兴起与认可的缘由，并综合叙述风景园林学的发展历史、与景观学两者的相似与不同之处；景观学与风景园林学所特有的审美意识，现代设计学基础课程构成、图案与景观设计之间的衔接；当代城市化进程中所衍生出的生态园林城市、海绵城市与景观设计学之间的关系；景观设计施工设计图的编制方法、概预算的编制方法等。试图从全方位叙述景观设计学的概况、力求建立一个完整的体系，并引述现状实践中的相关设计制图要求与地方性城市绿地系统设计与图审标准供学习参考。就景观设计学而言，景观生态学已经是本学科重要的科研方向，确切地讲，海绵城市的设计理念也只是生态园林城市的一个有机组成部分及重要的设计手法与观念，毕竟景观设计学的目的是创造一个符合人类审美需求的、生态的、可持续发展的生存环境。

景观学与风景园林学的相似与不同之处在于，两者所面临的、解决的社会课题基本相同，但既然是园林学，就与围合空间相联系，为一部分人员所服务；现代社会是服务性社会、公民社会，所有资源理应对公众开放。城市景观设计作为城市设计的重要组成部分而存在，空间是开放的、弹性的，设计要求是符合可持续发展的生态意识。所以设计理念的不同与服务意识的不同是两者的区别所在；同时，景观学涉及的城市色彩与美丽乡村两个方面（此处本概论虽有提及但并非叙述重点）。

在本书写作过程中得到了上海源景建筑设计事务所（普通合伙）董事、设计总监、国家一级注册建筑师杨峰先生，日照市规划设计研究院集团有限公司董事长郑英女士，山东日照市市政工程集团王平义老师的大力支持，他们无私地为本书提供了相关设计案例；对于母校山东工艺美术学院唐家路教授、李文华教授和曲阜师范大学美术学院领导、业内同事、好友的鼎力支持与帮助，以及多年以来家人在身后默默的支持，在此表示衷心的感谢。另外，由于作者本人认知范围与写作水准的限制，本书的不足与缺陷也请设计界同行谅解；本书所引用的图片除作者本人所拍摄外，其余部分为日常教学所搜集的案例，由于诸多因素的影响，未能与原作者逐一沟通，在此对所使用图片的原作者表示由衷的感谢和深深的歉意。

袁博生

2020年春于曲阜师范大学美术学院

附　录

附录1　日照市建设项目附属绿化园林植物配置技术规定

为了统一和规范日照市园林规划设计市场，科学合理进行建设项目附属绿化植物配置设计，确保日照市建设项目附属绿化设计质量，全面提升附属绿化的整体水平，促进附属绿化向专业绿化方向发展，特制定本规定。

1　范围

本规定规定了××市园林植物配置技术规范有关的定义和术语、园林植物配置基本原则、园林植物选择要求、园林植物配置要求及日照市常用园林植物推荐等。

本规定适用于指导日照市城市居住、商业、工业、仓储等建设项目的新建、改建和扩建工程的绿化规划及配置。

2　定义和术语

下列术语和定义适用于本规定。

2.1　园林植物

指绿化效果好，具有观赏价值的植物总称。园林植物一般具有形体美、色彩美等的形态特征，适应当地的自然环境条件，在一般管理条件下能表现上述功能。

2.2　植物造景

运用植物素材，通过艺术手法，充分发挥植物的形体、线条、色彩等要素（也包括把植物整形修剪成一定形体）来创作植物景观。

2.3　园林植物配置

按植物生态习性、生物学特性和园林布局要求，合理配置园林中各种植物（乔木、灌木、花卉、草坪和地被植物等），以最大限度地发挥它们的园林功能和观赏特性。

3 园林植物配置基本原则

3.1 建设项目附属绿地规划配置设计基础

规划配置应在批准的城市总体规划和绿地系统规划的基础上进行，在满足规划的基础上进行适当的园林艺术造型调整，绿地调整幅度应控制在1%以内。

3.2 满足建设项目附属绿化的性质及用途

根据建设项目的布局方式、环境特点及用地条件，采用点、线、面相结合的模式组建绿地系统。一切可绿化的用地均应绿化，尽量保留原有的树木和绿地，鼓励发展屋顶绿化、垂直绿化。结合周边环境，选择抗病虫害强、易养护管理的植物，体现良好的生态环境和地域特点，充分发挥园林植物的综合功能。

3.3 满足生态习性

（1）采用乔、灌、藤、花、草相结合的种植模式，组成科学合理的复层结构植物群落。

（2）因地制宜，适地适树。

（3）重视生物多样性。乔木、灌木、常绿、落叶、速生、慢生植物合理配置。

3.4 明确主题，满足立意要求

3.5 遵循美学原理，讲求艺术性

（1）遵循统一、协调、均衡、韵律四大原则。

（2）构图合理，整体与局部关系处理得当。

（3）运用园林植物色彩美、季相美、芳香美、姿态美、群体美等的美化作用。

（4）挖掘园林植物自身的文化性、知识性，将植物的特征与建设项目的特点与风格有机结合起来，建设人与自然和谐相处的生态环境。

3.6 突出和保持地方特色

3.7 配置密度合适，近期与远期效果兼顾

注重种植位置的选择，以免影响室内的采光通风和其他设施的管理维护。

3.8　遵循经济性原则

3.9　各园林要素的关系处理得当

　　植物配置与建筑、园林小品、山体、水体、园路等要素的关系处理得当。

3.10　生态效益

　　形成的植物群落应能产生良好的生态效益，不能因配置不当而产生病虫害及环境污染。

4　园林植物的配置方式及空间效果

4.1　植物配置按形式分为规则式和自由式

　　配置组合基本有如下几种，见附表1。

附表1　植物配置组合

组合名称	组合形态及效果	种植方式
孤植	突出树木的个体美，可成为开阔空间的主景	多选用粗壮高大，体形优美，树冠较大的乔木
对植	突出树木的整体美，外形整齐美观，高矮大小一致	以乔灌木为主，在轴线两侧对称种植
丛植	多种植物组合成的观赏主体，形成多层次绿化结构	以遮阴为主的多由数株乔木组成；以观赏为主的多由乔灌木混交组成
群植	以观赏树组成，表现整体造型美，产生起伏变化的背景效果，衬托前景或建筑物，可形成多变的景观焦点	由数株同类或异类树种混合种植，一般树群长宽比不超过3：1，长度不超过60m，要达到理想的群体轮廓效果，景观视距须大于树高的2倍
列植	沿景观中心区或景物周围有规律地种植，起到陪衬作用	沿直线或曲线以等距离或在一定变化规律下栽植树木，形成行列或环状绿带。树木种类可以单一，也可以在两种以上
草坪	分观赏草坪、游憩草坪、运动草坪、护坡草坪、主要种植矮小草本植物，通常成为绿地景观的前景	按草坪用途选择品种，一般容许坡度为1%～5%，适宜坡度为2%～3%

4.2　植物配置的空间效果

　　植物作为三维空间的实体，以各种方式交互形成多种空间效果，植物的高度和密度影响空间的塑造见附表2。

附表2　植物配置的空间效果

植物分类	植物高度（cm）	空间效果
花卉、草坪	5~15	能覆盖地表，美化开敞空间，在平面上暗示空间
灌木、花卉	40~45	产生引导效果，界定空间范围
灌木、藤本类	90~100	产生屏障功能，改变暗示空间的边缘，限定交通流线
灌木、藤本类、竹类	135~140	分隔空间，形成完整的围合空间
乔木、藤本类	高于人水平视线	产生较强的视线引导作用，形成较私密的空间
乔木、藤本类	高大树冠	形成顶面的封闭空间，具有遮蔽功能并改变天际线的轮廓

5　园林植物选择要求

5.1　园林植物选择基本原则

（1）以乔木为主，尽量选择乡土树种，并采用乔、灌、藤、花、草相结合的复式种植模式，科学合理配置速生与慢生、常绿与落叶植物，丰富植物品种，充分发挥绿地的生态效益和景观效益。

（2）突出季相变化的景观性原则。在种植设计中，充分利用植物的观赏特性，进行色彩组合与协调，通过植物叶、花、果实、枝条和干皮等显示的色彩，在一年四季中的变化为依据来布置植物，创造季相景观。做到一条带一个季相，或一片林一个季相，或一个组团一个季相。如由迎春花、桃花、丁香等组成的春季景观；由紫薇、合欢、花石榴等组成的夏季景观；由桂花、红枫、银杏等组成的秋季景观；由蜡梅、忍冬、南天竹等组成的冬季景观等。

（3）配植比例及规格要求：绿地内应以植物造景为主，乔灌木的种植面积不低于绿地总面积的70%。常绿乔木与落叶乔木的比例为1：（3~4），乔木与灌木种植数量比例为1：（3~6）。绿化苗木的质量均应符合国家有关标准的规定，同时应满足落叶乔木胸径应不小于5cm，常绿乔木高度应不小于2.0m，灌木及宿根花卉不少于二年生，行道树分枝点不低于2.5m。

5.2 居住区（办公区）绿地

5.2.1 居住区（办公区）绿地植物应选择

（1）生长健壮，病虫害较少，适应栽植地环境条件及护养管理条件。

（2）应选无毒、无臭、无刺、无飞毛、无花粉污染、落叶整齐等植物，不致产生污染及造成人的伤害。

（3）应多选择能观花、观果及文化品位高的植物。

5.2.2 推荐种类

银杏、香椿、白蜡、合欢、栾树、国槐、龙爪槐、马褂木、三角枫、五角枫、元宝枫、乌桕、黄栌、青铜、柿树、黑松、五针松、白皮松、蜀桧、雪松、冷杉、水杉、龙柏、广玉兰、大叶女贞、香樟、桂花、黄连木、玉兰、红枫、耐冬、山楂、石榴、泡桐、垂柳、碧桃、樱花、紫叶李、无花果、红叶石楠、木槿、锦带、紫薇、美人梅、紫荆、海棠、海桐、法国冬青、栀子、龟甲冬青、构骨、石岩杜鹃、火棘、红花檵木、月季、金银木、红瑞木、金叶女贞、小叶女贞、贴梗海棠、蜡梅、连翘、金钟花、棣棠、迎春、绣线菊、木香、紫藤、常春藤、凌霄、金银花、五叶地锦等。

5.3 工业、仓储等厂区绿地

5.3.1 工业、仓储等厂区绿地植物选择

应选用冠大荫浓、生长快、耐修剪的乔木作遮阴树。

（1）生产区应有针对性地选择对有害气体抗性较强及吸附作用、隔音效果好的树种。工业厂区设置绿化时，要求建设单位提供工业污染物的指标情况，设计单位结合生产区排放的废物来选择培植的植物。

化工车间，应选择抗性强、生长快、低矮的树木。

高温车间，应选择高大的阔叶乔木及色浓味香的花灌木。

噪声强烈的车间，应选择枝叶茂密、树冠矮、分枝点低的乔灌木，密集栽植形成隔音带。

纺织、食品、光学、精密仪器制造车间，应选择无飞絮、无花粉、落叶整齐的树种，结合营建低矮地被和草坪。

（2）仓储区应选择树干通直、分枝点高的树种，不应种植针叶树及含油质较多的树种。

（3）厂内行道树应选择生长健壮、树冠整齐、抗性强的乔木，行道树

分枝点不宜低于3m。

5.3.2　推荐种类

抗（吸）二氧化硫强的树种：银杏、桑树、榆树、旱柳、臭椿、刺槐、国槐、紫丁香、皂角、加拿大杨、大叶黄杨、海桐、紫薇、紫藤、木槿、白皮松、栾树、接骨木、水杉、珊瑚树、君迁子、泡桐、合欢、卫矛、山桃、玫瑰、绣线菊、枸杞、忍冬、柽柳、构树、核桃、广玉兰、夹竹桃、构骨、木瓜、悬铃木、月季、无花果、小叶女贞、龙柏、万寿菊、美人蕉、爬山虎等。

抗（吸）氯强的树种：银杏、桑树、榆树、旱柳、臭椿、刺槐、国槐、悬铃木、紫丁香、皂角、加拿大杨、悬铃木、珊瑚树、大叶黄杨、紫藤、紫荆、紫薇、君迁子、泡桐、山桃、山杏、卫矛、茶条漆、忍冬、复叶槭、木槿、枣树、紫穗槐、小叶朴、夹竹桃、枫杨、文冠果、连翘、龙柏、柽柳、爬山虎等。

抗（吸）氟化氢强的树种：银杏、桑树、榆树、旱柳、臭椿、刺槐、国槐、悬铃木、构树、龙爪槐、紫丁香、皂角、加拿大杨、大叶黄杨、紫藤、白皮松、接骨木、海桐、桃叶卫矛、茶条槭、云杉、冷杉、爬山虎等。

在适当地段应考虑栽植一些对污染源敏感的植物以监测环境污染状况。如雪松对二氧化硫、氟化氢最敏感，樱花、唐菖蒲对HF较敏感，悬铃木对二氧化硫敏感，月季、杜仲对二氧化硫敏感等。

5.4　商业区绿地

5.4.1　商业区植物选择

（1）生长健壮，寿命较长、病虫害较少，适应栽植地环境条件及养护管理条件。

（2）应无毒、无臭、无刺、无飞毛、少花粉、落叶整齐等，不致产生污染及造成人的伤害。

（3）应多选择观花、观果、冠型优美、文化品位高的植物，与商业氛围相协调。

（4）重要位置、重要景观树落叶乔木规格胸径不应低于15cm，一般地段落叶乔木规格胸径不应低于8cm。

5.4.2　推荐种类

银杏、白蜡、合欢、栾树、国槐、龙爪槐、马褂木、三角枫、五角枫、元宝枫、乌桕、黄栌、青铜、柿树、黑松、五针松、白皮松、蜀桧、雪松、冷杉、水杉、龙柏、广玉兰、大叶女贞、香樟、桂花、黄连木、玉兰、红枫、耐冬、山楂、石榴、泡桐、垂柳、碧桃、樱花、紫叶李、无花果、红叶石楠、木槿、锦带、紫薇、美人梅、紫荆、海棠、海桐、法国冬青、栀子、龟甲冬青、构骨、石岩杜鹃、火棘、红花檵木、月季、金银木、红瑞木、金叶女贞、小叶女贞、贴梗海棠、蜡梅、连翘、金钟花、棣棠、迎春、绣线菊、木香、紫藤、常春藤、凌霄等。

5.5 滨海绿地

5.5.1 滨海绿地植物选择

（1）抗海风、抗海雾、耐瘠薄、耐盐碱并有较强观赏价值的种类，以常绿树为主，适当选用阔叶、落叶乔木，乔木胸径不应小于10cm，灌木冠幅不应小于80cm。

（2）堤坝护坡应以固土性强的乡土草种及矮生木本植物为主。

（3）近海处应选用低矮小乔木和灌木，岩土应选用攀缘植物。

5.5.2 推荐种类

黑松、龙柏、大叶女贞、红叶石楠、夹竹桃、紫薇、木槿、黄连木、枫杨、构树、合欢、白蜡、桑树、旱柳、苦楝、胡颓子、大叶黄杨、大叶胡颓子、锦带花、枸杞、胶东卫矛、扶芳藤、爬山虎等。

5.6 屋顶绿地

屋顶绿地是巧妙利用主体建筑物的屋顶、平台、阳台、窗台、女儿墙和墙面等开辟绿化场地，实用、精美、安全是屋顶绿地遵循的基本原则，屋顶绿地的关键在于减轻屋顶荷载，选择合适的种植土及排水设施，注意屋顶结构选型和植物选择与种植设计等问题。设计时必须做到以下几点。

（1）以植物造景为主，把生态功能放在首位。

（2）确保营建屋顶绿地所增加的荷重不超过建筑结构的承重能力，屋面防水构造能安全使用。

（3）屋顶绿地（花园）相对于地面的公园、游园等绿地来讲面积较小，必须精心设计，才能取得较为理想的景观效果。

5.6.1 屋顶绿地植物选择

（1）应选择阳性、耐旱、耐寒、耐瘠薄的浅根性植物，还必须属低矮、抗风、耐移植的品种。

（2）坡屋面多选择贴伏状藤本或攀缘植物；平屋顶以种植喜光、观赏性较强的常绿植物为主，并适当配置花灌木和地被植物。

5.6.2　推荐种类

佛甲草、垂盆草、龙柏、蚊母、小叶女贞、枸杞子、黑松、瓜子黄杨、大叶黄杨、雀舌黄杨、珊瑚树、蚊母、丝兰、栀子花、月季、龙爪槐、紫荆、紫薇、海棠、蜡梅、白玉兰、紫玉兰、天竺、美人蕉、大丽花、海桐、构骨、葡萄、紫藤、常春藤、爬山虎、菊花、麦冬、葱兰、黄馨、迎春、天鹅绒草坪、荷花、睡莲等。

6　园林植物配置要求

6.1　居住区（办公区）绿地

6.1.1　居住区公共绿地（办公区绿地）植物配置应符合下列要求

（1）以乔木为骨架，复层配置，种植密度合理。种植密度应符合绿化种植相关间距（种植密度）控制规定即附表1至附表5规定。

（2）注重物种多样性，丰富绿地景观，每1 000m²绿地，乔木栽植种类不应少于4种；灌木不应少于5种；常绿树不应少于2种；落叶树不应少于7种；1~2年生草本花卉不应少于3种，栽植面积不应少于总栽植面积的10%。

（3）绿地乔灌木的栽植面积应占总种植面积的70%以上，林下不得裸露地表，应配置地被或草坪。

绿化种植相关间距（种植密度）控制规定见附表3至附表7。

附表3　绿化植物（乔木）栽植间距

植物类别		苗木规格及栽植间距		
开冠型群栽乔木	胸径（cm）	<10	10~20	>20
	最小栽植间距（m）	4	5	6
窄冠型群栽乔木	胸径（cm）	<10	10~20	>20
	最小栽植间距（m）	3	4	5

附表4　绿化植物栽植间距

树木及栽植方式	不宜小于（中—中）（m）	不宜大于（中—中）（m）
1行行道树	4.00	6.00
2行行道树（棋盘式栽植）	3.00	5.00
乔木与灌木	0.50	/
灌木群栽（大灌木）	1.00	3.00
（中灌木）	0.75	0.50
（小灌木）	0.30	0.80

附表5　绿化植物与建筑物、构筑物最小间距的规定

建筑物、构筑物名称	最小间距（m）	
	乔木（至中心）	灌木（至中心）
建筑物外墙：有窗	3.0～5.0	1.5
建筑物外墙：无窗	2.0	1.5
挡土墙顶内和墙脚外	2.0	0.5
围墙	2.0	1.0
铁路中心线	5.0	3.5
道路路面边缘	0.75	0.5
人行道路面边缘	0.75	0.5
排水沟边缘	1.0	0.5
体育用场地	3.0	3.0

　　绿篱有组成边界、围合空间、分隔和遮挡场地的作用，也可作为雕塑小品的背景。绿篱以行列式密植植物为主，分为整形绿篱和自然绿篱。整形绿篱常用生长缓慢、分枝点低、枝叶结构紧密的低矮灌乔木，适合人工修剪整形。自然绿篱选用植物体量则相对较高大。绿篱地上生长空间要求一般高度为0.5～1.6m，宽度为0.5～1.8m。

附表6 绿化植物与管线的最小间距

管线名称	最小间距（m）	
	乔木（至中心）	灌木（至中心）
给水管、闸井	1.5	不限
污水管、雨水管、探井	1.0	不限
煤气管、探井	1.5	1.5
电气电缆、电信电缆、电信管道	1.5	1.0
热力管（沟）	1.5	1.5
地上杆柱（中心）	2.0	不限
消防龙头	2.0	1.2

附表7 绿篱树的行距和株距

栽植类型	绿篱高度（m）	株行距（m）	
		株距	行距
1行中灌木	1～2	0.40～0.60	/
2行中灌木	1～2	0.50～0.70	0.4～0.6
1行小灌木	<1	0.25～0.35	/
2行小灌木	<1	0.25～0.35	0.25～0.30

6.1.2 宅旁绿地植物配置应符合下列要求

（1）宅旁绿地贴近居民，特别具有通达性和实用观赏性，应充分考虑绿地功能，运用混合式方法复层配置，建设人工生态植物群落。

（2）应以观赏亚乔木为主，在统一基调的基础上，树种力求丰富。每1 000m²绿地，乔木栽植种类不应少于3种；灌木不应少于5种；常绿树不应少于2种；落叶树不应少于6种。

（3）绿地内乔灌木种植面积应占总种植面积的70%以上，林下不得裸露地表，草花与草坪种植面积不得高于30%。

（4）栽植密度合理，空间相对开敞。栽植密度应符合绿化种植相关间距，即附表3至附表7规定。

（5）建筑南面绿地小气候条件好，植物种类可丰富。但不得影响屋内采光和通风；东、西面应种落叶大乔木夏季遮阴，西、北面应配置耐风耐寒树种，北面应选择耐荫亚乔木、灌木及地被；种植大乔木距离建筑不得小于5m，窗下不得种植乔木及大灌木。

（6）宅旁绿地应设计方便居民行走及滞留的适量硬质铺地，并配植耐踏的草坪，阴影区宜种植耐阴植物。

6.1.3　隔离绿地植物配置应符合下列要求

（1）居住区道路两侧应栽种乔木、灌木和草本植物，以减少交通造成的尘土、噪声及有害气体，有利于沿街住宅室内保持安静和卫生。行道树应尽量选择枝冠水平伸展的乔木，起到遮阴降温作用。

（2）公共建筑与住宅之间应设置隔离绿地，多用乔木和灌木构成浓密的绿色屏障，以保持居住区的安静，居住区内的垃圾站、锅炉房、变电站、变电箱等欠美观地区可用灌木或乔木加以隐蔽。

6.1.4　停车场绿地植物配置应符合下列要求

停车场绿地可分为周界绿化、车位间绿化和地面铺装及绿化，见附表8。

附表8　停车场绿地植物配置

绿化部位	功能效果	设计要点
周界绿化	形成分隔带，减少视线干扰和居民的随意穿越，遮挡车辆反光对室内的影响，增加了车场的领域感，同时美化了周边环境	较密集排列种植灌木和乔木，乔木树干要求挺直；车场周边也可围合装饰景墙，或种植攀缘植物进行垂直绿化
车位绿化	车位周围规则式种植乔木，形成庇荫，避免阳光直射车辆	种植乔木（胸径不低于10cm，分枝点不低于2.5m）相邻两车位间距应≥2.5m，以保证车辆在其间停放
地面铺装以及绿化	地面铺草坪砖，减弱大面积硬质地面的生硬感	采用满足车辆碾压要求的草坪砖铺地，种植耐碾压草种，草坪砖下：素土夯实、碎石、沙土，不宜采用混凝土、三七灰铺装，保持透水透气

6.2　工业、仓储等厂区绿地

工业、仓储等厂区绿地植物配置应符合下列要求：

（1）乔木与灌木种植数量比例不低于1∶3，其中常绿树数量应占该区域总栽植数的1/3，鼓励种植常绿树。

（2）厂前区宜用规则式和混合式相结合的配置方法，远离大楼的地方可根据地形变化采用自然式布局。

（3）生产区大乔木距离建筑不应小于4m，距离地上、下管网不应小于2.5m。植物栽植应处理好与车间通风透光的关系。

（4）仓储区应以疏植乔木或配置低矮的花池、绿化分隔带为主，地下仓库上面宜铺设草坪和配置灌木、地被或攀缘植物。

（5）防护林带应以乔、灌木混交的紧密结构和半透风结构为主。栽植密度同附表3至附表7规定，但乔木群栽间距均下调1m。其他间距适当加密。

6.3　商业绿地

结合商业需要合理配置植物，既要对人流起到引领和停留的暗示作用，又要富有商业气氛和休闲情趣，同时要充分考虑视线的通畅性，植物的配置遵循大而精的原则，采取大手笔大气魄绿化配置模式与商业气氛相适宜。具体原则：加强商业的吸引力，聚集更多的人流，延长其逗留时间，将其转化为购物及餐饮等消费人流。

（1）以乔木为骨架，复层配置，种植密度合理。绿地乔木应占总栽植面积的30%~50%，林下不得裸露地表，应配置地被或草坪；乔、灌、草配置面积比例不低于5∶4∶1。种植密度应符合绿化种植相关间距（种植密度）控制规定参照附表3至附表7规定。

（2）注重物种多样性，丰富绿地景观。每1 000m²绿地，乔木栽植种类不应少于4种；灌木不应少于5种；常绿树不应少于2种；落叶树不应少于7种。一二年生草本花卉不应少于2种，栽植面积不应少于总栽植面积的5%。

6.4　滨海绿地

（1）应以抗海雾、海风的常绿树种为主，适当配置观赏亚乔木、灌木和观花地被，丰富绿地景观。每1 000m²绿地，乔木栽植种类不应少于3种；灌木不应少于5种；常绿树不应少于2种；落叶树不应少于6种。

（2）树木不宜配置太密，林冠线应富于变化，留出透景线。栽植密度同附表3至附表7规定，但乔木群栽的间距均上调1.0m，其余间距适当加大。

6.5 屋顶绿地

6.5.1 建筑屋顶自然环境与地面有所不同，日照、温度、风力和空气成分等随建筑高度而变化。

（1）屋顶接受太阳辐射强，光照时间长，对喜光植物生长有利。

（2）温差变化大，夏季白天温度比地面高3~5℃，夜间又比地面低2~3℃。

（3）屋顶风力比地面大1~2级，对植物发育不利。

（4）相对湿度比地面低10%~20%，植物蒸腾作用强，更需保水。

6.5.2 屋顶绿地分为坡屋面和平屋面两种，应根据上述生态条件种植耐旱、耐移栽、生命力强、抗风力强、外形较低矮的植物。坡屋面多选择贴伏状藤本或攀缘植物；平屋顶以种植观赏性较强的花木为主，并适当配置水池、花架等小品。

6.5.3 屋顶绿地数量和建筑小品放置位置，需经过荷载计算确定。考虑绿地的平屋顶荷载为500~1 000kg/m²，为了减轻屋顶的荷载，栽培介质常用轻质材料按需要比例混合而成（如营养土、土屑、蛭石等）。

6.5.4 屋顶绿地可人工浇灌，也可采用小型喷灌系统和低压滴灌系统。屋顶多采用屋面找坡，设排水沟和排水管的方式解决排水问题，避免积水造成植物根系腐烂。

屋顶绿地种植土厚度必须满足植物生长的要求，一般参考控制厚度见附表8，对于较高大的树木，可在屋顶上设置树池栽植，种植土的厚度见附表9。

附表9 种植植物土厚度

种植植物	种植土最小厚度（cm）	种植植物	种植土最小厚度（cm）
花卉、草坪	30	中乔木	100
灌木	50	大乔木	150
小乔木、藤本植物	60		

7 古树名木保护

7.1 古树指树龄在一百年以上的树木；名木指国内外稀有的以及具有历史

价值和纪念意义等重要科研价值的树木；新建、改建、扩建的建设工程影响古树名木生长的，建设单位必须提出避让和保护措施

7.2　古树名木的保护必须符合下列要求

（1）古树名木保护范围的规定必须符合下列要求：树冠垂直投影及其外侧5m范围。

（2）保护范围内不得损坏表土层和改变地表高程，除保护及加固设施外，不得设置建筑物、构筑物及架（埋）设各种过境管线，不得栽植缠绕古树名木的藤本植物。

（3）保护维护附近，不得设置造成古树名木的有害水、气的设施。

（4）采取有效的工程技术措施和创造良好的生态环境，维护其正常生长。

7.3　国家严禁砍伐、移植古树名木，或转让买卖古树名木，在绿化设计中要尽量发挥古树名木的文化历史价值的作用，丰富环境的文化内涵

8　常用园林植物推荐及植物配置形式推荐

北方常规植物配置形式见附录A。

不宜一起配置的园林植物见附录B。

附录A　北方常规植物配置形式（植物群落模式）

（1）毛白杨—元宝枫+碧桃十山楂—榆叶梅十金银花+紫枝忍冬—玉簪+大花萱草。

（2）银杏+合欢—金银木+小叶女贞—品种月季—早熟禾。

（3）毛白杨+栾树+云杉—珍珠梅+金银木—冷季型混播草（黑麦草+高羊茅+早熟禾）。

（4）臭椿+元宝枫—榆叶梅+太平花+连翘+白丁香—美国地锦+早熟禾。

（5）毛白杨+桧柏—天目琼花+金银木—紫花地丁+阔叶土麦冬。

（6）华山松+馒头柳+西府海棠—紫丁香+紫珠+连翘—冷季型混播草（黑麦草+高羊茅+早熟禾）。

（7）国槐+白皮松—花石榴+金叶女贞+太平花—冷季型混播草（黑麦草+高羊茅+早熟禾）。

（8）大叶白蜡+馒头柳十桧柏—麻叶锈线菊+连翘+丁香—宽叶麦冬。

（9）悬铃木+银杏+桧柏—胶东卫矛+棣棠+金银木—扶芳藤+早熟禾。

（10）垂柳+栾树+桧柏—棣棠+紫薇+海州常山—冷季型混播草（黑麦草+高羊茅+早熟禾）。

（11）垂柳—白皮松+西府海棠—蜡梅+丁香—冷季型混播草（黑麦草+高羊茅+早熟禾）。

（12）国槐—红花锦带十珍珠梅—扶芳藤+紫花地丁。

（13）侧柏—太平花十金银木—紫花地丁+二月兰。

（14）悬铃木+华山松十臭椿—紫叶李+木槿+红叶桃—宽叶麦冬。

（15）国槐十云杉十栾树—山楂+小叶女贞+粉团蔷薇—美国地锦+金银花。

（16）银杏+合欢+白皮松+栾树—金银木+天目琼花+忍冬+紫叶小檗—金银花+金叶女贞。

（17）华山松+馒头柳+白蜡+西府海棠—紫丁香+连翘+紫珠—金银花+大花萱草+早熟禾。

（18）油松+元宝枫—珍珠梅+锦带花+迎春—冷季型混播草（黑麦草+高羊茅+早熟禾）。

附录B　不宜一起配置的园林植物

（1）桧柏与梨、海棠。

（2）榆树与白桦、栋树。

（3）松树与云杉。

（4）葡萄与小叶榆、甘蓝。

（5）桃树与茶树。

（6）黑胡桃与松树及多种草本植物。

（7）松树与接骨木。

（8）绣球与茉莉。

（9）大丽菊与月季。

（10）玫瑰与丁香。

（11）石榴花与太阳花。

（12）锦鸡儿与松树、杨树。

附录2　景观规划与设计相关法律法规

公园设计规范　GB 51192—2016

城市绿地设计规范（2016年版）　GB 50420—2007

居住区环境景观设计导则（试行稿2006年版）

居住绿地设计标准　CJJ/T 294—2019

园林绿化工程施工及验收规范　CJJ 82—2012

城市绿地分类标准　CJJ/T 85—2002

种植屋面工程技术规程　JGJ 155—2013

城市绿地分类标准　CJJ/T 85—2017

城市道路绿化规划与设计规范　CJJ/T 75—1997

园林基本术语标准　CJJ/T 91—2002

风景园林基本术语标准　CJJ/T 91—2017

国家森林公园设计规范　GB/T 51046—2014

风景园林图例图示标准　CJJ 67—1995

动物园动物管理技术规程　CJ/T 22—1999

国家城市湿地公园管理办法（试行）　建城〔2005〕16号

城市湿地公园规划设计导则（试行）　建城〔2005〕97号

湿地公园设计规范（征求意见稿）

森林公园总体设计规范　LY/T 5132—1995

城市绿化和园林绿地用植物材料木本苗　CJ/T 34—1991

城市绿化和园林绿地用植物材料球根花卉种球　CJ/T 135—2001

植物园设计规范（征求意见稿）

园林绿化工程盐碱地改良技术规程（征求意见稿）

城市社区体育设施建设用地指标

风景区、旅游区规划设计规范：

风景名胜区条例　ZCFG141023—020

风景名胜区总体规划标准　GB/T 50298—2018

风景名胜区详细规划标准　GB/T 51294—2018

旅游规划通则　GB/T 18971—2003

旅游资源分类、调查与评价　GB/T 18972—2003

旅游厕所质量等级的划分与评定　GB/T 18973—2003

旅游景区质量等级的划分与评定（修订）　GB/T 17775—2003

旅游景区质量等级评定与划分国家标准评定细则

附录3　景观工程制图规范及深度要求

（试行版）

日照市规划设计研究院集团有限公司
市政分院景观专业
2019年10月

1　总　则

1.1　为了加强对我院集团园林景观设计文件的编制、管理，保证各设计阶段设计文件的完整性，参照建设部颁发实施的《建筑工程设计文件编制深度规定》内容要求及其他设计院的景观设计标准，编制景观工程制图规范及深度要求，以保证我院集团景观专业设计质量

1.2　各设计阶段设计文件编制内容应符合国家现行有关标准、规范、规程以及工程所在地的有关地方性规定

1.3　主要适用于以建筑为主体的场地的园林景观设计

1.4　建筑场地园林景观设计一般分为方案设计、初步设计及施工图设计3个阶段，现就上述3个阶段设计深度作出规定，供参考

1.5　方案设计文件包括设计说明及图纸，其内容达到以下要求

　　（1）满足编制初步设计文件的需要。

　　（2）提供能源利用及与相关专业之间的衔接。

　　（3）据以编制工程估算。

　　（4）提供编制申报有关部门审批的必要条件。

1.6　初步设计文件包括设计说明及图纸，其内容达到以下要求

　　（1）满足编制施工图设计文件的要求。

　　（2）解决各专业的技术要求，协调与相关专业之间的关系。

　　（3）能据以编制工程概算。

　　（4）提供申报有关部门审批的必要文件。

1.7 施工图设计文件包括设计说明及图纸，其内容达到以下要求

（1）满足施工安装及植物种植要求。

（2）满足设备材料采购、非标准设备制作和施工需要。

（3）能据以编制工程预算。

1.8 本规定编制的设计文件深度要求，对于具体工程项目可根据项目内容和设计范围对本规定条文进行合理的取舍

2 方案设计

主要对场地自然现状和社会条件进行分析，确定性质、功能、风格特色、内容、容量，明确交通组织流线，空间关系，植物布局，综合管网安排等。

2.1 方案设计文件包括内容

封面、目录、设计说明、设计图纸（其中封面、目录不做具体规定，可视工程需要确定）。

2.2 设计说明

2.2.1 设计依据及基础资料

（1）由主管部门批准的规划条件（用地红线、总占地面积、周围道路红线、周围环境、对外出入口位置、地块容积率、绿地率及原有文物古树等级文件、保护范围等）。

（2）建筑设计单位提供的与场地内建筑有关的设计图纸，如总平面图、建筑一层平面图、屋顶花园平面图、地下管线综合图、地下建筑平面图、覆土厚度、建筑性质、体形、高度、色彩、透视图等。

（3）园林景观设计范围及甲方提供的使用及造价要求。

（4）1：500地形测绘图。

（5）有关气象、水文、地质资料。

（6）地域文化特征及人文环境。

（7）有关环卫、环保资料等。

2.2.2 场地概述

（1）本工程所在区域、周围环境（周围建筑性质、道路名称、宽度、能源及市政设施、植被状况等）。

（2）场地内建筑性质、里面、高度、体形、外饰面的材料及色彩、主要出入口位置，以及对园林景观设计的特殊要求。

（3）场地内的道路系统。

（4）场地内需保留的文物、古树、名木及其他植被范围及状况描述。

（5）场地内自然地形概况。

（6）土壤情况等。

2.2.3　总平面设计

（1）景观设计总平面深度设计原则。

（2）设计总体构思，主体及特点。

（3）功能分区，主要景点设计及组成元素。

（4）交通分析，主要人行道路及车行道路交通流线分析。

（5）种植设计。种植设计的原则、特点、主要树种类别（乔木、灌木)等。

（6）对地形及原有水系的改造、利用。

（7）给水排水、电气等专业有关管网的设计说明。

（8）有关环卫、环保设施的设计说明。

（9）技术经济指标。①建筑场地总用地面积的百分比。②园林景观设计总面积的百分比。种植总面积的百分比及其占园林景观设计总面积的百分比；铺装总面积的百分比及其占园林景观设计总面积的百分比；景观建筑面积的百分比及其占园林景观设计总面积的百分比；水体总面积的百分比及其占园林景观设计总面积的百分比。

2.3　设计图纸

2.3.1　场地现状图

常用比例为1∶（500～1 000）。

（1）原有地形、地物、植物状态。

（2）原有水系、范围、走向。

（3）原有古树、名木、文物的位置、保护范围。

（4）需要保护的其他地物（如市政管线等）。

2.3.2　总平面图

常用比例为1∶（500～1 000）。

（1）地形测量坐标轴、坐标值。

（2）设计范围（招标合同设计范围），用中粗点画线表示。

（3）场地内建筑物一层（也有称为底层或首层）（+0.00）外墙轮廓

线，标明建筑物名称、层数、出入口等位置急需保护的古树名木位置、范围。

（4）场地内道路系统，地上停车位置。

（5）标明设计范围内园林景观各组成元素位置、名称（如水景、铺装、景观建筑、小品及种植范围等）。

（6）主要地形设计标高或等高线，如山体的山顶控制标高等。

（7）图纸比例、指北针或风玫瑰图。

2.3.3 功能分区图

常用比例为1：（500～1 000）。

在总平面图基础上突出标明各类功能分区，如供观赏的主要景点、供休闲的各类场地，及儿童游戏场、运动场、停车场等不同功能的场地。各功能分区联系的道路系统。

2.3.4 种植设计总平面

常用比例为1：（500～1 000）。

种植设计范围。种植范围内的乔木、灌木、非林下草坪的位置、布置形态，并标明主要树种名称、种类、主要观赏植物形态（可给出参考图片）。

2.3.5 主要景点放大平面图

常用比例为1：（100～300）。

2.3.6 主要景点的立面剖面图或效果图

手绘、彩色透视。

2.3.7 景观建筑构筑物方案设计

平面、立面、剖面及效果图文字说明。

2.3.8 景观标识小品设施及灯具设计

标识小品设施及灯具的平面、立面、剖面及效果图文字说明。

2.3.9 设备管网与场地外线衔接的必要文字说明或示意图

3 初步设计

主要确定平面，道路广场铺装形状、材质，山形水系、竖向，明确植物分区、类型，确定建筑内部功能、位置、体量、形象、结构类型，园林小品的体型、体量、材料、色彩等，能进行工程概算。

3.1　一般要求

3.1.1　初步设计文件包括内容

封面、目录、设计说明、设计图纸、工程概算书。

3.1.2　初步设计文件编制程序

（1）总封面。①项目名称。②编制单位名称。③项目设计编号。④计阶段。⑤编制单位法定代表人、技术总负责人、项目总负责人姓名及其签字或授权盖章。⑥编制年、月。

（2）设计文件目录。①目录应包括序号，不得空缺。②图号应从"1"开始，依次编排，不得从"0"开始。③目录一般包括序号、图号、图纸名称、图幅、备注。④当图纸修改时，可在图号"景初1"后加a、b、c（a表示第一次修改版，b为第二次修改版）。

（3）设计说明书，包括设计总说明、各专业设计说明。

（4）设计图纸（可另单独成册）。

（5）概算书（可另单独成册，此概算书视具体工程情况确定或只给出工程的估算或工作量）。

（6）对于规模较大、功能较复杂、设计文件较多的项目，设计说明书和设计图纸可按专业成册。

（7）另外单独成册的设计图纸应有图纸总封面和图纸目录；图纸总封面的要求见4.1.2。

3.2　设计总说明

3.2.1　园林景观专业

（1）设计依据及基础资料。①由主管部门批准的规划设计文件及有关建筑初步设计文件。②由主管部门批准的园林景观方案设计文件及审批意见。③建筑设计单位提供的总平面布置图、地下建筑平面图、覆土厚度、竖向设计、室外管线综合图。④本工程地形测量图、坐标系统、坐标值及高程系统。⑤有关气象资料、工程地质、水文资料及生态特征等。

（2）场地概述。①本工程场地所在城市、区域、周围城市道路名称和宽度，景观设计性质、范围、规模等。②本工程周围环境状况，交通、能源、市政设施、主要建筑、植被状况。③本工程所在地区的地域特征、人文环境。④场地内与园林景观设计相关情况。一是保留的原有地形、地物（保留的原有建筑物、构筑物，保留的文物、古树、名木的保护等级及保护范围等）；二是场地内地上建筑物性质、层数、体形、高度、外饰面材料、色彩、主要出入口位置、地下建筑的范围及覆土厚度；三是场地内车行、人行道路系统及对外出入口位置；四是日照间距及防噪声抗污染等要求；五是其他需要说明的情况。

（3）总平面设计。①设计主要特点、主要组成元素及主要景点设计。②场地无障碍设计。③新材料、新技术的应用情况（如能源利用等）。④其他。

（4）竖向设计。①竖向设计的特点。②场地的地表雨水排放方式及雨水收集、利用。③人工水体、下沉广场、台地、主要景点的高程处理，注明控制标高。

（5）种植设计。①种植设计原则。②对原有古树、名木和其他植被的保护利用。③植物配置。④屋面种植特殊处理（是否符合建筑物结构允许荷载，有良好的排灌、防水系统、防冻措施、防风处理措施）。⑤树种的选择。主要树种；特殊功能树种；观赏树种。⑥种植技术指标。种植总面积（其中包括地下建筑物上覆土种植面积和屋顶花园种植面积）；乔木树种及棵数；灌木名称及面积；地被名称及面积；草坪名称及面积。

（6）主要水景设计。自然水系的利用及主要人工水景的特点，水源及排水方式。

（7）主要景观建筑设计形式。有一定的活动空间，如亭、榭、楼、廊、伞等，设计深度可参考国家建筑标注设计图集《民用建筑工程建筑初步设计深度图样》（05J802）。

（8）主要景观小品设计形式。柱、墙、台、桥、花坛、座椅、标志等。

（9）铺装设计特点。主要面层材料的色彩、材质等。

（10）技术经济指标。①建筑场地总用地面积。②景观设计总面积。铺装总面积及其占园林景观设计总面积的百分比；种植总面积及其占园林景观设计总面积的百分比；景观建筑面积及其占园林景观设计总面积的百分比；水体总面积及其占园林景观设计总面积的百分比；土方工程量。

（11）提请设计审批时需要明确的问题。

（12）总说明中已叙述的内容，在各专业说明中可不再重复。

3.2.2　给水排水专业

（1）设计依据。①本工程设计任务书。②已批准的方案设计文件。

③国家现行的设计规范、规范的名称及编号。④建设单位提供的建筑周围市政条件资料。⑤建筑及有关工种提供的条件图及设计资料。

（2）工程概况与设计范围。①本工程建设用地、室外绿化面积。②本工程包括项目红线内的绿地喷灌及水景景观设计（生活附属用房的给水排水设计、场地雨水设计）。

（3）给水设计。①给水用水量。本工程最高日用水量，其中，城市自来水用水量、中水用水量、中水用水量约占日总用水量的百分比；用说明或用表格的方式列出绿化洒水、水景用水、道路浇洒水量及附属用房水量。②水源。根据甲方提供的本工程周围的给水管网现状，描述水源拟引自得位置、管径和供水压力。如供水水源为城市自来水；供水水源为自备的深水井；供水水源为小区中水。③系统。喷灌系统的浇灌形式，如喷灌、微灌；景观水池的形式，如喷水池、戏水池、种植池、养鱼池等；附属用房给水系统，如管材、接口、铺设与防腐。

（4）排水设计。①废水排放量。②污、废水系统排放方式。③排水方式。说明设计采用的排水方式，如需要提升则说明提升位置、规模，提升设备型号及设计参数、构筑物形式、占地面积、紧急排放的措施等；排水现状简介，当排入城市管道或建筑场地雨水管道或其他外部明沟时应说明管道、明沟的大小、坡度、排入点的标高、位置和检查井的编号。当排入水体时，还应说明对排放的要求；附属用房排水系统。④材、接口、铺设。

（5）主要设备表。按子项分列出主要设备的名称、型号、规格、数量。

（6）需提请在设计审批时解决或确定的主要问题。

3.2.3　电气专业

（1）设计依据。①本工程设计任务书。②已批准的方案设计文件。③国家现行的设计规范、规程的名称及编号。④建设单位提供的认定的工程设计资料，建设方的设计要求。⑤建筑及有关工种提供的条件图集设计资料。

（2）工程概况与设计范围。①说明工程性质、面积等。②根据设计任务书和有关设计资料说明本专业的设计工作内容和分工。③本工程拟建设的电气系统。

（3）配电系统。①电源由何处引来、电压等级、配电方式。②选用导线、电缆的材质和型号，敷设方式。③配电箱、控制箱等配电设备选型及安装方式；④电动机启动及控制方式的选择。

（4）照明系统。①照明的种类（如路灯、庭院灯、草坪灯、地灯、泛光照明、水下照明等）、电压等级、光源及灯具的选择及控制方式。②照明线路的选择及接地方式。

（5）防雷。①确定防雷级别。②防直接雷击、防侧雷击、防雷击电磁脉冲、防高电位侵入的措施。

（6）接地及安全。①本工程系统要求接地的形式及接地电阻要求。②总等电位、局部等电位的设置要求。③接地装置要求，当接地装置需做特殊处理时应说明采取的措施、方法等。④安全接地极特殊接地的措施。

（7）主要设备材料表。按子项分别列出主要设备的名称、型号、规格、数量。

（8）需提请在设计审批时解决或确定的主要问题。

3.3 设计图纸

3.3.1 园林景观专业

3.3.1.1 总平面图

根据工程的需要，可分幅表示，常用比例为1:（300~1 000）。

（1）地形测量坐标网、坐标值。

（2）设计范围。以点画线表示。

（3）场地内建筑物一层（也称为底层或首层）（±0.00相当于绝对标高值）外墙轮廓以实粗线表示。表明建筑物名称、层数、高度、编号、出入口，需保护的文物、植物、古树、名木的保护范围，地下建筑物位置（其轮廓以粗虚线表示）。

（4）场地内机动车道路、对外出入口、人行系统、地上停车场。

（5）园林景观设计。①表示种植范围，重点孤植观赏乔木及列植，乔木宜以图例单独表示。②标明自然水系（湖泊河流表示范围，河流表示水流方向）、人工水系、水景。③广场铺装表示外轮廓范围（根据工程情况表示大致铺装纹样），标注名称和材料的质地、色彩、尺寸。④园林景观建筑（如亭、廊、榭等）以粗线表示外轮廓，标注尺寸、名称；小品均需表示位置、形状、庭院路走向、名称（如活动场地、花、池、伞、架、庭园路等）。⑤标注主要控制坐标。⑥根据工程情况表示园林景观无障碍设计。

（6）指北针或风玫瑰图。

（7）补充图例。

（8）技术经济指标内容同3.2.1，也可列于设计说明内。

（9）图纸上的说明。①设计依据。②定位坐标。③尺寸单位。④其他。

3.3.1.2　总分区索引图

常用比例为1∶500。

在总平面图上表示分区及区号，分区索引。分区应明确，不易重叠，不应有缺漏，尽量保证节点在分区内的完整性，标明指北针，图纸比例等，该图可根据项目实际情况与总平面图合并为总平面及索引图。

3.3.1.3　总平面放线设计图

常用比例为1∶500。

（1）地形测量坐标网、坐标值。

（2）设计范围。以点画线表示。

（3）在总平面图上标注道路中心线，主要景观节点、广场铺装外轮廓、小品构筑物等的主要控制坐标及尺寸。

（4）指北针，图纸上的说明。①设计依据。②定位坐标。③尺寸单位。④其他。

3.3.1.4　竖向布置图

常用比例为1∶（300～1 000）。

（1）同3.3.1.1中（1）～（7）项的内容（其中园林景观设计尺寸标注等内容可适当简化）。

（2）与场地园林景观设计相关的建筑物室内±0.00设计标高（相当于绝对标高值）、建筑物室外地坪标高。

（3）与园林景观设计相关的道路中心线交叉点设计标高。

（4）自然水系、最高、常年、水底水位设计标高、人工水景控制标高。

（5）地形设计标高、坡向、范围。

（6）主要景点的控制标高（如下沉广场的最低标高、台地的最高标高），场地地面的排水方向。

（7）根据工程需要，做场地设计地形剖面图并标明剖先位置。

（8）根据工程需要，做景观设计土方量计算。

（9）图纸上的说明。①设计依据。②尺寸单位。③其他。

3.3.1.5　总平面铺装索引图

常用比例为1∶500。

（1）在总平面图上标注所有设计的道路、广场铺装及节点等铺装材料的质地、色彩、尺寸及铺装大样索引。

（2）指北针，图纸上的说明。①设计依据。②定位坐标。③尺寸单位。④其他。

3.3.1.6　水系放线图

常用比例为1∶500。

（1）地形测量坐标网、坐标值。

（2）标注人工水系及水池的轮廓投影线及水下挡墙内墙边线的控制坐标。

（3）指北针，图纸上的说明。①设计依据。②定位坐标。③尺寸单位。④其他。

此图可根据项目实际情况与总平面放线图合并。

3.3.1.7　道路放线图

常用比例为1∶500。

（1）地形测量坐标网、坐标值。

（2）在总平面图上标注所有设计的车行及人行道路中心线交叉点的控制及道路宽度尺寸。

（3）标注道路与道路，道路与场地与建筑出入口交接处的转弯半径及控制点坐标。

（4）指北针，图纸上的说明。①设计依据。②定位坐标。③尺寸单位。④其他。

此图可根据项目实际情况与总平面放线图合并。

3.3.1.8　分区平面图及索引图

常用比例为1∶200。

（1）分区范围。以虚线表示。

（2）场地内建筑物首层平面（±0.000相当于绝对标高值），外墙轮廓以粗实线表示，标明建筑物名称、层数、高度、编号、出口，地下建筑物位置（其轮廓以粗虚线表述）。

（3）场地内机动车道路、对外出入口、人行系统、地上停车位、地下车库出入口、人防出入口、排风井等出地面构筑物。

（4）标明分区内景观构筑物的详细名称及详图索引。

（5）标明分区内主要节点详图索引及铺装大样索引。

（6）标明分区内水系驳岸、瀑布、跌水等详图索引。

（7）指北针，图纸上的说明。①设计依据。②定位坐标。③尺寸单位。④其他。

3.3.1.9　分区放线平面图

常用比例为1：200。

（1）地形测量坐标网、坐标值。

（2）分区范围。以虚线表示。

（3）标注分区内主要景观节点、广场铺装、小品构筑、道路中心线等的详细控制坐标及尺寸。

（4）指北针，图纸上的说明。①设计依据。②定位坐标。③尺寸单位。④其他。

3.3.1.10　分区竖向设计图

常用比例为1：200。

（1）地形测量坐标网、坐标值。

（2）分区范围。以虚线表示。

（3）与场地园林景观设计相关的建筑物室内±0.000（相当于绝对标高值），建筑室外地坪标高。

（4）设计的所有道路中心线交叉点设计标高及道路纵坡坡度，道路与建筑出入口、节点广场等交接处的控制坐标。

（5）自然水系最高、常年、水底水位设计标高，人工水景控制标高（常水位及池底标高）。

（6）地形设计标高、排水方向、范围。

（7）所有铺装场地的标高及排水坡度。

（8）指北针，图纸上的说明。①设计依据。②定位坐标。③尺寸单位。④其他。

3.3.1.11　铺装设计图

常用比例为1：10、1：20、1：50、1：100。重点表示铺装形状、材料；重点铺装设计还应表示铺装花饰、颜色等。

3.3.1.12　种植平面图

常用比例为1：（300～1 000）。

（1）分别表示不同种植类别，如乔木（常绿、落叶）、灌木（常绿、落叶）及非林下草坪，重点表示其位置、范围。

（2）屋顶花园种植，可根据需要单独出图。

（3）苗木表，表示名称（中名、拉丁名）、种类、胸径、冠幅、树高。

（4）指北针或风玫瑰图。

3.3.1.13　水景设计图

常用比例为1：10、1：20、1：50、1：100。

（1）人工水体剖面图，重点表示各类驳岸形式。

（2）各类水池（如喷水池、戏水池、种植池、养鱼池等）①平面图、立面图，重点表示位置、形状、尺寸、面积、高度等。②剖面图，重点表示水深及池壁、池底构造、材料方案等，其中，喷水池：表示喷水高度、喷射形状、范围等（示意）。③各类水池根据工程需要表示水源及水质保护设施。

（3）溪流。①平面图，重点表示源、尾、走向及宽度等。②剖面图，重点表示溪流截面形式、水深等（必要时给出纵剖面图）。

（4）跌水、瀑布等。①平面图，重点表示位置、形状、水面宽度、落水处理等。②立面图，重点表示形状、宽度、高度、落水处理等。

（5）旱喷泉，位置、喷射范围、高度、喷射形式。

（6）指北针或风玫瑰图。

3.3.1.14　园林景观建筑、小品设计图

常用比例为1：10、1：20、1：50、1：100（如亭、台、榭、廊、桥、门、墙、伞、架、柱、花坛、树池、标志、座椅等）。

（1）单体平面图，重点表示形状、尺寸等。

（2）立面图，重点表示式样、高度等。

（3）剖面图，重点表示构造示意及材料等。

（4）标出电气照明、园林景观照明灯位置。

3.3.2　给水排水专业

3.3.2.1　平面图

常用比例为1：（500～1 000）。

（1）全部建（构）筑物、道路、广场等的平面位置，并绘制方格网、坐标、标高和指北针（或风玫瑰图）等。

（2）给水、雨水管道平面位置，标注出干管的管径、水流方向、阀门井、水表井、检查井和其他给水排水构筑物的位置。

（3）场地内的给水、排水管道与建筑场地及城市管道系统连接点的控制标高和位置。

3.3.2.2　局部平面图

出图比例可视需要而定。

（1）绘制局部（游泳池、水景等）平面布置图。

（2）绘制水景的原理图，标注干管的管径、设备位置的标高。

3.3.3　电气专业

（1）总平面图仅有单体设计时，可无此项内容。

（2）标示建（构）筑物名称、容量，供电线路走向，回路编号，导线及电缆型号规格，架空线杆位，路灯、庭院灯的杆位（路灯、庭院灯可不绘线路），重复接地点等；比例、指北针。

3.3.4　图纸增减

（1）竖向设计可视工程的具体情况与总平面图合并。

（2）场地或局部剖面图可视具体情况增减。

（3）根据工程的具体情况可增加景点平面放大图及景点透视图。

（4）园林景观照明布置图可视工程情况与给排水线路图或总平面图合并。

4　施工图设计

主要标明平面位置尺寸，竖向，放线依据，工程做法，植物种类、规格、数量、位置，综合管线的路由、管径及设备选型等，能进行工程预算。

4.1　一般规定

4.1.1　施工设计文件需要满足的要求

施工设计文件包括设计说明及图纸，其内容达到以下要求。

（1）解决各专业的技术要求，协调与相关专业之间的关系。

（2）能据以编制工程预算。

（3）提供申报有关部门审批的必要文件。

4.1.2 总封面应标明以下内容

（1）总封面。

（2）项目名称。

（3）编制单位名称。

（4）项目设计编号。

（5）设计阶段。

（6）编制年、月。

4.2 园林景观专业

4.2.1 施工图阶段景观专业设计文件包括内容

封面、目录、设计说明、设计图纸。

4.2.2 施工设计文件顺序

同初步设计3.1.2。

4.2.3 图纸目录

先列新绘制的图纸，后列选用通用标准图。

4.2.4 施工图设计说明

4.2.4.1 设计依据。

（1）由主管部门批准建筑场地园林景观初步设计文件、文号。

（2）由主管部门批准的有关建筑施工图设计文件或施工图设计资料图（其中包括总平面图、竖向设计、道路设计和室外地下管线综合图及相关建筑设计施工图、建筑一层平面图、地下建筑平面图、覆土厚度、建筑立面图等）。

（3）设计依据的国家及地方规范。

4.2.4.2 工程概况

（1）包括建设地点、名称、景观设计性质、设计范围面积（如方案设计或初步设计为不同单位承担，应摘录与施工图设计相关内容）。

（2）方案简述。该项目场地的基本资料及方案设计的主要特点。

（3）放线原则。说明该项目所采用的坐标系、放线原点、网格方向、标注单位等。

（4）竖向设计。①说明该项目竖向变化在视觉上的特点及设计原则。②说明该项目场地地表雨水的排放方式及雨水收集、利用。

（5）土建。土建分类（廊架、挡墙、假山置石、水池、地形、花池、成品等），各类土建造型、色彩、材料等设计及选择的原则。

4.2.4.3 材料说明

用共同性的，如混凝土、砌体材料、金属材料标号、型号；木材防腐、油漆；石材等材料要求，可统一说明或在图纸上标注。

4.2.4.4 防水、防潮做法说明

4.2.4.5 种植设计说明

该项目所处地理位置、气候类型、植物种群特征、植物配置原则、主要景点的植物配置的特点（应符合城市绿化工程施工及验收规范要求）。

（1）种植土要求。

（2）种植场地平整要求。

（3）苗木选择要求。①说明对土壤的要求。②说明对表层种植土的要求。③说明对苗木选择的要求。④说明对苗木栽植的注意事项。⑤说明对大树移植的注意事项。⑥说明对养护管理方面的注意事项。⑦说明对施工顺序方面的注意事项。

（4）植栽种植要求。季节、施工要求。

（5）植栽间距要求。

（6）屋顶种植的特殊要求。

（7）其他需要说明的内容。

4.2.4.6 新材料、新技术做法及特殊造型要求。

4.2.4.7 其他需要说明的问题

4.2.4.8 照明

该项目照明系统的设计原则，灯具控制方式，配电原则。

4.2.4.9 给排水

分别说明绿化、水景的给水方式及控制原则。

4.2.4.10 其他注意事项

4.2.5 园林专业图纸内容

4.2.5.1 总平面图

根据工程需要，可分幅表示，常用比例为1：（300～1 000）。

（1）地形测量坐标网、坐标值。

（2）设计场地范围。以点画线表示。标明与其相关的周围道路红线、建筑红线及其坐标等。

（3）场地中建筑物以粗实线表示一层（也称为底层或首层）（±0.00相当于绝对标高值）外墙轮廓，并表明建筑坐标或相对、名称、层数、编号、出入口及±0.00设计标高。地下建筑物位置其轮廓以粗虚线表示。

（4）场地内需保护的文物、古树、名木名称和保护级别及保护范围。

（5）场地内地下建筑物位置、轮廓以粗虚线表示。

（6）场地内机动车道路系统和对外车行人行出入口位置及道路中心交叉点坐标。

（7）园林景观设计元素，以图例表示或以文字标注名称及其控制坐标①绿地宜以填充表示，屋顶绿地宜以与一般绿地不同的填充形式表示。②自然水系、人工水系、水景应标明。③广场、活动场地铺装表示外轮廓范围（根据工程情况表示大致铺装纹样）。④园林景观建筑、小品，如亭、台、榭、廊、桥、门、墙、伞、架、柱、花坛、园路等需表示位置、名称、形状、园路走向、主要控制坐标。⑤根据工程情况表示园林景观无障碍设计。

（8）相关图纸的索引（复杂工程可出专门的索引图）。

（9）指北针或风玫瑰图。

（10）补充图例。

（11）图纸上的说明。

4.2.5.2　总平面分区索引图

常用比例为1:（300~500）。

在总平面图上表示分区及区号，分区索引。分区应明确，不易重叠，不应有缺漏，尽量保证节点在分区内的完整性，标明指北针，图纸比例等，该图可根据项目实际情况与总平面图合并为总平面及索引图。

4.2.5.3　总平面放线设计图

常用比例为1:（300~500）。

（1）地形测量坐标网、坐标值。

（2）设计范围。以点画线表示。

（3）在总平面图上标注道路中心线，主要景观节点、广场铺装外轮廓、小品构筑物等的主要控制坐标及尺寸。

（4）指北针，图纸上的说明。①设计依据。②定位坐标。③尺寸单位。④其他。

4.2.5.4 总平面竖向布置图

常用比例为1∶500。

（1）地形测量坐标网、坐标值。

（2）设计范围。以点画线表示。

（3）与场地园林景观设计相关的建筑物室内±0.000（相当于绝对标高值），建筑室外地坪标高。

（4）与设计相关的主要道路中心线交叉点设计标高及道路纵坡坡度。

（5）自然水系最高、常年、水底水位设计标高，人工水景控制标高（常水位及池底标高）。

（6）地形设计标高、坡度、范围。

（7）主要景点的控制标高，场地排水坡度，雨水井或集水井位置。

（8）场地设计地形剖面图并标明剖线位置。

（9）指北针，图纸上的说明。①设计依据。②定位坐标。③尺寸单位。④其他。

4.2.5.5 总平面铺装索引图

常用比例为1∶500。

（1）在总平面图上标明所有设计的道路、广场铺装及节点等铺装材料的质地、色彩、尺寸，铺装大样索引及铺装做法索引。

（2）指北针，图纸上的说明。①设计依据。②定位坐标。③尺寸单位。④其他。

4.2.5.6 种植设计图

常用比例为1∶500。

（1）种植设计说明。说明该项目的气候特点、植被类型、主要种植设计原则及选用树种的特点。

（2）种植设计图（乔木）。标明乔木位置范围、品种、数量。

（3）种植设计图（灌木及地被）。标明灌木及地被的位置范围、品种、数量。

（4）屋顶花园种植设计图。可根据需要单独出图。

（5）苗木表。乔木重点标明名称（中文名及拉丁名）、种类、胸径、冠幅、定干高度、数量等；灌木、绿篱可注明名称、植株高度、修剪高度、株行距、数量等；草坪、地被及水生植物注明名称、株行距及数量。①地形测量坐标网、坐标值。②指北针，图纸上的说明。①设计依据。②定位坐标。③尺寸单位。④其他。

植栽详图。

植栽设施详图（如树池、护盖、树穴、鱼鳞穴）平面、节点材料做法详图。

屋顶种植图，常用比例为1∶（20～100）。

一是表示建筑物幢号、层数，屋顶平面绘出分水线、汇水线、坡向、坡度、雨水口位置以及屋面上的建构筑物、设备、设施等位置、尺寸，并标出各建构筑物顶面绝对标高及屋面绝对标高，各类种植位置、尺寸及详图，视工程可单独出图。

二是剖面图表示覆土厚度、坡度、坡向、排水及防水处理，植物防风固根处理等特殊保护措施及详图索引。

三是种植置换土要求。

4.2.5.7　水系放线图

常用比例为1∶500。

（1）地形测量坐标网、坐标值。

（2）标注人工水系及水池的轮廓投影线及水下挡墙内墙边线的控制点坐标。

（3）指北针，图纸上的说明。①设计依据。②定位坐标。③尺寸单位。④其他。

此图可根据项目实际情况与总平面放线图合并。

4.2.5.8　道路放线图

常用比例为1∶500。

（1）地形测量坐标网、坐标值。

（2）在总平面图上标注所有设计的车行及人行道路中心线交叉点的控制及道路宽度尺寸。

（3）标注道路与道路，道路与铺装场地，道路与建筑出入口交接处的转弯半径及控制点坐标。

（4）指北针，图纸上的说明。①设计依据。②定位坐标。③尺寸单位。④其他。

此图可根据项目实际情况与总平面放线图合并。

4.2.5.9 分区平面图及索引图

常用比例为1∶200。

（1）分区范围。以虚线表示。

（2）在总平面图上表示分区及区号、分区索引。分区应明确，不宜重叠，用方格网定位放大时，标明方格网基准点（基准线）位置坐标、网格间距尺寸、指北针或风玫瑰图、图纸比例等。

（3）场地内建筑物首层平面（±0.000相当于绝对标高值），外墙轮廓以粗实线表示。标明建筑物名称、层数、高度、编号、出口，地下建筑物位置（其轮廓以粗虚线表述）。

（4）场地内机动车道路、对外出入口、人行系统、地上停车位、地下车库出入口、人防出入口、排风井等出地面构筑物，并标明名称及详图索引。

（5）标明分区内景观构筑物的详细名称及详图索引。

（6）标明分区内主要节点详图索引及铺装大样索引。

（7）标明分区内水系驳岸、瀑布、跌水等详图索引。

（8）指北针，图纸上的说明。①设计依据。②定位坐标。③尺寸单位。④其他。

4.2.5.10 分区放线平面图

常用比例为1∶200。

（1）地形测量坐标网、坐标值。

（2）分区范围。以虚线表示。

（3）标注分区内主要景观节点、广场铺装、小品构筑、道路中心线等的控制点坐标及详细尺寸。

（4）指北针，图纸上的说明。①设计依据。②定位坐标。③尺寸单位。④其他。

（5）定位原则。①亭、榭等景观建筑一般以轴线定位，标注轴线交叉点坐标；廊、台、墙一般以柱、墙轴线定位；标注起、止点轴线坐标或以相对尺寸定位。②柱以中心定位，标注中心坐标。③道路以中心线定位，标注中心线交叉点坐标；曲线路标注圆弧两个端点及半径。④人工湖不规则形状以水池轮廓投影线定位。⑤规则水池已中心点和转折点定位标注坐标及尺寸。⑥铺装规则形状以中心点和转折点定位标注坐标及尺寸，不规则形状以外轮廓定位。⑦雕塑以中心点定位，标注中心点坐标及控制尺寸。

4.2.5.11 分区竖向设计图

常用比例为1∶200。

（1）地形测量坐标网、坐标值。

（2）分区范围。以虚线表示。与场地园林景观设计相关的建筑物室内±0.000（相当于绝对标高值），建筑室外地坪标高。

（3）设计的所有道路中心线交叉点设计标高及道路纵坡坡度，道路与建筑出入口、节点广场等交接处的控制坐标。

（4）自然水系最高、常年、水底水位设计标高，人工水景控制标高（常水位及池底标高）。

（5）地形设计标高、排水方向、范围。

（6）所有铺装场地的标高及排水坡度。

（7）指北针，图纸上的说明。①设计依据。②定位坐标。③尺寸单位。④其他。

4.2.5.12 铺装详图

常用比例为1∶（10～30）。

（1）平面图。铺装纹样放大细部尺寸，标注材料、色彩、剖切位置、详图索引。

（2）构造详图。可直接索引标准图集。

4.2.5.13 景观节点详图

常用比例为1∶（10～50）。

（1）主要节点放大平面图，标明详细的铺装、小品构筑等的形式、材料、尺寸、标高及做法索引。

（2）该节点内的小品构筑的平、立、剖面图及构造详图，并注明尺寸、材料及详细做法。

（3）该节点内特殊的铺装交接大样图及铺装做法。

4.2.5.14 其他详图

常用比例为1∶（10～30）。

其他小品构筑（包括水系、墙、台、架、桥、栏杆、座椅、树池、台阶、屋顶花园做法等）的平、立、剖面图及构造详图，注明尺寸、材料及详细做法。

（1）水景详图。常用比例为1:（10~100）。

一是人工水体。剖面图，表示各类驳岸构造、材料、做法（湖底构造、材料做法）。

二是各类水池。

平面图：表示定位尺寸、细部尺寸、水循环系统构筑物位置尺寸、剖切位置、详图索引。

剖面图：表示水深、池壁、池底构造材料做法，节点详图。

喷水池：表示喷水形状、高度、数量。

种植池：表示培养土范围、组成、高度、水生植物种类、水深要求。

养鱼池：表示不同鱼种水深要求。

三是溪流。

平面图：表示源、尾，以网格尺寸定位，标明不同宽度、坡向；剖切位置，详图索引。

剖面图：溪流坡向、坡度、底、壁等构造材料做法、高差变化、详图。

四是跌水、瀑布等。

平面图：表示形状、细部尺寸、落水位置、形式、水循环系统构筑物位置尺寸；剖切位置，详图索引。

立面图：形状、宽度、高度、水流截面细部纹样、落水细部、详图索引。

剖面图：跌水高度、级差，水流界面构造、材料、做法、节点详图、详图索引。

五是旱喷泉。

平面图：定位坐标，铺装范围；剖切位置，详图索引。

立面图：喷射形式、范围、高度。

剖面图：铺装材料、构造做法（地下设施）、详图索引及节点详图。

（2）铺装详图。各类广场、活动场地等不同铺装分别表示。

平面图：铺装纹样放大细部尺寸，标准材料、色彩、剖切位置、详图索引。

构造详图：常用比例为1:（5~30）（直接引用标准图集的本图略）。

（3）景观建筑、小品详图。

一是亭、榭、廊、膜结构等有遮蔽顶盖和交往空间的景观建筑。

平面图：表示承重墙、柱及其轴线（注明标高）、轴线编号、轴线间尺寸（柱距）、总尺寸、外墙或柱壁与轴线关系尺寸及与其相关的坡道散水、台阶灯尺寸、剖面位置、详图索引及节点详图。

顶视平面图：详图索引。

立面图：立面外轮廓，各部位形状花饰，高度尺寸及标高，各部位构造部件（如雨篷、挑台、栏杆、坡道、台阶、落水管等）尺寸、材料颜色、剖切位置、详图索引及节点详图。

剖面图：单体剖面、墙、柱、轴线及编号，各部位高度或标高，构造做法、详图索引。

二是景观小品，如墙、台、架、桥、栏杆、花坛、座椅等。

平面图：平面尺寸及细部尺寸；剖切位置，详图索引。

立面图：式样高度、材料、颜色、详图索引。

剖面图：构造做法、节点详图。

三是图纸比例为1：（10～100）。

4.2.6 图纸增减

（1）景观设计平面分区图，及各分区放大平面图，可根据设计需要确定增减。

（2）根据工程需要可增加铺装及景观小品布置图。

4.3 结构专业

对于简单的园林景观建筑、小品等需配相关结构专业图的工程，可以将结构专业的说明、图纸在相关的园林景观专业图纸中表达，不再另册出图（内部归档需要计算书）。

4.4 给水排水专业

4.4.1 在施工图设计阶段，给水排水专业设计文件应包括图纸目录、施工图设计说明、设计图纸、主要设备表、计算书。

4.4.2 图纸目录

先列新绘制图纸，后列选用的标准图或重复利用图。

4.4.3 设计总说明

（1）设计总说明。①设计依据简介。②给水排水系统概况。③凡不能用图表示表达的施工要求，均应以设计说明表述。④有特殊需要说明的可分别列在有关图纸上。

（2）图例。

4.4.4　设计图纸

（1）给水排水总平面图。①绘出全部建（构）筑物、道路、广场等的平面位置（或坐标）、名称、标高和指北针（或风玫瑰图），并绘制方格网。②绘出全部给水排水管网及构筑物的位置（或坐标）、距离、检查井及详图索引号。③对较复杂工程，应将给水、排水总平面图分开绘制，以便施工（简单工程可绘制在一张图上）。④给水管注明管径、埋设深度或敷设的标高，宜标注管道长度，并绘制节点图，注明节点结构、闸门井尺寸、编号及引用详图（一般工程给水管线可不绘节点图）。⑤排水管标注检查井编号和水流坡向，标注管道接口处，建筑场地雨水排出管网位置，市政管网的位置、标高、管径、水流坡向。

（2）排水管道高程表。将排水管道的检查井编号、井距、管径、坡度、地面设计标高、管内底标高等写在表内。

简单的工程，可将上述内容直接标注在平面图上，不列表。

（3）水景给水排水图纸。①绘出给水排水平面图，注明节点。②绘出系统轴测图或系统原理图，标明管径、坡度。③详图。应绘出泵坑（泵房布置图），喷头安装示意图。

4.4.5　主要设备材料表

主要设备、仪表及管道附、配件可在首页或相关图上列表表示。

4.4.6　计算书（内部使用）

根据初步设计审批意见进行施工图阶段设计计算。

4.4.7　合作

当为合作设计时，应根据主设计方审批的初步设计文件，按所分工内容进行施工图设计。

4.5　电气专业

4.5.1　施工图设计阶段设计文件

在施工图设计阶段，建筑电气专业设计文件应包括图纸目录、施工设计说明、设计图纸主要设备表、计算书（供内部使用及存档）。

4.5.2　图纸目录

先列新绘制图纸，后列重复利用图纸。

4.5.3 施工设计说明

（1）工程设计概况。应将审批定案后的初步（或方案）设计说明中的主要指标录入。

（2）各系统的施工要求和注意事项（包括布线、设备安装等）。

（3）设备订货要求（也可附在相应图纸上）。

（4）防雷及接地保护等其他系统有关内容（也可附在相应图纸上）。

（5）本工程选用标准图图集编号、页号。

4.5.4 设计图纸

（1）施工设计说明、补充图例符号、主要设备表可组成首页，当内容较多时，可分设专页。

（2）电气总平面图。①标注建（构）筑物、标高、道路、地形等高线和用户的安装容量。②标注变、配电站位置、编号；变压器台数、容量；发电机台数、容量。③室外配电箱的编号、型号；室外照明灯具的规格、型号、容量。④架空线路应标注线路规格及走向、回路编号、杆位编号、挡数、挡距、杆高、拉线、重复接地、避雷器等（附标准图集选择表）。⑤电缆线路应标注线路走向、回路编号、电缆型号及规格、敷设方式（附标准图集选择表）、人（手）孔位置。⑥比例、指北针。⑦图中未表达清楚的内容可附图作统一说明。

（3）变、配电站。高、低压配电系统图（一次线路图），图中应标明母线的型号、规格；变压器、发电机的型号、规格；标明开关、断路器、互感器、继电器、电工仪表（包括计量仪表）等型号、规格、整定值；图下方表格标注开关柜编号、开关柜型号、回路编号、设备容量、计算电流、导体型号及规格、敷设方法、用户名称、二次原理图方案号（当选用分格式开关柜时，可增加小室高度或模数等相应栏目）。相应图纸说明。图中表达不清楚的内容，可随图作相应说明。

（4）配电、照明。①配电箱（或控制器）系统图。应标明配电箱编号、型号、进线回路编号；标注各开关（或熔断器）型号、规格、整定值、配出回路编号、导线型号规格（对于单相负荷应表明相别）；对有控制要求的回路应提供控制原理图；对重要负荷供电回路宜表明用户名称。上述配电箱（或控制箱）系统内容在平面图上标注完整的，可不单独标出配电箱（或控制箱）系统图。②配电平面图。应包括建筑物、道路、广场、方格网；布置配电箱、控制箱，并标明编号、型号及规格；控制线路原始、终位置（包括控制线路），标注回路规格、编号、敷设方式、图纸应有比例、指北针。③图中表达不清楚的，可随图作相应说明。

（5）防雷、接地安全。①接地平面图。绘制接地线、接地极等平面图位置，标明材料型号、规格、相对尺寸等，及涉及的标准图编号、页次（当利用自然接地装置时，可不出此图），图纸应标明标注比例。②随图说明可包括：防雷类别和采取的防雷措施（包括防侧击雷、防雷击电磁脉冲、防高电位引入）；接地装置形式，接地极材料要求、敷设要求、接地电阻值要求。③除防雷接地外的其他电气系统的工作或安全接地的要求（如电源接地形式，直接接地，局部等电位、总等电位接地等），如果采用共用接地装置，应在接地平面图中表述清楚，交代不清楚的应绘制相应图纸（如局部等电位平面图等）。

（6）其他系统。①各系统的系统框图。②说明各设备定位安装、线路型号规格及敷设要求。③配合系统承包方了解相应系统的情况要求，审查系统承包方提供的深化设计图纸。

4.5.5　主要设备表

注明主要设备名称、型号、规格、单位、数量。

4.5.6　计算书（供内部使用及归档）

施工图设计阶段的计算书，只补充初步设计阶段时应进行计算而未进行计算的部分，修改因初步设计文件审查变更后，需重新进行计算的部分。

参考文献

《滨水景观》编委会，2014. 滨水景观[M]. 北京：中国林业出版社.

《公园景观》编委会，2014. 公园景观[M]. 北京：中国林业出版社.

白艳萍，徐敏，王伟，2010. 景观规划设计[M]. 北京：中国电力出版社.

曹雪芹（清），高鹗（清），2002. 红楼梦[M]. 成都：四川人民出版社.

茶乌龙，2017. 知日·枯山水[M]. 北京：中信出版社.

查尔斯·瓦尔德海姆（美），2018. 景观都市主义从起源到演变[M]. 陈崇贤，
夏宇译. 南京：江苏凤凰科学技术出版社.

晁艳军，李瑾，2005. 城市道路绿化景观设计探析[J]. 城市道桥与防洪（1）：
10-12.

陈传席，2012. 中国绘画美学史[M]. 北京：人民美术出版社.

陈琪，王云峰，张宏辉，2012. 山石景观工程图解与施工[M]. 北京：化学工业
出版社.

成玉宁，2010. 现代景观设计理论与方法[M]. 南京：东南大学出版社.

大中，1988，国外景观建筑学及景观建筑教育[J]. 世界建筑（3）：19-20.

戴明（美），斯沃菲尔德（新西兰），2013. 景观设计学调查·策略·设计[M].
陈晓宇译. 北京：电子工业出版社.

丁绍刚，2018. 风景园林概论[M]. 第2版. 北京：中国建筑工业出版社.

计成（明），1988. 园冶注释[M]. 陈植注释. 北京：中国建筑工业出版社.

姜凡，1986. 实用美术设计基础平面·构成·设计[M]. 长春：东北师范大学出
版社.

亢亮，亢羽，1999. 风水与建筑[M]. 天津：百花文艺出版社.

莱塞巴罗（美），2017.地形学故事：景观与建筑研究[M].刘东洋，陈洁萍译.
    北京：中国建筑工业出版社.

李海峰，2016基础图案[M].上海：东华大学出版社.

李岚，2014.人文生态视野下的城市景观形态研究[M].南京：东南大学出版社.

刘滨谊，2010.现代景观规划设计[M].南京：东南大学出版社.

刘福智，2003景观园林规划与设计[M].北京：机械工业出版社.

刘晓光，2012.景观学美学[M].北京：中国林业出版社.

鲁敏，李英杰，2005.城市生态绿地系统建设植物种选择与绿化工程构建[M].
    北京：中国林业出版社.

鲁敏，2016.居住区绿地生态规划设计[M].北京：化学工业出版社.

庞薰琹，1987.论工艺美术[M].北京：轻工业出版社.

彭一刚，1986.中国古典园林分析[M].北京：中国建筑工业出版社.

斯塔克·西蒙兹（美），2013.景观设计学——场地规划与设计手册[M].朱强
    等译.北京：中国建筑工业出版社.

孙勇，苗蕾，2016.景观工程——设计、制图与实例[M].北京：化学工业出
    版社.

特纳（英），2015.欧洲园林历史、哲学与设计[M].任国亮译.北京：电子工
    业出版社.

特纳（英），2015.亚洲园林历史、信仰与设计[M].程玺译.北京：电子工业
    出版社.

田伟，李孟宜，2015.图案基础[M].成都：西南交通大学出版社.

佟裕哲，2001.中国景园建筑图解[M].北京：中国建筑工业出版社.

王浩主，2009.园林规划设计[M].南京：东南大学出版社.

王云才，2013.景观生态规划原理[M].第2版.北京：中国建筑工业出版社.

伍业钢，2016.海绵城市设计理念·技术·案例[M].南京：江苏凤凰科学技术
    出版社.

徐德嘉，苏州三川营造有限公司，2017.园林植物景观配置[M].北京：中国建筑工业出版社.

许慎（汉），1988.说文解字注[M].段玉裁注（清）.上海：上海古籍出版社.

叶徐夫，2014.大学校园景观规划设计[M].北京：化学工业出版社.

余树勋，1987.园林美与园林艺术[M].北京：科学出版社.

俞孔坚，1998.理想景观探源——风水的文化意义[M].北京：商务印书馆.

中华人民共和国住房和城乡建设部，2014.海绵城市建设技术指南——低影响开发雨水系统构建（试行）：建城函〔2014〕275号[S].北京：中国建设工业出版社.

中华人民共和国住房和城乡建设部，2018.城市居住区规划设计标准：GB 50180—2018[S].北京：中国建设工业出版社.

周维权，1990.中国古典园林史[M].北京：清华大学出版社.

图1　超大规模城市的雾霾（北京，图片来源：央广网www.cnr.cn）

图2　交通拥堵（北京，图片来源：央视网www.cctv.cn）

城市规模与城市人口急剧扩张，导致当代城市建设中面临的城市规划滞后，城市交通拥堵现象严重。

图3　城市之肺（上海延中绿地）

　　参与生态治理，创造一个符合人们审美需求与可持续发展的生存环境是景观学研究的重要课题。

图4　景观的一般概念：泛指所有地表自然景观

图5　景观特定区域的概念：专指自然地理区划中起始的或基本的区域单位
（规划区景观，图片来源：上海源景）

图6　景观类型的概念：同一类型单位的统称（张家界自然地质景观）

图7 汉上林苑意想

图8 承德避暑山庄

图9　苏州园林

崇尚自然是中国古典园林的特色。

图10　苏州园林

中国园林讲求意境的表达。

图11　承德避暑山庄

"点题"——通过匾、联、景题、刻石等根据物境的特征做出文字加以提示，突出意境。

图12　苏州园林

中国古典园林造园理念根植于中国传统山水画"师造化"的创作思想，模仿自然山水是风景式景园的重要构景要素。

图13 江南园林，南京总统府

    江南的景园建筑外饰构件一般为褐黑色，灰砖青瓦、白粉墙垣配以水石花木组成的景园景观，能够显示恬淡雅致犹若水墨渲染般的艺术风格。

图14 岭南建筑，客家土楼（图片来源：百度百科baike.baidu.com）

图15　巴比伦空中花园复原图象

Knab, Ferdinand（1834—1902）发表在《 Munchener Bilderbogen 》(1886)。

图16　波斯"天堂园"（图片来源：途牛网www.tuniu.com）

图17　传统图案在建筑构件中的应用（上海世博会）

图18　传统图案在中式建筑构件中的应用（山西王家大院）

图19　图案在道路铺装中的应用

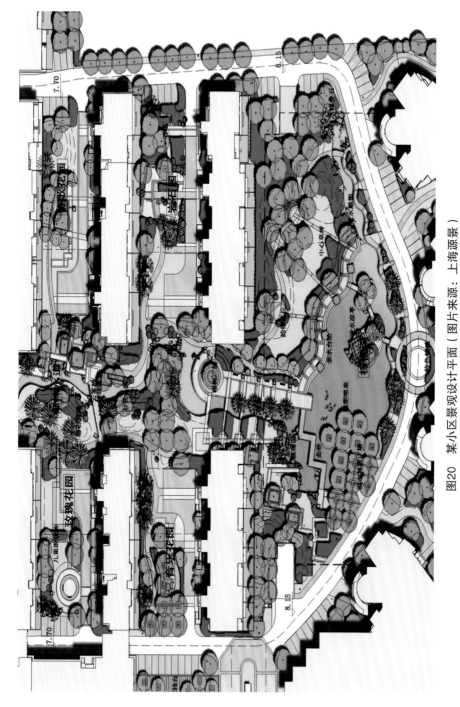

图20 某小区景观设计平面（图片来源：上海源景）

从整体规划布局而言，其造型与各种对比关系的处理与图案极其类似。

图21　张家界金鞭溪景观

图22　山东日照帆船赛基地景观（图片来源：去哪儿网www.qunar.com）

图23　三清山佛光景观（图片来源：三清山旅游网www.sqs373.com）

图24　坝上草原景观（图片来源：百度百科baike.baidu.com）

图25　北京古城墙遗址（图片来源：去哪儿网www.qunar.com）

图26　南京鸡鸣寺景观

图27　岳麓书院

图28　武当山紫霄宫

图29　陕西民居

图30　北京老舍茶馆

图31　宫廷建筑——北京故宫

图32　唐太宗昭陵

图33　华表

图34　洛阳龙门石窟

图35　岳麓书院楹联

图36　傣族泼水节（图片来源：云游网www.innyo.com）

图37　跑旱船（图片来源：芜湖文明网ahwh.wenming.cn）

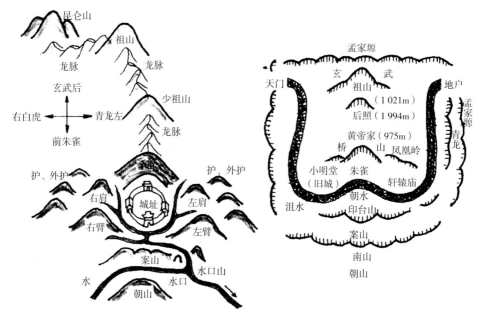

图38　中国古代理想地景格局模式

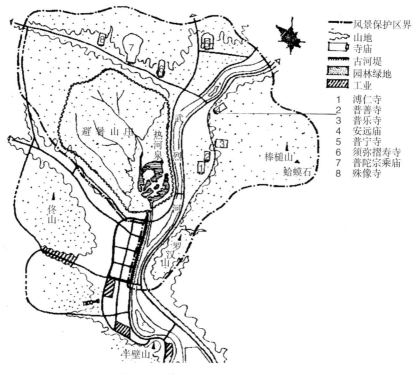

图39　承德避暑山庄风水环境示意

图40　中国山水画中的坡角山水组景

图41　当代景观设计中亭的运用（图片来源：上海源景）

图42　黄山景观（图片来源：携程网www.ctrip.com）

图43　城市亮化

　　城市亮化也是景观设计的重要组成部分，作者主持设计的五莲洪凝河湿地景观夜景。

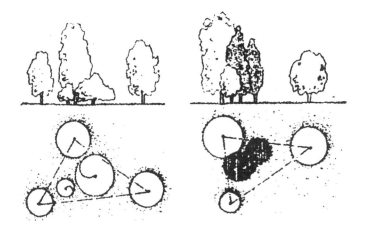

图44　多株树丛设计示意

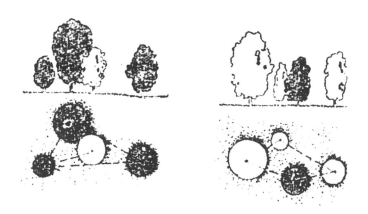

图45　多株树丛设计示意

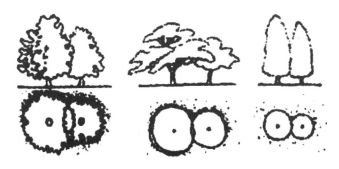

图46　多株树丛设计示意

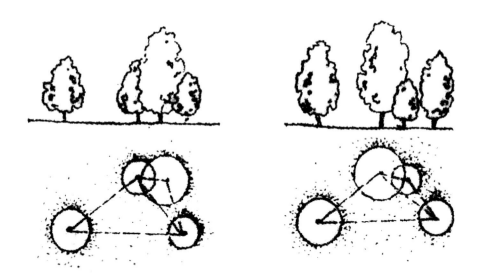

图47　多株树丛设计示意

图48　山东五莲洪凝河湿地景观（作者为设计项目负责人）

水生植物的种植可以烘托景观氛围，净化水质的作用。

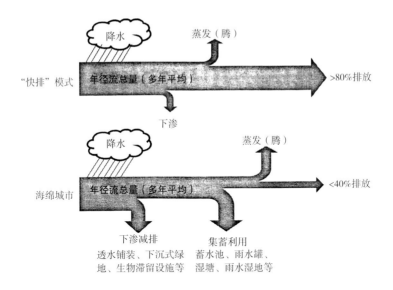

图49　海绵城市年径流总量控制率概念示意

图50　下沉式雨水花园系统（新加坡）

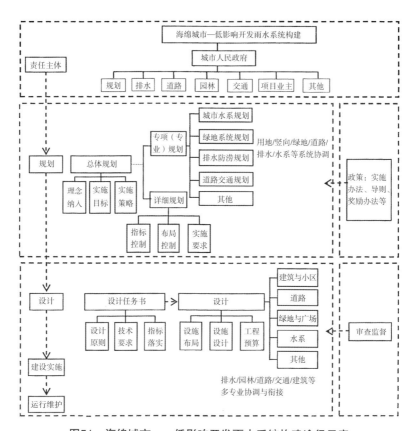

图51 海绵城市——低影响开发雨水系统构建途径示意

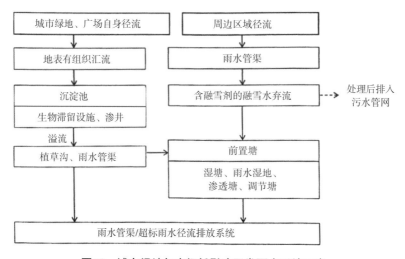

图52 城市绿地与广场低影响开发雨水系统示意

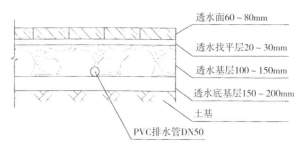

图53 透水砖铺装典型结构示意

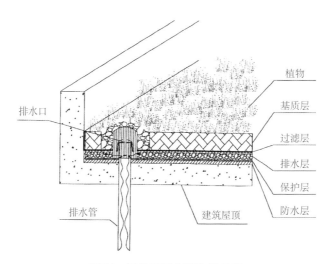

图54 绿色屋顶典型构造示意

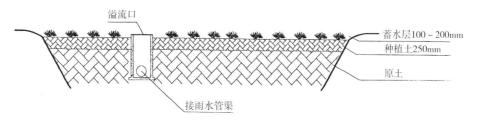

图55 下沉式绿地典型构造示意

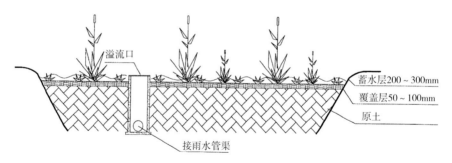

图56 简易型生物滞留设施典型构造示意

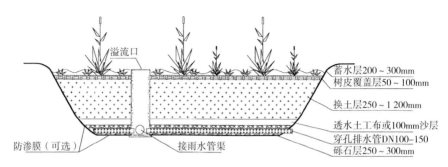

图57 复杂型生物滞留设施典型构造示意

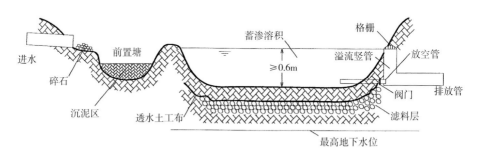

图58 渗透塘典型构造示意

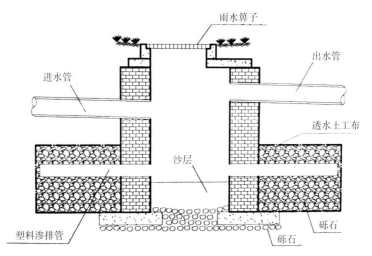

图59　辐射渗井典型构造示意

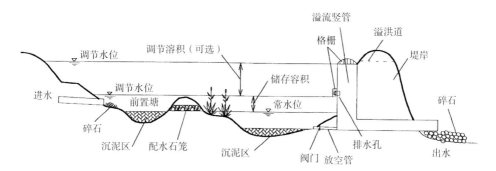

图60　湿塘典型构造示意

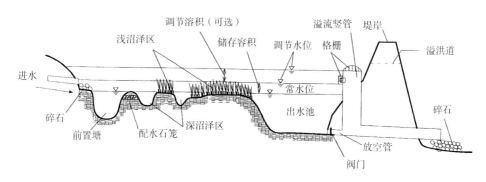

图61　雨水湿地典型构造示意

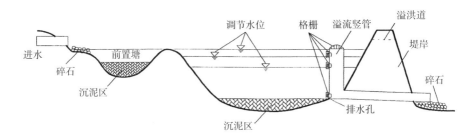

图62 调节塘典型构造示意

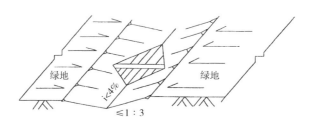

图63 转输型三角形断面植草沟典型构造示意

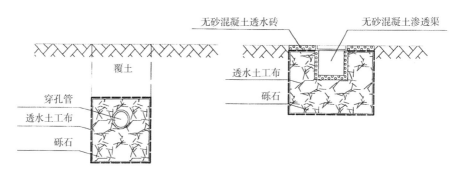

图64 渗管/渠典型构造示意

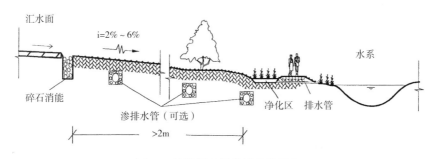

图65 植被缓冲带典型构造示意

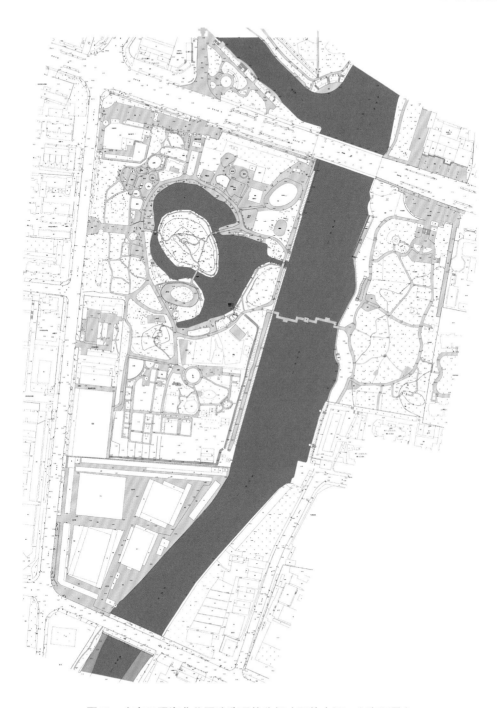

图66　山东日照海曲公园改造现状分析（图片来源：上海源景）

图67　山东日照海曲公园改造园路设计（图片来源：上海源景）

图68　山东日照海曲公园改造设计现状对比（图片来源：上海源景）

图69　山东日照海曲公园改造绿植设计（图片来源：上海源景）

主园路
4～6m宽，消防救护通道，平日限制机动车通行；
交通性游览道，跑不道；
透水混凝土或黑色沥青

次园路
一般不小于1.5m宽，个别路段通过广场、长廊连接；
禁止机动车驶入；
主干游览道，尽量保持无障碍通行；
连接各主要游览区域；
透水混凝土、石板、透水砖、水洗石等；

支路
不小于1m宽的游览小径、登山道、栈道；
最细微也是分布最广泛的游览道；
透水混凝土、石板、透水砖、水洗石、
嵌草石板、木板、汀步等；

P　停车场
共计停车位100个

图70　山东日照海曲公园改造交通分析（图片来源：上海源景）

图71 山东日照海曲公园改造区块分析（图片来源：上海源景）

图72　山东日照海曲公园改造服务设施分析（图片来源：上海源景）

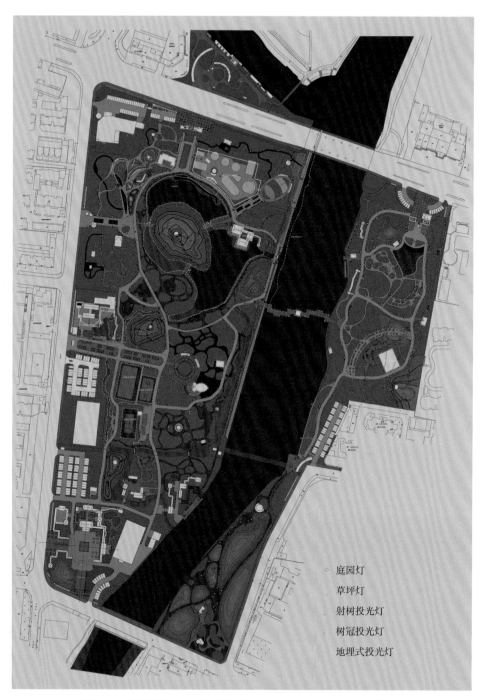

庭园灯

草坪灯

射树投光灯

树冠投光灯

地埋式投光灯

图73 山东日照海曲公园改造亮化分析（图片来源：上海源景）

图74　新加坡鱼身狮面像

城市广场的设计一般带有强烈的文化氛围与城市特征。

图75　新加坡某城市广场雕塑

城市雕塑的运用也是城市广场景观文化提升的符号之一。

图76 马六甲某城市广场

图77 山东五莲洪凝河景观广场设计

　　如何结合当地文化符号是城市广场的难题，作者主持设计的山东五莲洪凝河景观广场把当地出土的官印符号有机结合到灯光的设计中，解决了这一难题。

图78　某文化墙的设计（图片来源：上海源景）

如何理解传统文化的现代性是每个设计师所面临的课题，一是形体，二是精神。

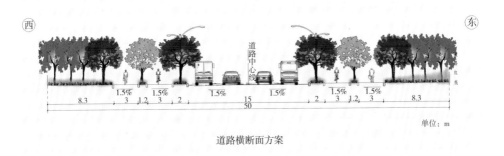

道路横断面方案

图79　山东日照岚山区玉泉二路道路设计断面（作者为设计项目负责人）

图80　山东日照岚山区玉泉二路道路设计效果（作者为设计项目负责人）

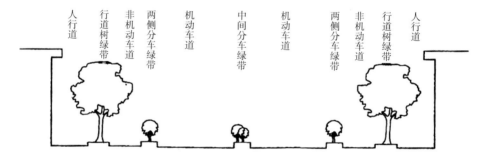

人行道　行道树绿带　非机动车道　两侧分车绿带　机动车道　中间分车绿带　机动车道　两侧分车绿带　非机动车道　行道树绿带　人行道

图81　不同道路板式断面示意

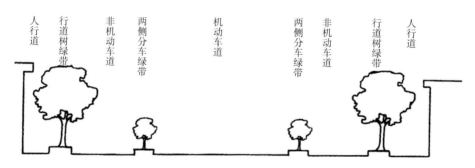

人行道　行道树绿带　非机动车道　两侧分车绿带　机动车道　两侧分车绿带　非机动车道　行道树绿带　人行道

图82　不同道路板式断面示意

374

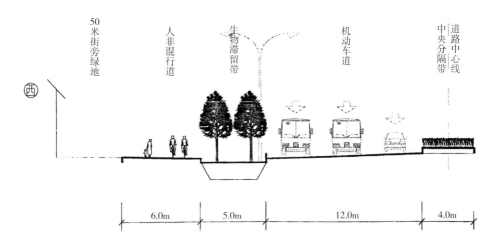

50米街旁绿地　人非混行道　生物滞留带　机动车道　中央分隔带　道路中心线

西

6.0m　5.0m　12.0m　4.0m

图83　海绵城市道路设计概念示意

图84　新加坡某街头绿地

街头绿地的设计是提升城市形象与品位的重要手段。

375

图85 新加坡某街头绿地

街头绿地的设计是提升城市形象与品位的重要手段。

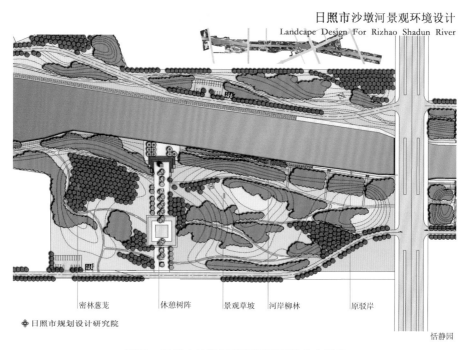

日照市沙墩河景观环境设计
Landcape Design For Rizhao Shadun River

密林葱茏　　休憩树阵　　景观草坡　　河岸柳林　　　原驳岸

日照市规划设计研究院

恬静园

图86 日照市沙墩河滨河景观设计节点示意
（图片来源：日照市规划设计研究院集团有限公司）

日照市沙墩河景观环境设计
Landcape Design For Rizhao Shadun River

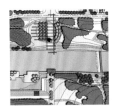

图87　日照市沙墩河滨河景观设计断面示意
（图片来源：日照市规划设计研究院集团有限公司）

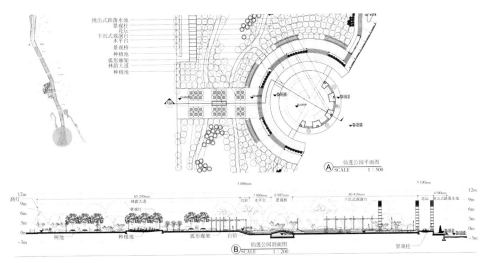

图88　山东五莲洪凝河景观设计节点（作者为设计项目负责人）

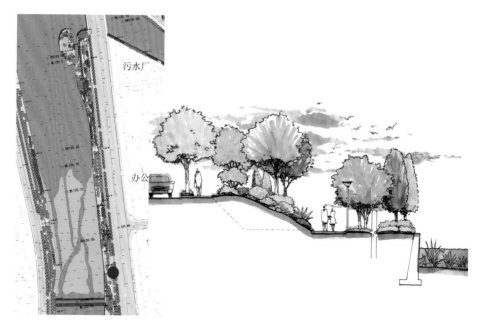

图89　山东五连洪凝河景观设计中河道二级驳岸的处理手法

滨河景观设计中的防洪处理是设计中的重要课题，需要收放有度，科学论证。

图90　山东五莲洪凝河某节点的自然式驳岸
（本段施工获山东省住建优秀奖，图片来源：日照市政集团）

滨河景观设计中的自然式驳岸必须兼顾城市防洪需要。

景点名称：

1.翡翠谷
2.跌水流韵
3.仙奕静亭
4.佳韵长廊
5.悦心小憩
6.廊亭幽梦
7.青痕草阶
8.阳光草坪
9.曲径通幽
10.健身区域
11.宅间组团
12.浪漫风情街
13.浅湾水月
14.运动嬉戏
15.滨水长廊

图91　某小区景观绿化设计平面（图片来源：上海源景）

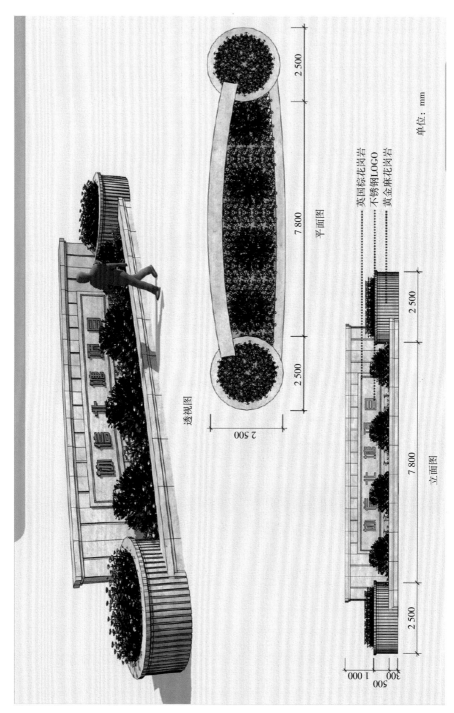

透视图

平面图

立面图

英国棕花岗岩
不锈钢LOGO
黄金麻花岗岩

单位：mm

图92 某小区景观设计节点示意（图片来源：上海源景）

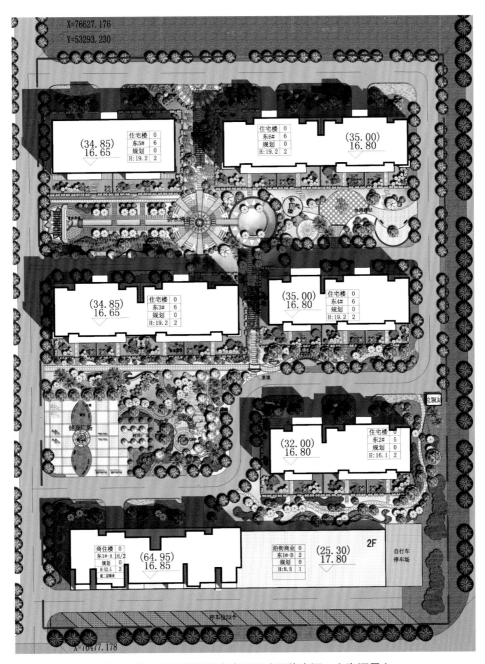

图93　某小区景观设计方案平面（图片来源：上海源景）

图94　小区景观设计鸟瞰效果（图片来源：上海源景）

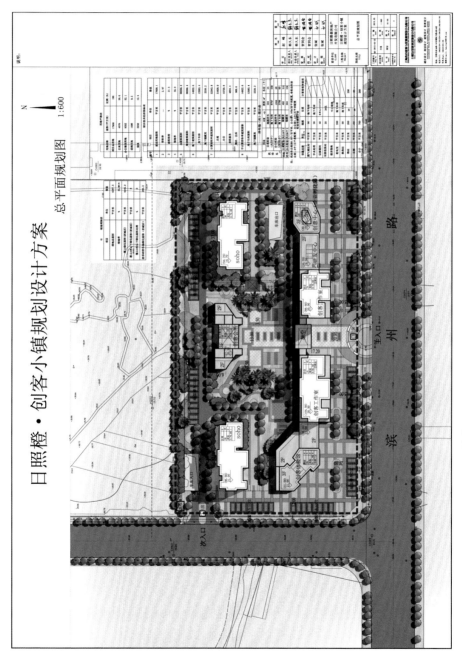

图95 某办公区景观规划设计方案（图片来源：上海青谷）

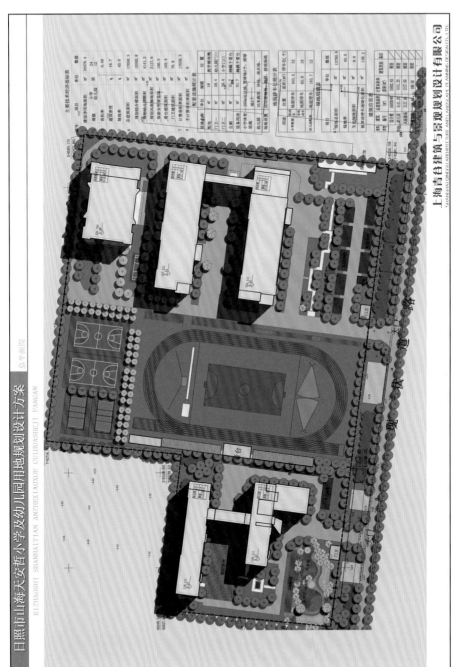

图96 某学校景观规划设计方案（图片来源：上海青谷）